JN313798

**POWER ELECTRONICS**

# パワーMOS FETの高速スイッチング応用

### 実験で学ぶ高効率・低雑音スイッチング＋E級アンプ

稲葉 保 [著]
*Tamotsu Inaba*

CQ出版社

# はじめに

「省エネとエコ」が今日のキーワードになってきていますが，2011年3月11日に襲った東日本大震災，福島第一原発の事故は，我われにとってこれまで経験したことのない出来ごとでした．計画停電のニュースによって，電池の買占めパニックまで起こりました．各所で節電が求められ，電気の大切さを改めて考えさせられる機会になりました．

電気を効率よく使うためには，**無駄な電力損失を減らす必要があります**．

スイッチング電源などに代表されるスイッチング技術は，電気エネルギー利用の高効率化に寄与していますが，併せて機器の小型化をも追及する高周波スイッチングへの応用では，スイッチングにおける過渡的な損失…スイッチング損失をどう減らすかが大きな課題です．

スイッチング損失は，半導体スイッチ（本書ではパワーMOS FET）のオン抵抗に起因する"導通損失"と，スイッチングのON/OFF時に生ずる"ターンON損失＋ターンOFF損失"の合計ですが，導通損失はスイッチング素子であるパワーMOS FETの低オン抵抗化によって改善が進んでいます．残る課題は"ターンON損失＋ターンOFF損失"です．

この課題を解決する手段として共振型スイッチングと呼ばれる方式があり，ソフト・スイッチングとも呼ばれています．

本書では，パワーMOS FETによるソフト・スイッチングの極みである"E級アンプ"を実現するための回路と技術を，実験と試作を中心に解説します．ポイントとなるのはパワーMOS FETの知識，LCR回路網の理解，高性能インダクタの設計・製作（コア材の選定），高周波ゲート・ドライブ技術などです．

"E級アンプ"の最大出力電力は，電源電圧と負荷抵抗で決まります．そのため所定の負荷抵抗にインピーダンス整合させる必要があり，インピーダンス変換回路の知識も必要です．そしてE級アンプの電力を可変・制御するには，電圧制御型の可変電源が必要となります．

本書は月刊誌「トランジスタ技術」2004年2月号から2005年3月号まで掲載された「低ノイズ＆高効率パワー回路の実験」をベースに加筆・再編集してまとめたものです．本書発行の機会を与えて頂いたCQ出版㈱蒲生社長にお礼申し上げます．

2011年5月10日　筆者

# ひろがる パワーMOS FET活用の世界

| | | | |
|---|---|---|---|
| パワー・スイッチング回路応用技術の基礎 | 要素技術 | 第1章 | パワーMOS FETのあらまし |
| | | 第2章 | 活用の決め手はゲート特性を理解すること |
| | | 第3章 | パワーMOS FETドライブ回路設計の基礎 |
| | | 第4章 | パワーMOS FETの絶縁ゲート・ドライブ技術 |
| | | 第5章 | パワーMOS FETの安全対策<br>…過電圧/過電流保護回路 |
| | アプリケーション | 第6章 | Pチャネル・パワーMOS FETの応用技術 |
| | | 第7章 | 電子式ステップ・ダウン・トランスの設計 |
| | | 第8章 | 12V・2.5Aスイッチング電源の設計 |
| | | 第9章 | 力率補正付き0～100V・2A電源の設計 |
| | | 第10章 | PWM方式D級アンプの設計 |
| | | 第11章 | 38kHz-100W超音波発振器の設計 |
| | | 第12章 | 高周波誘導加熱装置の設計 |
| ソフト・スイッチング技術の導入 高速・高効率・低雑音スイッチングへの応用 | 要素技術 | 第1章 | パワーMOS FETスイッチングのあらまし |
| | | 第2章 | 損失を低減するZCSとZVS そしてE級アンプ |
| | | 第3章 | ソフト・スイッチングの要 *LCR*共振回路 |
| | | 第4章 | 高周波出力のためのインピーダンス変換回路 |
| | | 第5章 | フェーズ・シフトPWM技術をマスタする |
| | アプリケーション | 第6章 | フェーズ・シフトPWMによるZVS可変電源の設計 |
| | | 第7章 | E級ZVSアンプ設計のあらまし |
| | | 第8章 | 1MHz・5W E級アンプの設計 |
| | | 第9章 | 1MHz・300W E級アンプの設計 |
| | | 第10章 | 3.5MHz・150Wプッシュプル E級アンプの設計 |
| | | 第11章 | 13.56MHz E級150W/500W<br>高周波電源の設計 |

パワーMOS FET
活用の基礎と実際

稲葉 保 著
A5判

**本書**

パワーMOS FETの
高速スイッチング応用

稲葉 保 著
A5判

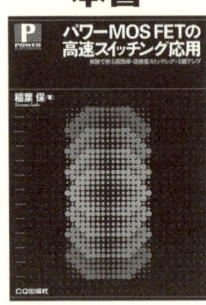

パワー MOS FET の高速スイッチング応用

# 目次

## 第1章 パワー MOS FET スイッチングのあらまし ── 013

### 1-1 理想スイッチング素子に近づくパワー MOS FET ── 013
進化するパワー MOS FET　013
$R_{on}\cdot A$ を改善したスーパージャンクション構造 DTMOS の登場　016

### 1-2 パワー・スイッチング回路の課題 ── 019
高速スイッチングにしたいのだが…　019
パワー MOS FET のスイッチングに伴うターンON/ターンOFF 損失　021

### 1-3 スイッチング回路を進化させる ── 022
スイッチング損失の大きさをオシロスコープの$X-Y$モードで調べる　022
典型的なハーフ・ブリッジ出力回路でのスイッチング損失　023
従来のハード・スイッチング回路は半導体へのストレスが大きい　025
ノイズの発生も大きい　026
$V_{DS}$と$I_D$の重なりをなくすソフト・スイッチング技術　028
ソフト・スイッチング技術の特徴　029
注目されるソフト・スイッチング技術とE級スイッチング　029

## 第2章 損失を低減するZCSとZVS, そしてE級アンプ ── 031

### 2-1 ゼロ電流スイッチング ZCSは直列共振で ── 031
ドレイン電流が正弦波状になるゼロ電流スイッチング　031
$LC$共振回路の定数設計　032
共振周波数＝スイッチング周波数でないと効果が出ない　033

### 2-2 ゼロ電圧スイッチング ZVSは並列共振で ── 034
ドレイン電圧を台形波, ドレイン電流を正弦波状にするゼロ電圧スイッチング　034
共振回路の定数設計は　036
PWM制御には応用できない　036
スイッチング時だけZVS動作にする　038

### 2-3 E級ゼロ電圧スイッチング(ZVS)アンプへ ── 040
ソフト・スイッチングのきわみ…E級スイッチング　040

高周波スイッチングでも損失が小さい　041
E級ZVSアンプ用パワーMOS FETの選び方　042
負荷を開放，短絡しても安全動作する　042

# 第3章 損失低減の要 LCR共振回路 ── 045

## 3-1 LとCの基本的なふるまい ── 045
コイルの質（クオリティ・ファクタ）は$Q$で表す　045
コイルは共振する　046
コンデンサにも$Q$がある　049
コンデンサにも共振周波数がある　050

## 3-2 LR直列＋C並列…LCR共振回路のふるまい ── 051
LR直列回路では負荷抵抗が小さいほど立ち上がりが遅くなる　051
負荷抵抗にコンデンサが並列に接続されると　053
負荷の開放時に大きな電流が流れる…過電流保護回路が必要　054

## 3-3 共振回路と負荷との整合係数$Q_L$ ── 055
負荷との整合係数$Q_L$によるパルス応答波形の変化　055
共振回路の周波数特性と整合係数$Q_L$との関係　057

# 第4章 高周波出力のためのインピーダンス変換回路 ── 059

## 4-1 なぜインピーダンス変換回路か ── 059
出力電力とインピーダンス整合の関係　059
電源電圧固定で希望の電力を取り出したい　060
トランスを使ってインピーダンス変換を行う　062

## 4-2 非絶縁型のインピーダンス変換回路 ── 063
単巻きトランスによるインピーダンス変換回路　063
単巻きトランスによるインピーダンス変換回路の実験　065
単巻きトランスをバイファイラ巻きで広帯域化する　065

## 4-3 お勧めは絶縁型のインピーダンス変換回路 ── 070
自由度の高い変換比を得るためのインピーダンス変換器　070
PQコアを使った300W，10k～100kHz絶縁トランス　070
MHz以上（大電力）ではトロイダル・コアを複数使ったパイプ・トランスが良い　073
数M～30MHzでは2ホール・コアを利用したトランスが良い　076

## 4-4 LC共振回路によるインピーダンス変換 ── 076
LC共振回路によるインピーダンス変換のいろいろ　076

インピーダンス-周波数特性の実測　077
**Column**　トロイダル・コアなどでインダクタを作るとき　068

# 第5章　フェーズ・シフトPWM技術をマスタする ── 079

## 5-1　フェーズ・シフトPWMとは ── 079
従来のPWM制御の問題点　079
フェーズ・シフトPWM方式の特徴　081
フェーズ・シフトPWMでZVS動作を実現する　082

## 5-2　フェーズ・シフトPWM用コントロールIC ── 084
テキサス・インスツルメンツ社のUCC3895N　084
ルネサス社のR2A20121SP　084

# 第6章　フェーズ・シフトPWMによるZVS可変電源の設計 ── 089

## 6-1　電圧可変型スイッチング電源のあらまし ── 089
設計・製作する電源の仕様　089
ブロック図と設計の基本方針　090
DC電源回路の設計　091

## 6-2　フェーズ・シフトPWM回路の設計 ── 091
UCC3895Nを使ったフェーズ・シフトPWM回路の構成　091
発振周波数とデッド・タイムの設定　093
フェーズ・シフト制御回路の動作　094

## 6-3　フル・ブリッジおよび周辺回路の設計 ── 095
フル・ブリッジ周辺回路とパワーMOS FETの選択　095
ZVS用コンデンサの容量　097
出力トランスのインダクタンス　098
平滑チョーク・コイルのインダクタンス$L$　098

## 6-4　試作したZVS可変電源の特性評価 ── 099
ZVSの動作を見る　099
試作・実験のまとめ　101

# 第7章　E級ZVSアンプ設計のあらまし ── 103

## 7-1　E級ゼロ電圧スイッチング（ZVS）の動作 ── 103
ONのときとOFFのときで共振周波数が違う　103
動作波形から見えてくること　104
出力電力，電源電圧，負荷抵抗の決めかた　105

　　　　パワーMOS FETの耐圧と最大ドレイン電流　106
　　　　*LC*素子の定数の算出　106
7-2　**E級ZVSアンプで生じる損失** ──────── 108
　　　　パワーMOS FETのオン抵抗による導通損失　108
　　　　ターンOFF時のスイッチング損失　108
　　　　共振用コイル$L_2$の直列抵抗による損失　109
　　　　$L_1/C_1/C_2$による損失　110
　　　　ゲートを駆動するための電力　110
　　　　スイッチング周波数の上限　111
　　　　Column　超音波機器とE級アンプ　112

## 第8章　1MHz・5W E級ZVSアンプの設計 ──────── 113

8-1　**超音波振動子駆動用E級アンプの設計** ──────── 113
　　　　E級アンプの仕様と超音波振動子PZTの仕様　113
　　　　出力段にインピーダンス変換回路が必要　114
　　　　出力段パワーMOS FETの選択　118
　　　　DC電源供給用コイル$L_1$の設計　118
　　　　直列共振用コイル$L_2$の設計　119
　　　　$Tr_1$の並列コンデンサ$C_1$と直列共振コンデンサ$C_2$を求める　120
　　　　各部品の電力損失の予測　121

8-2　**ゲート駆動回路の考察と動作の確認** ──────── 122
　　　　パワーMOS FET駆動回路のいろいろ　122
　　　　負荷容量1000pFを駆動できるようにする　123
　　　　E級アンプの動作と特性を確認する　125

## 第9章　1MHz・300W出力 E級アンプの設計 ──────── 127

9-1　**大出力超音波駆動用E級アンプの設計** ──────── 127
　　　　PZTを駆動するには負荷特性の把握が重要　127
　　　　発振回路はDDSを使用した周波数固定タイプ　128
　　　　3000pF以上の容量負荷を高速ドライブするゲート駆動回路　130
　　　　出力段は絶縁用パルス・トランスで昇圧して駆動　132
　　　　300W出力のための電源電圧算出　133
　　　　電源回路設計時のチェック・ポイント　135

9-2　**1MHz・300W E級出力回路の設計** ──────── 135
　　　　*LC*共振回路の設計　135

パワー MOS FET の選定　137
三つのトランスを設計する　138

## 9-3　1MHz・300W E級アンプの評価試験 ──── 140
出力電力-変換効率特性　140
E級動作の確認　141
負荷オープン/ショート時の動作　142
PZTを接続して動作させる　144
ACラインを整流した電源を供給して最終動作の確認　145
Column　並列インピーダンス-直列インピーダンスの変換方法　145
Column　共振回路用の高耐圧コンデンサについて　146

# 第10章　3.5MHz・150W プッシュプルE級アンプの設計 ──── 147

## 10-1　プッシュプル出力のメリット ──── 147
なぜプッシュプル出力回路にするのか　147
設計するプッシュプルE級アンプの主な仕様　148

## 10-2　プッシュプルE級アンプ設計のあらまし ──── 149
シングル出力→プッシュプル出力への回路変換　149
直列共振用インダクタ $L_2$ をアレンジする　150
プッシュプルE級アンプのドライブ回路設計　151
ターンOFF時間 $t_f$ を高速化するドライブ回路　152

## 10-3　3.5MHz・150W プッシュプルE級アンプの定数設計 ──── 154
パワー MOS FET の選択　154
入力およびゲート・ドライブ回路　154
電源供給コイル $L_1$，直列共振用コイル $L_2$　154
$Tr_3$, $Tr_4$ の並列コンデンサ $C_1$, $C_2$　156
出力トランス $T_2$ の設計　156
負荷オープン対策用のLPF　157

## 10-4　試作したプッシュプルE級アンプの特性評価 ──── 158
出力パワー MOS FET のゲート-ソース間電圧波形　158
100W出力，50Ω負荷での高調波スペクトラム　158
負荷の開放および短絡テスト　160
電源電圧対出力電力，効率 $\eta$　161
Column　トロイダル・コアを使ったパイプ・トランスの製作　161

# 第11章　13.56MHz E級 150W/500W 高周波電源の設計 ──── 163

## 11-1　シングル150W 高周波電源のあらまし ── 163
　13.56MHz 高周波電源とは　163
　13.56MHz（10W出力）発振＆ドライブ回路の構成　165
　定電力制御のためには可変電源と$SWR$電力計を使う　166
　13.56MHzでスイッチング特性の良いパワー MOS FET を選ぶ　167
　共振用コイル$L_2$の損失を小さくする　167

## 11-2　入力段…整合回路の設計 ── 168
　入力整合回路の考え方　168
　入力インピーダンス50Ωを実現する入力トランス$T_1$　169
　入力トランス$T_1$の1次側コンデンサ$C_{in}$で整合させる　170

## 11-3　シングル150W 出力段の設計 ── 171
　スイッチング素子には高周波用パワー MOS FET ARF448A を使う　171
　共振用コイル$L_2$の定数　172
　コンデンサ$C_1$と$C_2$の定数　173
　電源供給用インダクタ$L_1$の定数　173
　出力トランス$T_2$　174
　出力に定$K$型LPFを挿入してひずみを抑える　174

## 11-4　試作したシングル150Wの動作と評価 ── 175
　基本動作の確認　175
　直列共振回路$L_2$と$C_2$のチューニング　176
　LPFによるひずみ除去効果を見る　178
　電源変動テスト…電圧が低いとき不思議な挙動　179
　$L_2$と$T_2$の$Q$を上げるのが高効率化のポイント　180

## 11-5　プッシュプル500W E級アンプの設計 ── 180
　シングル150Wからプッシュプル500W出力へ　180
　入力段の設計　182
　パワー MOS FET の選択…最大出力は656W　183
　コイル類のインダクタンス　184
　出力フィルタ回路　185

## 11-6　プッシュプル用高効率出力トランスの製作 ── 186
　出力トランスの損失を小さくする　186
　出力トランスの漏れインダクタンスを小さくする　186
　入出力間のゲインと位相の周波数特性を確認　187

## 11-7　試作したプッシュプル500Wの動作と評価 ── 188
　出力段パワー MOS FET 周辺の動作波形　188

　　　　試作したE級アンプの出力特性など　190

**Appendix1　本書で使用しているパワー MOS FETについて**　── 193

**Appendix2　高周波スイッチング/共振型スイッチング回路に使用するコア**
　　　　── 195

**2-1　フェライト・コア**　── 195
　　　　スイッチング電源用出力トランスには Mn-Zn フェライト　195
　　　　広帯域トランス…メガネ・コアには Ni-Zn フェライト　195
　　　　トロイダル・コアはアミドン社（Fair-Rite社）製を使用　198

**2-2　トロイダル型ダスト・コアはマイクロメタル(Micrometals)社製を使用**
　　　　── 198

**Appendix3　コイルやトランスに使用する巻き線について**　── 200
　　　　ふつうはホルマール線だが…　200
　　　　高周波対応のリッツ線　200

**参考・引用文献**　── 203
**索引**　── 204
**著者略歴**　── 207

パワー MOS FET の高速スイッチング応用

# 第1章
# パワーMOS FET スイッチングのあらまし

エレクトロニクス機器におけるスイッチング…電気信号
あるいは電力をON/OFFする素子の主役が，バイポーラ・トランジスタから
パワー MOS FETに転換して20数年がたち，電力スイッチング…
パワー・エレクトロニクス応用はますます広がってきています．
本書ではパワー MOS FETによる高速・高効率・低雑音スイッチング技術を
紹介しますが，まずは基本となるパワー MOS FET自身のトレンド，
ならびにスイッチング回路の基本的な問題点を実験で確認します．

## 1-1　理想スイッチング素子に近づくパワー MOS FET

● 進化するパワー MOS FET

　図1-1に示すのがパワー・スイッチング回路を考えるときの基本的な構成です．また写真1-1に，本書でも使用し，筆者が日頃よく使用しているスイッチング用パワー MOS FETの代表例を示します．スイッチング用パワー MOS FETには，ド

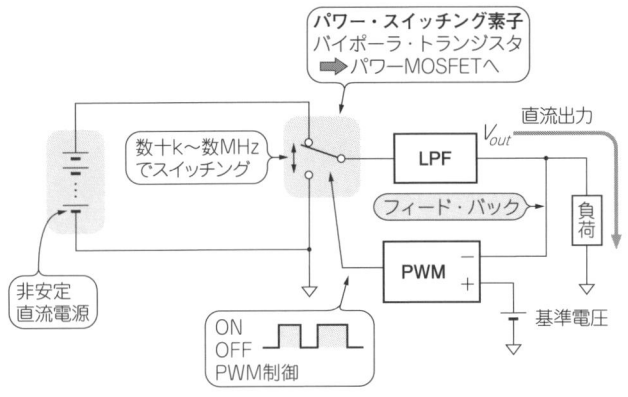

[図1-1] 典型的なパワー・スイッチング回路の構成例
スイッチング電源，DC-DCコンバータ，パワー・コンディショナ(DC-ACインバータ)などは典型的なパワー・エレクトロニクス回路だ

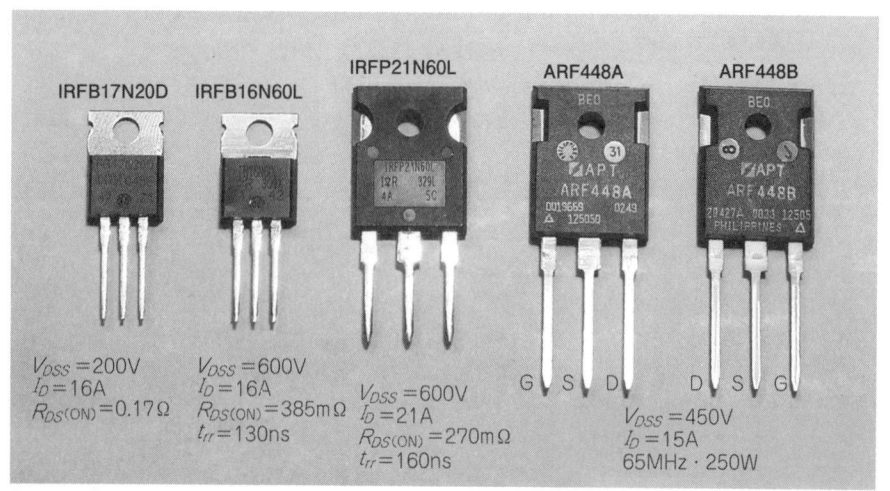

[写真1-1] 筆者がよく使用しているパワー MOS FET の一例
本書の実験や試作にも使用している

レイン-ソース間電圧 $V_{DSS}$ が20〜800V，ドレイン電流 $I_D$ が0.5〜100A，スイッチON時の導通抵抗 ($R_{DS(ON)}$) がコンマ数Ω〜数mΩという高性能な素子が各種ラインアップされています．

パワー MOS FET は(バイポーラ)トランジスタと同様の代表的なディスクリート(個別)半導体として知られていますが，その構造はというと図1-2に示すように多数の MOS FET セルからなっています．まるで集積回路…ICのメモリ・チップのようです．というより実質，ICとよく似た仕組みで設計・製造されています．そのため，パワー MOS FET は IC 製造プロセスの進化…**微細化の恩恵**を受けて，特性が日々改善されているということが大きな特徴でもあります．

パワー MOS FET の主たる用途は**電子スイッチ**です．理想的スイッチの条件の一つとして，スイッチON時の導通抵抗…**オン抵抗**($R_{DS(ON)}$)が0Ωになることが期待されています．図1-3は，ある半導体メーカにおけるパワー MOS FET のオン抵抗の進化を示したものです．設計技術・製造プロセスの改善によって，チップ面積あたりのオン抵抗は年々低下し，数百mΩ〜数mΩオーダまで低下していることがわかります．ただし，図(a)からわかるように耐圧の高い素子は，耐圧の低い素子よりもオン抵抗が高くなっています．

一方，パワー MOS FET はオン抵抗を低下させるために図1-2に示したようにMOS FET セルを多数並列させているわけで，オン抵抗の低下に伴って，**ゲート容量**($C_{iss} = C_{gd} + C_{gs}$)は増大することになります．パワー MOS FET のゲートは高入

図中のラベル:

(a) チップの平面構造
- ゲートとソース以外はアクティブ領域で、MOS FETのセルが大量に並んでいる
- ゲート・バス・ライン
- 局部拡大
- ゲート
- ソース
- ゲート・バス・ライン
- ドレインは裏面

たくさん並んでいるセルの断面
- チャネル
- S、G
- N+
- P
- N−
- N++
- D
- ドレイン電流 $I_d$

アクティブ領域の中には、MOS FETのセルがあり、それぞれのセルが並列接続されている

(b) セル構造(プレーナ型)
- ソース(S)
- ゲート(G)
- N+
- P
- N−
- N++
- ドレイン(D)

(c) 等価回路
- $R_{DS(ON)}$
- ボディ・ダイオード
- $C_{gd}$
- $r_g$
- $C_{gs}$
- $C_{ds}$
- $R_b$
- 寄生トランジスタ

一般にゲート容量と呼ばれる $C_{iss}$ は、ドレイン-ゲート間容量 $C_{gd}$ とソース-ゲート間容量 $C_{gs}$ の合成と考えてよい。ドレイン-ソース間電圧によって逆比例的に変動する。

$$C_{iss} = C_{gd} + C_{gs}$$

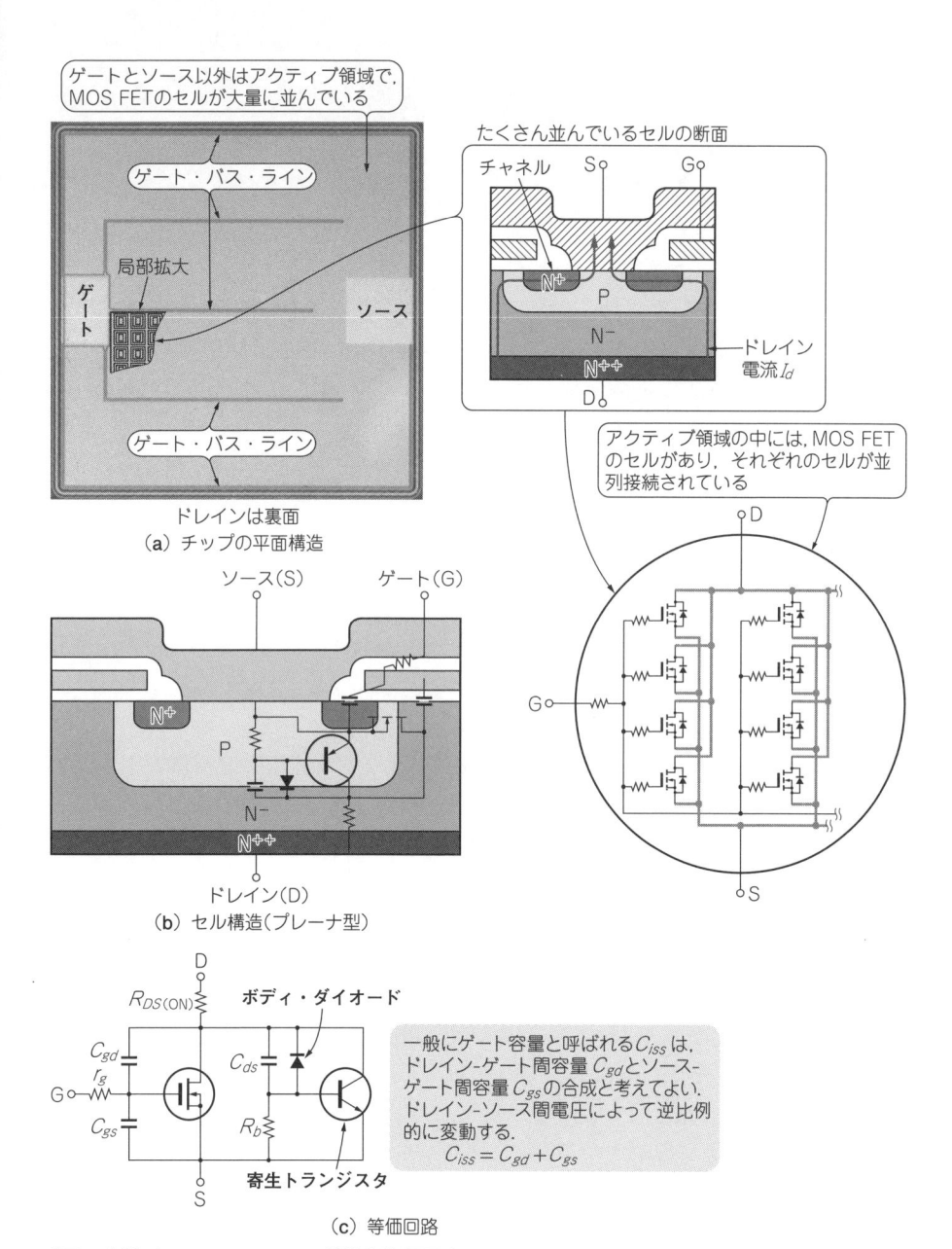

**[図1-2]**[(1)] **パワーMOS FETの構造と等価回路**
パワーMOSは多数のMOS FETセルの集合体であり、IC(MOS IC)と似た構造になっている。日々、IC製造プロセスの発展の恩恵を受けて進歩している

1-1 理想スイッチング素子に近づくパワーMOS FET

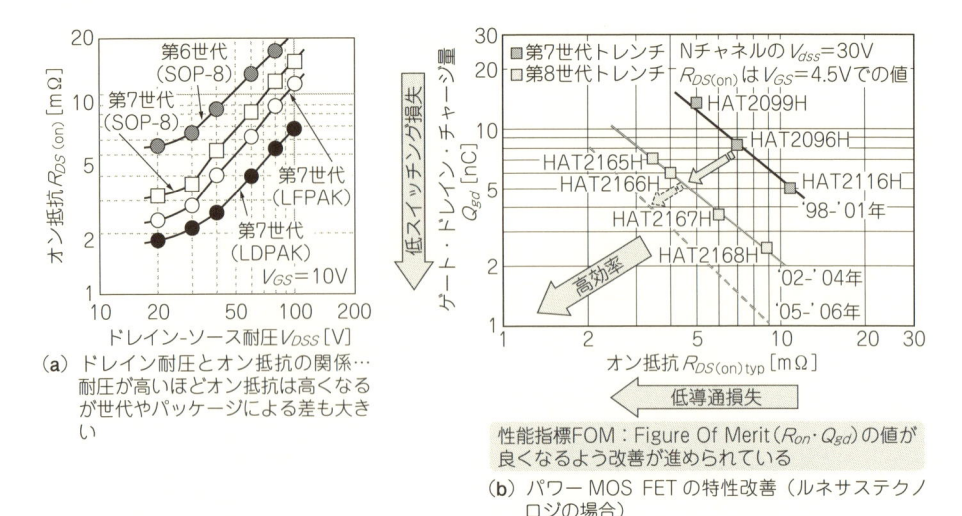

[図1-3] (1) パワー MOS FET におけるオン抵抗とゲート-ドレイン・チャージの改善

(a) ドレイン耐圧とオン抵抗の関係…耐圧が高いほどオン抵抗は高くなるが世代やパッケージによる差も大きい

(b) パワー MOS FET の特性改善（ルネサステクノロジの場合）

力インピーダンスでドライブが容易に見えることが特徴の一つですが，ゲート容量の増大は高速スイッチングのボトルネックになっています．しかし，このゲート容量もさまざまな工夫によって改善されています．

図1-3(b)に示すのは，ゲート容量としてスイッチングにもっとも影響するゲート-ドレイン間容量（$C_{gd}$）を表す指標となる**ゲート・ドレイン・チャージ**…$Q_{gd}$とオン抵抗の相関関係の進化を示すグラフです．一例ですが，オン抵抗10mΩのパワー MOS FET は旧世代では$Q_{gd} = 5$(nC)であったのが，最新世代では$Q_{gd} = 1.2$(nC)まで改善されています．オン抵抗と$Q_{gd}$の積（$R_{DS(ON)} \cdot Q_{gd}$）は，パワー MOS FET の性能指数*FOM*…Figure of Merit と呼ばれています．

● $R_{on} \cdot A$ を改善したスーパージャンクション構造 DTMOS の登場

市場の期待や要求によって，パワー MOS FET の性能は日に日に発展しています．しかし，本書に使用しているパワー MOS FET は用途が主に産業用であるため，選択においてはとくに継続的な入手性に留意しており，必ずしも高性能・最新デバイスを優先していません．

とはいえ，最新素子には性能面で数多（あまた）の魅力があります．

図1-3(a)にも示したように，パワー MOS FET ではその構造から，耐電圧を高くするとスイッチON時の導通抵抗…$R_{DS(on)}$が高くなってしまう傾向がありま

た．しかし，スイッチングの高効率化をめざす市場においては，ドレイン-ソース間の耐電圧が高くとも低いオン抵抗をもつパワーMOS FETが求められています．これを解決したのがスーパージャンクションと呼ばれる構造を採用した素子です．当初はシーメンス社(現インフィニオン テクノロジーズ社)から，Cool MOSと呼ぶ商品名で発表されていました．その後，複数のメーカから同様のスーパージャンクションによるパワーMOS FETが製品化されました．

図1-4に，耐電圧における従来のプレーナ型MOS FETとスーパージャンクションMOS FETとの違いを示します．図の縦軸に示した$[R_{on} \cdot A]$は，新たに加わったパワーMOS FETの性能指数$FOM$で，**単位面積あたりのオン抵抗を示しています**．600V耐圧のパワーMOS FETで，従来のシリコン限界$R_{on} \cdot A$が50mΩ・$cm^2$であったのに対し，スーパージャンクションになると20mΩ・$cm^2$と大幅に改善されているのがわかります．

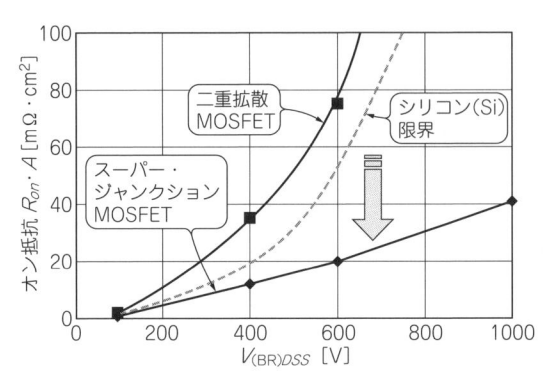

図1-5に，スーパージャンクション構造による各社のラインナップを示します．スーパージャンクション構造になってからも，$R_{on} \cdot A$は年々改善されています．

図1-6は，従来のパワーMOS FETと東芝DTMOSシリーズのスーパージャンクション構造とを，$R_{on} \cdot A$の改善度で示したものです．$R_{on} \cdot A$が75％の低減，つまり4倍の高性能化…同性能ならチップ面積が1/4となっているわけです．

表1-1に，東芝のスーパージャンクションMOS FETの製品例を示します．近年のパワーMOS FETは，これまでの2SK…といった登録順命名から，特性表記命名に変化してきています．型名から最大定格のおよそが類推できるようになっています．

　良いことづくめのスーパージャンクション構造パワーMOS FETという印象で

[図1-4][(2)] **パワーMOS FETの$R_{on} \cdot A$-耐圧の相関**(シミュレーション値)

1-1 理想スイッチング素子に近づくパワーMOS FET

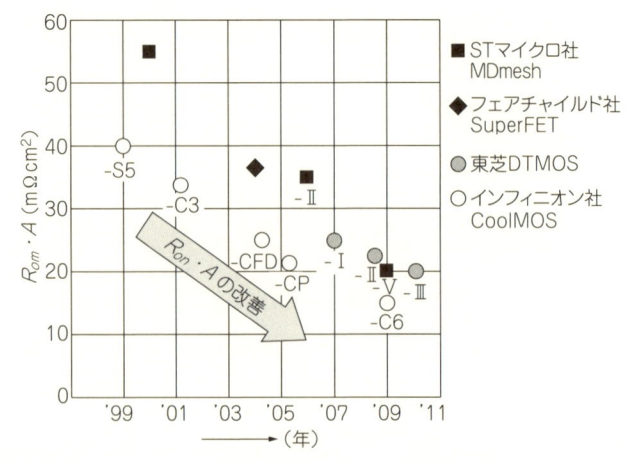

[図1-5][2] スーパージャンクション構造による各社のラインナップと進化

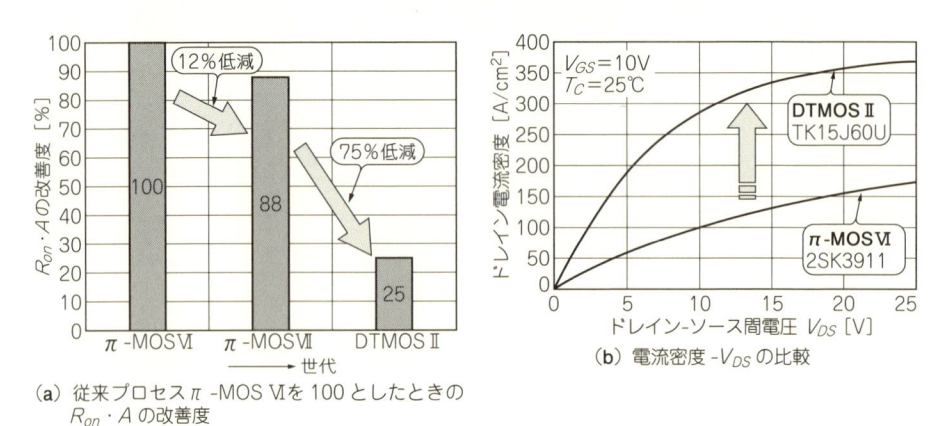

[図1-6][2] 従来パワーMOS FETとスーパージャンクションとの比較

(a) 従来プロセス $\pi$-MOS Ⅵ を100としたときの $R_{on} \cdot A$ の改善度

(b) 電流密度-$V_{DS}$ の比較

すが，この種の素子では $FOM$ の一つである $R_{on} \cdot Q_{gd}$ も大幅に改善されています．その結果，スイッチング速度も格段に速くなっています．そのため，従来の設計回路でパワーMOS FETだけを交換すると，発振を伴う動作になったり，ノイズが大きくなるという不具合を経験しています．ゲート駆動回路の調整で対応できることもありますが，採用にあたっては慎重な実験や実装試験が必要です．

[表1-1](3) スーパージャンクションMOS FETの一例
(東芝 DTMOS)

| $V_{DSS}$ | $I_D/R_{on(max)}$ | パッケージ | 型 名 |
|---|---|---|---|
| 600V | 50A/0.065Ω | TO-3P(N) | TK50J60U |
| | 40A/0.08Ω | TO-3P(N) | TK40J60U |
| | | TO-3P(N)IS | TK40M60U |
| | 20A/0.19Ω | TO-3P(N) | TK20J60U |
| | | TO-220SIS | TK20A60U |
| | | TO-220 | TK20E60U |
| | 20A/0.2Ω | TFP | TK20X60U |
| | 15A/0.3Ω | TO-3P(N) | TK15J60U |
| | | TO-220SIS | TK15A60U |
| | | TO-220 | TK15E60U |
| | 15A/0.31Ω | TFP | TK15X60U |
| | 12A/0.4Ω | TO-3P(N) | TK12J60U |
| | | TO-220SIS | TK12A60U |
| | | TO-220 | TK12E60U |
| | 12A/0.42Ω | TFP | TK12X60U |
| 650V | 17A/0.26Ω | TO-3P(N) | TK17J65U |
| | | TO-220SIS | TK17A65U |
| | 13A/0.38Ω | TO-3P(N) | TK13J65U |
| | | TO-220SIS | TK13A65U |

## 1-2　パワー・スイッチング回路の課題

● 高速スイッチングにしたいのだが…

　近年は太陽光発電や直流-交流変換用電力インバータ，モータ制御におけるPWMインバータ，オーディオ・システムに使われだしたD級アンプなど，多くのパワー・システムがスイッチング回路を利用するようになってきました．理由は電気・電子機器における電源回路の多くがスイッチング電源になってきたことと同じで，パワー回路はスイッチングを上手に利用することにより，**電力変換効率**を大幅に改善できるからです．

　加えて近年の回路設計現場では，変換効率の改善のみならず，スイッチングの高速化にあつい期待がこめられています．パワー・スイッチングの高速化は機器の小型化，ひいてはスマート化，コスト・ダウンにつながるからです．パワー・スイッチング回路においては直流化するとき**ロー・パス・フィルタ**…LPFが必須ですが，スイッチングの高速化は，図1-7に示すように［スイッチング→濾波→直流化］に

使用するLPFのインダクタやコンデンサの小型化を促進します．コンデンサにいたっては（容量にもよるが）**寿命部品**であるアルミ電解コンデンサを，（寿命の心配がいらない）小型（積層）セラミック・コンデンサに置き換えられる可能性もあります．

　しかし，パワーMOS FETの高速スイッチングには厳しい壁があります．**図1-8**に示すようにスイッチング周波数の上昇に伴って，パワーMOS FETを駆動するための**ドライブ損失**が無視できなくなってきます．パワーMOS FETの改善でゲート-ドレイン・チャージ$Q_{gd}$の改善にエネルギーが注がれている理由でもあります．

　さらに，これも高速スイッチング化が進むまでは気づかれなかったことですが，

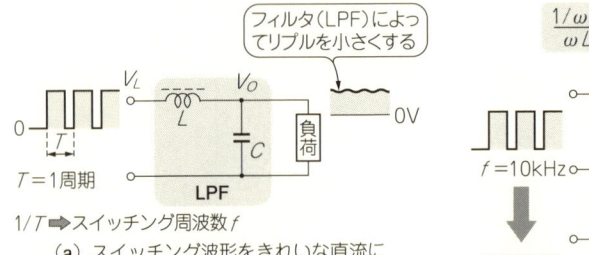

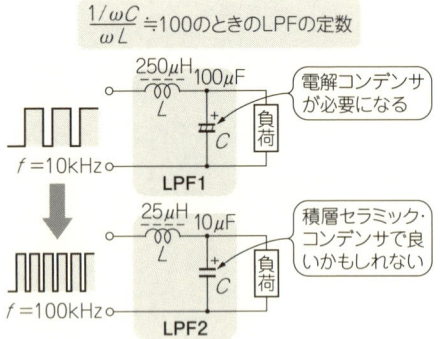

[図1-7] 高速スイッチングのメリット
ロー・パス・フィルタ…LPFを物理的に小さくすることができる

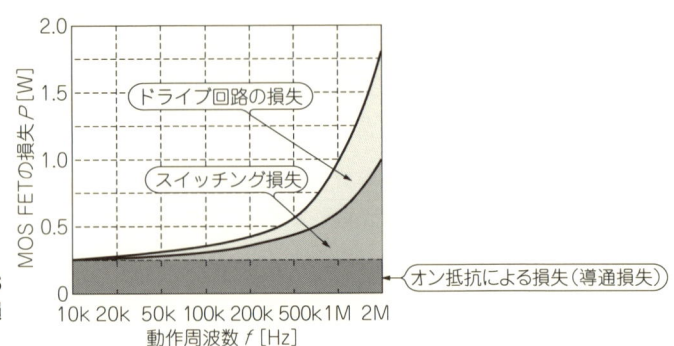

[図1-8][1] パワーMOS FETのスイッチング損失と周波数依存性

スイッチングが高速化してくるとパワー MOS FET 自体のスイッチング損失も増大してくるのです.

これらの壁を突き破ることが，本書の大きな目的の一つでもあります.

● パワー MOS FET のスイッチングに伴うターン ON/ターン OFF 損失

図 1-9 に示すのは，パワー MOS FET を使った従来の(一般的な)スイッチング回路です．負荷抵抗 $R_L = 50\,\Omega$，電源電圧 $V_{DD} = 25\text{V}$ において，約 0.5A のドレイン電流 $I_D$ が流れます．バイパス・コンデンサ $C_{BP}$ は，直流電源 - ドレイン間の配線によるインピーダンス上昇を抑える目的で挿入しています．この回路で，パワー MOS FET の**スイッチング損失**を観測してみましょう．

写真 1-2(a) に示すのが，負荷抵抗 $R_L = 50\,\Omega$ のときのスイッチング波形です. $V_{DS}$ と $I_D$ の波形は逆向きに相似していますが，ソース接地動作なので波形の極性は逆です．一番下の波形…スイッチング損失に注目してください．これは観測している $V_{DS}$ と $I_D$ の波形を乗算して…つまり**消費電力**…損失に換算して表示したもので

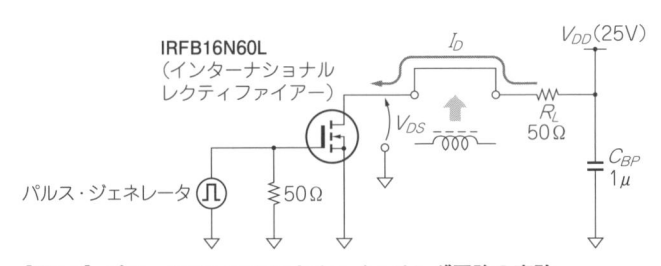

[図 1-9] パワー MOS FET によるスイッチング回路の実験

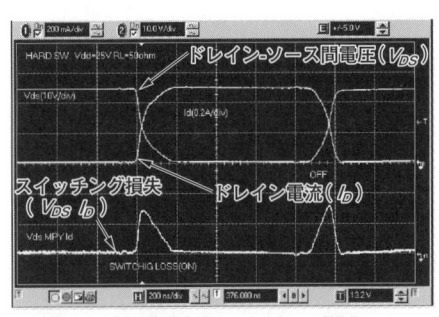

(a) 図 1-6 の各部波形とスイッチング損失
(VDS:10V/div., $I_D$:0.2A/div., 200ns/div.)

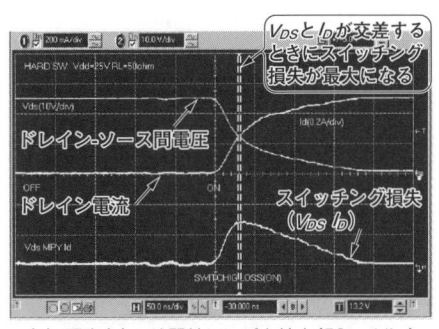

(b) 写真(a)の時間軸レンジを拡大(50ns/div.)

[写真 1-2] 図 1-9 における各部の波形とスイッチング損失

す．パワーMOS FETがONするとき…ターンON時とOFFするとき…ターンOFF時に大きなスイッチング損失を生じていることがわかります．

　写真(b)に示すのは，写真(a)の時間軸を拡大した波形です．ドレイン-ソース間電圧とドレイン電流が交差する付近で損失が最大になっているのがわかります．スイッチがONすると，ドレイン-ソース間電圧$V_{DS}$は有限の時間で高速に立ち下がります．この遷移期間は電圧と電流が重なり，ドレイン-ソース間電圧とドレイン電流の積($V_{DS} \cdot I_D$)が損失になります．したがって，この回路のままでスイッチング周波数だけが高くなると，スイッチングに伴うターンON／ターンOFF時の損失が増大することが予想できます．

　電圧と電流波形の立ち上がり時間が速いと，損失を表す波形の面積を小さくできます．よって，「高速スイッチング素子を使用すれば良いのでは？」と考えてしまいますが，高速デバイスを高速にスイッチングすると，ほんのわずかなインダクタンスによって波形が波打つ**リンギング現象**が起きて，**ノイズ**が増加してしまうのです．

　スイッチング損失は，スイッチング周期が短く…周波数が高くなるほど大きくなります．つまり，高速にスイッチングするほどスイッチング損失が増大します．

## 1-3　スイッチング回路を進化させる

### ● スイッチング損失の大きさをオシロスコープの$X-Y$モードで調べる

　理想的なスイッチングをするパワーMOS FETは，OFFのときの$V_{DS}$が最大で，ドレイン電流$I_D$が0になります．スイッチONのときは$V_{DS}$が最小で，$I_D$が最大になります．このような理想パワーMOS FETのドレイン-ソース間電圧$V_{DS}$とドレイン電流$I_D$を，オシロスコープの$X$-$Y$表示機能を利用して観測してみます．このとき表示される軌跡のようすを**図1-10**に示します．

　スイッチが，OFF→ONのときはⒶ→0，ON→OFFのときは0→点Ⓓを通る軌跡が描かれるはずです．原点0と点Ⓐおよび点Ⓓで作られる三角形の面積がスイッチング損失の大きさを表しますが，理想スイッチングであればスイッチング損失は生じません．

　ところが**図1-9**に示したような一般的なスイッチング回路では，OFF→ONのときもON→OFFのときも実線で示す軌跡を描きます．OFF状態(点Ⓐ)では$V_{DS}$が最大($=V_{DD}$)で$I_D$が0です．パワーMOS FETがONすると，点Ⓓに向かって$V_{DS}$と$I_D$は直線的に変化し，完全にONすると$I_D$は最大，$V_{DS}$は0になります．**写真**

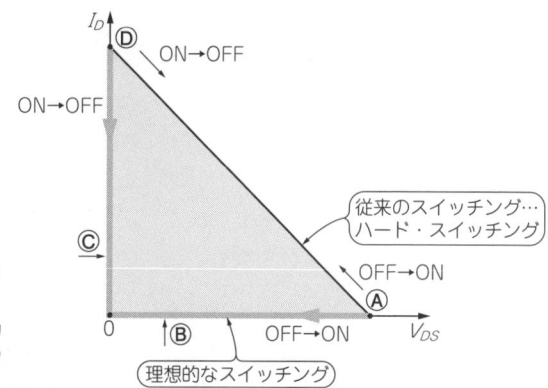

**[図1-10] オシロスコープのX-Yモードでスイッチング時の$V_{DS}$-$I_D$の軌跡を描く**
軌跡の面積で理想的なスイッチングと一般的なスイッチングの違いが明確になる．従来のハード・スイッチングでは三角形の軌跡となる

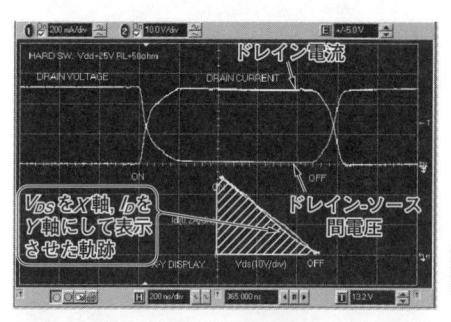

**[写真1-3] 図1-9に示した回路のスイッチング損失をX-Yモードで表示させた**
斜線部の面積がスイッチング損失を表している

1-3に示すのは，図1-9におけるパワー MOS FETの$V_{DS}$と$I_D$をオシロスコープのX-Y機能を利用して観測した結果です．実験でも斜め約45°の軌跡が描かれることがわかります．

● 典型的なハーフ・ブリッジ出力回路でのスイッチング損失

図1-11に示すのは，実際のパワー回路によく使われているハーフ・ブリッジと呼ばれる典型的なスイッチング出力回路の一例です．このような回路では上側（高電圧側）に配置されるパワー MOS FETを**ハイ・サイドFET**，下側（低電圧側）に配置される素子を**ロー・サイドFET**と呼んでいます．そして図1-9に示したパワーMOS FET 1石の回路と同様に，実際にはオン抵抗に起因する導通損失とON/OFF時に生じるスイッチング損失が発生します．

図1-11においてロー・サイドFET $Tr_2$のドレイン電流$I_D$を，電流プローブで観測してみます．回路にある二つのコンデンサ$C_{BP}$は，ハーフ・ブリッジ回路の中間

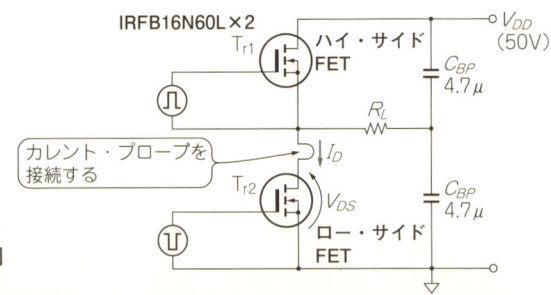

[図1-11] 一般的なハーフ・ブリッジ出力回路のスイッチング損失を調べる実験回路

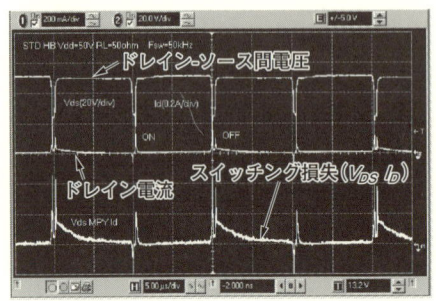

(a) 図1-8の$Tr_2$の$V_{DS}$と$I_D$, およびスイッチング損失の波形（$V_{DS}$：20V/div., $I_D$：0.2A/div., 5μs/div.）…ターンON時や特にターンOFF時に大きな損失が発生している

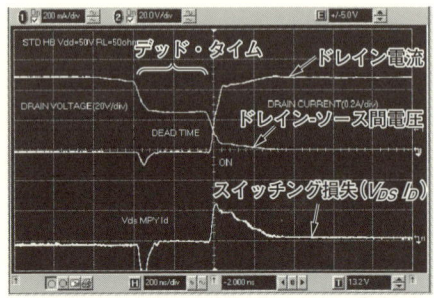

(b) 写真(a)のOFFからONの部分を拡大（200ns/div.）

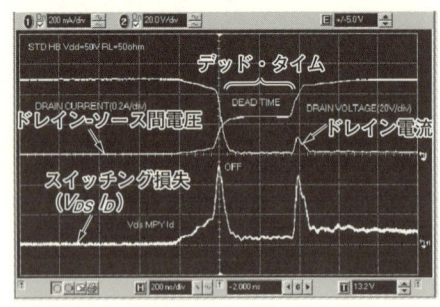

(c) 写真(a)のONからOFFの部分を拡大（200ns/div.）

[写真1-4] 図1-11におけるロー・サイドFET $Tr_2$の$V_{DS}$, $I_D$およびスイッチング損失の波形

電位を作るためのものです．容量値にはとくに根拠はありませんが，バイパス・コンデンサとしての役割も担っています．写真1-4に，ロー・サイドFET $Tr_2$の$V_{DS}$と$I_D$の波形を示します．写真(b)は，写真(a)における$Tr_2$のOFFからONするタイミングの波形を拡大したものです．

この回路のスイッチングでは，ハイ・サイドFET $Tr_1$とロー・サイドFET $Tr_2$が両方ともOFFとなる，いわゆる**デッド・タイム**を約400nsぶん挿入しています．

デッド・タイムは，$Tr_1$と$Tr_2$が同時にONして，$V_{DD}$からグラウンドに大きな貫通電流が流れるのを回避するためのものです．ここでは実験のためにデッド・タイムを挿入していますが，実際の回路におけるデッド・タイムはパワー MOS FET を駆動するPWM制御用ICなどが生成しています．

デッド・タイム期間は，パワー MOS FETのスイッチング特性を見て決定します．デッド・タイム期間中は$Tr_1$と$Tr_2$がともにOFFしていますから，$Tr_2$の$V_{DS}$は約$V_{DD}/2$の25VからONします．このターンON時に$Tr_2$では$V_{DS}$と$I_D$が重なり，スイッチング損失が発生します．**写真1-4(c)**に示すのはターンOFF時の拡大波形です．

このように従来技術によるスイッチング回路では，スイッチングのON/OFF時に，スイッチング損失が生じます．「スイッチング周波数を上げると，LPFや出力トランスを小型・軽量化できる」と書いた文献を目にすることがありますが，スイッチング周波数を上げていくとスイッチング損失は確実に増加します．高周波スイッチングにも限界があるのです．

なお，**図1-9**や**図1-11**に示した従来型スイッチング回路のことを，近年は**ハード・スイッチング**と呼ぶ例もあるようです．これは後述のスイッチング損失を小さくした**ソフト・スイッチング**との対比で使用されている用語のようです．

● 従来のハード・スイッチング回路は半導体へのストレスが大きい

従来のハード・スイッチング回路では，パワー MOS FET周辺の**寄生インダクタンス**やスイッチング・トランスの**漏れインダクタンス**によって，スイッチング時の波形が大きく振動することがあります．

**写真1-5**に示すのは，**図1-9**に示したスイッチング回路において，負荷抵抗$R_L$にインダクタンス($L = 2.2\,\mu H$)を直列に接続して観測したときの$V_{DS}$と$I_D$の波形です．$V_{DS}$は，電源電圧$V_{DD}=25V$より高く跳ね上がり，40V以上にも達しています．このようにスイッチング回路では，負荷にリアクタンス分などが接続されると大きなリンギングが発生します．

また**写真1-5**の波形下部に示す$V_{DS}$と$I_D$のX-Y軌跡を見ると，ON時とOFF時において大きな差があります．とくにOFF時には，スイッチング素子の**安全動作領域**(SOA…Safe Operating Area)を越えるおそれが観測されます．

**図1-12**に示すのは，ドレイン - ソース間電圧$V_{DS}$の最大定格 = 600V，ドレイン電流$I_D$の最大定格 = 16AのパワーMOS FET IRFB16N60LのSOA特性です．SOAはその名のとおり安全動作領域を示しており，パワー MOS FETが壊れずに動作

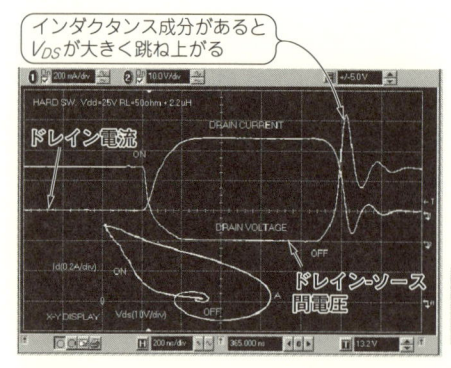

インダクタンス成分があると
$V_{DS}$ が大きく跳ね上がる

図1-11の $R_L$ にインダクタンスを直列に接続して観測した $V_{DS}$ と $I_D$（$V_{DS}$：10V/div., $I_D$：0.2A/div., 200ns/div.）…インダクタンスの影響で $V_{DS}$ が電源電圧以上まで跳ね上がっている

[写真1-5] 図1-9のスイッチング回路において負荷 $R_L$ に対し直列に $L = 2.2\,\mu\text{H}$ のインダクタンスを接続したときの $V_{DS}$ と $I_D$ の波形

下部は $V_{DS}$ と $I_D$ の X-Y 軌跡を示している．インダクタンスの影響で $V_{DS}$ が電源電圧以上に跳ね上がっている

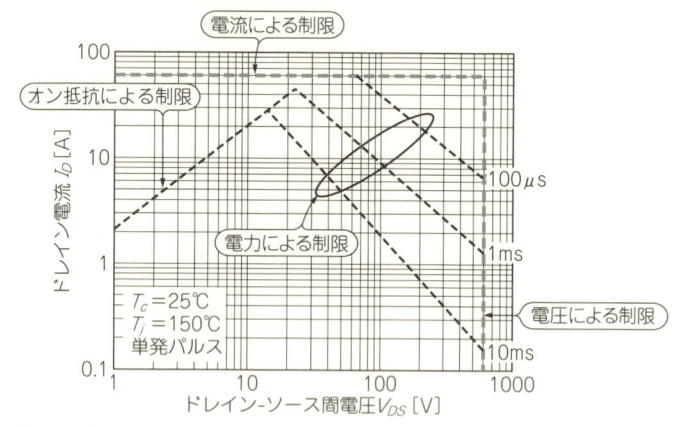

[図1-12] パワー MOSFET の安全動作領域の一例（IRFB16N60L…$V_{DS}$ 最大定格 = 600V，$I_D$ 最大定格 = 16A）

する $V_{DS}$ と $I_D$ の範囲を示すものです．図1-12からわかるように，パワー MOS FET は $V_{DS}$ が高くなるほど $I_D$ を小さくして使う必要があります．SOA を越えた範囲で動作させると素子が破壊することがあります．

● ノイズの発生も大きい

前述（写真1-5）の寄生インダクタンス成分によって発生するリンギングは，たくさんの高周波成分を含んでいるため，じつはノイズの発生原因にもなっています．通常のパワー・スイッチング回路では，これら高周波成分は **CR スナバ**と呼ばれる

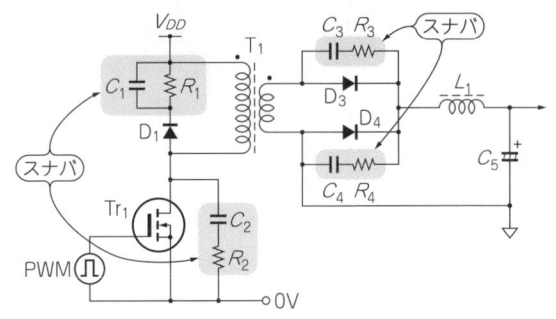

[図1-13] **典型的なフォワード・コンバータの一例**
スイッチング回路の随所に，スイッチング時に生じるリンギングを抑えるためのスナバ回路が挿入されている．リンギングは抑えられるが損失が増大する

回路で高周波振動を抑えていますが，スナバ回路は電力を消費させるので損失が大きくなります．効率が要求される時代ですから，この損失は好ましくありません．

図1-13に示すのは，スイッチング電源の典型であるフォワード・コンバータと呼ばれる回路に，高周波振動を抑える目的で$CR$スナバを付加した例です．このうち$C_1$と$R_1$は，スイッチング・トランスの磁気リセット用スナバと呼ばれる回路，$C_2$と$R_2$はパワーMOS FET($Tr_1$)のドレイン・ソース間電圧の立ち上がり速度を制限する$CR$スナバです．整流ダイオード$D_3$と$D_4$に並列接続した$CR$もスナバ回路です．

各スナバ回路では抵抗($R_1$, $R_2$, $R_3$, $R_4$)に流れる電流が大きいほど，リンギングを抑える効果は大きくなります．しかし，これらの抵抗が電力を消費するので，効率が悪化するのです．

抵抗に流れる電流を小さく抑えるためには，スイッチング・トランスの漏れインダクタンスやプリント・パターンのインダクタンス成分を小さくする必要があります．または，効率が悪くなることを覚悟して，パワーMOS FETのゲート・ドライブ波形の立ち上がり時間を長くすることもあります．

後述するソフト・スイッチング回路では，スイッチング・トランスに寄生する漏れインダクタンスを$LC$共振回路の一部として取り込めるので有利です．

● $V_{DS}$と$I_D$の重なりをなくすソフト・スイッチング技術

　パワー・スイッチング回路を小型化したいとき，これまで述べたような従来のスイッチング…ハード・スイッチングではスイッチングON/OFF時の損失を小さくすることができませんでした．そこでスイッチングON/OFF時の$V_{DS}$と$I_D$の重なりをなくす工夫が研究されており，ソフト・スイッチング技術と呼ばれています．

　このソフト・スイッチング技術は簡単には，ON→OFF，またはOFF→ONのとき遷移するスイッチング素子に加わる電圧と電流が重ならないようにする技術です．すでに多くの回路方式が実用されています．

　先に示した**写真1-2(b)**において，オシロスコープの**スキュー**（遅延時間の調整機能）を利用して，チャネル1入力の電流波形だけを遅延させていくと**写真1-6**に示すような波形になります．スイッチング損失が減少していくようすがわかります．この$V_{DS}$と$I_D$の波形の重なりを減らすのが，ソフト・スイッチングの基本です．実際の回路では，スイッチON時の遅れとスイッチOFF時の進みを，コイルとコンデンサを使って実現します．

[写真1-6] 写真1-2のドレイン電流波形（CH-1）を遅延させればスイッチング損失は減る（$V_{DS}$：10V/div.，$I_D$：0.2A/div.，50ns/div.）

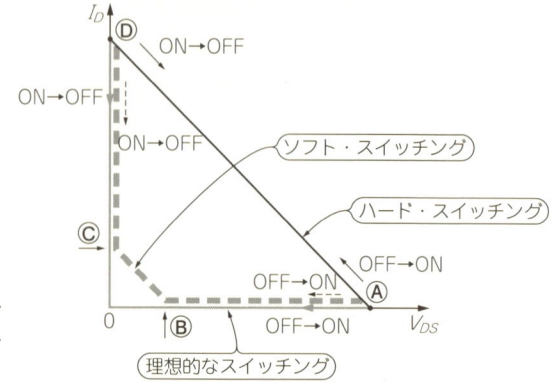

[図1-14] ソフト・スイッチングにすると$V_{DS}$と$I_D$の軌跡が理想スイッチングに近づいてくる

先に図1-10で示した，オシロスコープ$X$-$Y$入力による$V_{DS}$-$I_D$軌跡をソフト・スイッチングで駆動すると，スイッチング素子の$V_{DS}$と$I_D$は図1-14の破線に示すような軌跡を描き，理想スイッチングの軌跡に近づきます．点Ⓑと点Ⓒの区間は$V_{DS}$と$I_D$がオーバラップし，スイッチング損失が発生する領域です．

● ソフト・スイッチング技術の特徴

　電気回路をハードだとかソフトといった言葉で分類するのには少し抵抗を感じますが，電源業界でよく使われている用語なので，本書ではこれに準ずることにします．

　従来の一般的なスイッチング回路…ハード・スイッチングと比較して，これから紹介するソフト・スイッチングの特徴を挙げると次のようになります．

▶長所
- スイッチング損失を小さくできる
- 高周波スイッチングが可能
- 高効率
- 低ノイズ
- 放熱設計が楽

▶短所
- $LC$共振回路が必要なので部品が増える
- PWM制御は難しい→フェーズ・シフトPWM方式へ

　今日，スイッチング電源回路はスイッチング周波数を高周波化する傾向があります．

　ソフト・スイッチング回路では，仮にスイッチング素子の特性が同じでも，スイッチング損失を大幅に低減できるので，高周波化が可能になります．また，(高価な)高速素子を使わなくても，従来のハード・スイッチングの限界周波数より高い周波数でスイッチングさせることができます．代表的な例として，パワーMOS FETのスイッチング特性よりやや劣るIGBTの高周波スイッチングへの応用があります．これは高周波誘導加熱(IH)の分野で普及しています．

● 注目されるソフト・スイッチング技術とE級スイッチング

　前述のように，高速スイッチングと低ノイズには相反する面があります．効率を追及するとノイズ対策にコストがかさみます．実際パワー・スイッチングをふくむ装置においてノイズ対策のために，ノイズ・フィルタやコモン・モード・チョーク，

クランプ・コアなどを多用している例を見かけます．そこで，本質的にノイズが少なく，ノイズ対策部品ではなくスイッチング回路のほうにコストを配分できるソフト・スイッチング技術が注目されています．

後述しますが，ソフト・スイッチング技術によって電力素子を駆動すると，高周波信号の高効率スイッチングも可能になります．効率が改善されれば，省エネはもちろんのこと，半導体素子などの発熱が減り，放熱に要するコストが低下します．発熱が減少すれば，電子機器の温度上昇が減り，信頼性が高まります．これらはハイ・パワー回路ではとても重要な要件です．

本書ではノイズが小さく，しかも高効率スイッチングを可能にするソフト・スイッチング技術と，ソフト・スイッチングを発展させたE級スイッチング技術を，実験と製作事例を示しながら解説します．高効率化をめざしたPWMスイッチング・アンプとして知られるD級アンプを，さらに高効率・低雑音化するために$LC$共振回路を組み合わせたのがE級スイッチング・アンプと呼ばれるものです．

なお，E級スイッチング・アンプを実現する前段としてソフト・スイッチングの基本であるゼロ電流スイッチング ZCS(Zero Current Switching)とゼロ電圧スイッチング ZVS(Zero Voltage Switching)の動作と特徴を説明します．

またソフト・スイッチング回路を作るためには，パワー MOS EFT などの電気的特性やスイッチング特性，そして$LC$共振回路の基本動作をしっかり理解しておく必要があります．高効率特性を追求すると，スイッチング・トランスや共振回路を構成するコンデンサやコイルの損失も無視できなくなります．これらの基本部品の取り扱い方にも触れます．

パワー MOS FETの高速スイッチング応用

# 第2章
# 損失を低減するZCSとZVS,そしてE級アンプ

本章ではパワー MOS FETのスイッチング時に
生じる損失を回避する基本技術として,
スイッチング回路にコイルとコンデンサを付加して共振させる,
電流共振によるゼロ電流スイッチング…ZCSと,
電圧共振によるゼロ電圧スイッチング…ZVSの実験を行い,
さらに究極の方式としてE級スイッチングを実験します.

## 2-1　ゼロ電流スイッチング　ZCSは直列共振で

● ドレイン電流が正弦波状になるゼロ電流スイッチング

図2-1に示すのは,パワー出力段によく使用されているパワー MOS FETによるハーフ・ブリッジ出力回路に,$LC$直列共振回路を接続した例です.このような回路において,$LC$共振回路と負荷抵抗分$R_L$とのマッチング…負荷$Q$と呼ばれることもあるが,本書では整合係数$Q_L$と呼ぶ…が十分高ければ,パワー MOS FETが方形波でドライブされても,ドレイン電流は方形波(=高調波)のうちの基本波成分に共振して,ドレイン電流$I_D$は正弦波状になります.

写真2-1に示すのは,図2-1で示したハーフ・ブリッジ回路 $Tr_2$のドレイン-ソース間電圧$V_{DS}$とドレイン電流$I_D$の実際の波形です.写真(a)と(b)は時間軸を変えたものです.一番下の波形がドレイン-ソース間電圧$V_{DS}$とドレイン電流$I_D$の積,

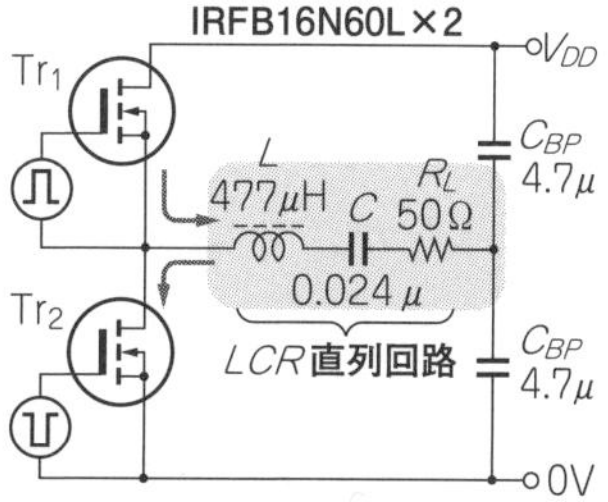

[図2-1] ハーフ・ブリッジによるゼロ電流スイッチングの実験回路
$LC$直列共振回路によってドレイン電流を共振させるための回路

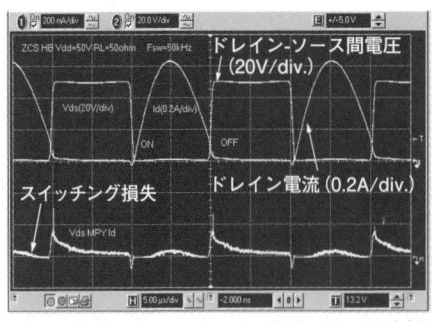

(a) LC共振によってドレイン電流$I_D$は正弦波（半波）状になっている(5μs/div.).
(b) (a)の波形の時間軸を拡大した(2μs/div.)

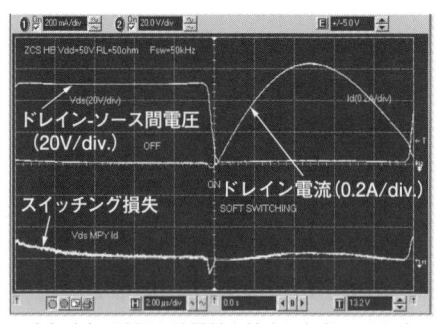

[写真2-1] 図2-1におけるパワー MOS FET $Tr_2$のスイッチング波形
$V_{DS}$と$I_D$，およびスイッチング損失($V_{DS} \cdot I_D$). ドレイン電流$I_D$が0になってからドレイン電圧$V_{DS}$が立ち上がるように操作している

つまり**スイッチング損失**です．パワー MOS FETがOFFするとき，少し大きめの損失が発生していることがわかります．

時間軸を拡大した写真(b)をご覧ください．パワー MOS FETがターンONするときの波形に注目すると，$V_{DS}$が0Vに立ち下がるときドレイン電流$I_D$が0から正弦波状に増加しています．そして$I_D$がピークを越えてやがて0に戻ると，$V_{DS}$が立ち上がっています．したがってターンONしたときの$V_{DS}$と$I_D$の重なりがなく，スイッチング損失が低減されているようすがわかります．ドレイン電流$I_D$が0になってからドレイン電圧$V_{DS}$が立ち上がっているので，**ゼロ電流スイッチング**(Zero Current Switching)**ZCS**と呼んでいます．ソフト・スイッチング方式の一方法です．

なお，実際のスイッチング電源回路では，写真2-1に示したように半周期にわたって共振させるようなことはしません．パワー MOS FETのON/OFFの間に**デッド・タイム**を挿入して，短い期間で共振させる方式を採用しています．**部分共振**とも呼ばれています．

● **LC共振回路の定数設計**

実際の共振回路を実現するための定数設計はどうするのでしょうか．

図2-1に示したのは，ハーフ・ブリッジ出力回路にLCによる直列共振回路を接続したものです．共振を実現するには，パワー MOS FETドライブの(発振)周波数とLC共振回路の共振周波数を等しくします．

共振用LCの定数は，実際の回路に負荷がつながっているときのマッチング…本書ではとくに整合係数と呼ぶ$Q_L$を先に決めてから算出します．この整合係数$Q_L$に

ついては第3章3-3で示しますが,

$$L = \frac{Q_L \cdot R_L}{\omega} = \frac{Q_L \cdot R_L}{2\pi f_{sw}} \quad \cdots\cdots\cdots\cdots\cdots\cdots\cdots\cdots\cdots\cdots\cdots\cdots\cdots (2\text{-}1)$$

$$C = \frac{1}{\omega^2 L} = \frac{1}{(2\pi f_{sw})^2 L} \quad \cdots\cdots\cdots\cdots\cdots\cdots\cdots\cdots\cdots\cdots\cdots (2\text{-}2)$$

ただし,$Q_L$:回路負荷時の整合係数
$R_L$:負荷抵抗[Ω]
$f_{sw}$:スイッチング周波数[Hz]
$L$:図2-1のコイルのインダクタンス[H]
$C$:図2-1のコンデンサの容量[F]

ここでは経験値から負荷時の$Q_L=3$として,$f_{sw}=50\text{kHz}$,$R_L=50\Omega$としたときの実際の$LC$値を求めると,

$$L = \frac{3 \times 50}{2\pi \times 50 \times 10^3} \fallingdotseq 477\,\mu\text{H}$$

$$C = \frac{1}{(2\pi \times 50 \times 10^3)^2 \times 477 \times 10^{-6}} \fallingdotseq 21.24\text{nF}$$

となります.よって,$L$は477$\mu$Hを目標にコイルを設計・製作します.コンデンサ$C$は購入品ですから,実際に使える容量は21.24nF近辺の0.024$\mu$Fとなります.

● 共振周波数＝スイッチング周波数でないと効果が出ない

つぎに$LC$の共振周波数を変化させるとどうなるか見ておきましょう.

前述のように$LCR$直列共振回路では,$f_{sw}=1/(2\pi\sqrt{LC})$のとき,パワーMOSFETにおける$V_{DS}$と$I_D$の位相差は0になります.しかし,スイッチング周波数や$LC$共振回路の共振周波数が変化すると位相差が生じるので,正しいZCS動作は期待できません.またスイッチON/OFF時にパルス幅の短い大電流が流れて,ノイズが発生したりします.

▶共振周波数がスイッチング周波数より低いとき

写真2-2(a)に示すのは,図2-1における$C$の値を0.024$\mu$Fから0.027$\mu$Fに変更し,$LC$共振周波数をスイッチング周波数(50kHz)より低くしたときの動作波形です.ドレイン電流$I_D$の位相が遅れて,スイッチのターンOFF時でもまだドレイン電流$I_D$が流れています.結果,スイッチング損失が増加しています.

▶共振周波数がスイッチング周波数より高いとき

写真2-2(b)に示すのは,図2-1における$C$の値を0.024$\mu$Fから0.02$\mu$Fに変更し,

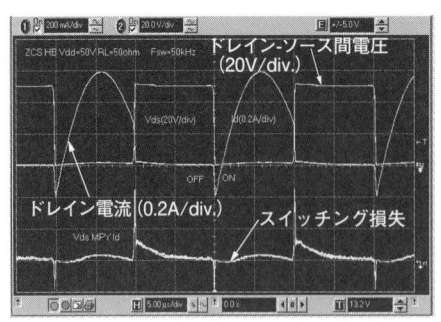

(a）スイッチング周波数より共振周波数が高い
$Tr_2$ がターン OFF してもドレイン電流が流れている

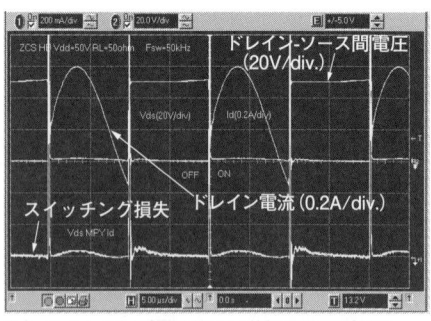

(b）スイッチング周波数より共振周波数が低い
$Tr_2$ のターン ON 前にドレイン電流が流れている

[写真2-2] 図2-1の回路において$LC$共振回路の共振周波数を変えながら$Tr_2$のスイッチング波形を観測した（$5\,\mu s/div.$）

$LC$共振周波数をスイッチング周波数より高く設定したときの動作波形です．今度はドレイン電流$I_D$の位相が進んでいますが，先ほどと同様にスイッチング損失が増加しています．

## 2-2　ゼロ電圧スイッチング　ZVSは並列共振で

● ドレイン電圧を台形波，ドレイン電流を正弦波状にするゼロ電圧スイッチング

　パワー MOS FETによるスイッチング損失を低減するには，図2-2に示すような方法もあります．ハーフ・ブリッジを構成するパワー MOS FET…$Tr_1$と$Tr_2$それぞれに並列コンデンサ$C_1$と$C_2$を接続して，ドレイン電圧$V_{DS}$の立ち上がり波形を滑らかにします．そして負荷抵抗$R_L$に共振コンデンサ$C_S$を並列に接続します．$L_S$と$C_S$の直列共振回路における整合係数$Q_L$はやや高めに設定します．

　写真2-3に示すのが，図2-2のスイッチング回路におけるパワー MOS FET $Tr_2$のドレイン電圧$V_{DS}$とドレイン電流$I_D$の波形です．$V_{DD}$は25V，負荷抵抗$R_L$は50Ωとしています．写真(a)を見るとドレイン-ソース間電圧$V_{DS}$は台形波状，ドレイン電流$I_D$が正弦波状になっているのがわかります．

　写真(b)，(c)に示すのは，パワー MOS FETがターン ON，およびターン OFFしたときの$V_{DS}$，および$I_D$ならびにスイッチング損失の時間軸を拡大表示したものです．写真(b)を見ると，パワー MOS FETがターン ONするとき$V_{DS}$と$I_D$が交差している部分がわずかしかなく，スイッチング損失がとても小さくなっていることがわかります．また写真(c)でも，パワー MOS FETがターン OFFするとき$V_{DS}$と

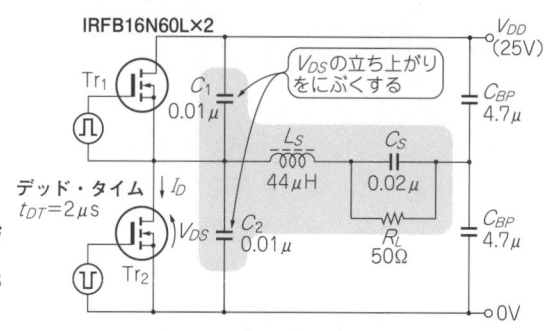

[図2-2] ドレイン-ソース間電圧$V_{DS}$とドレイン電流$I_D$を共振させてスイッチング損失を低減するパワーMOS FETによるハーフ・ブリッジ回路

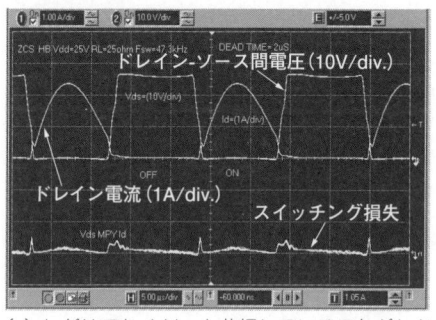

(a) $I_D$だけでなく$V_{DS}$も共振していることがわかる（5μs/div.）

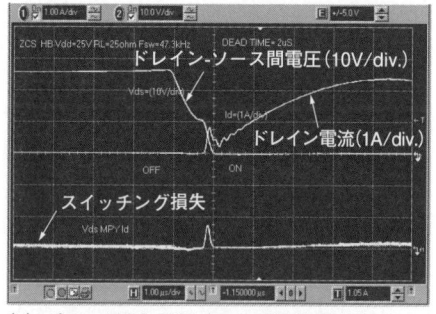

(b) パワーMOS FET ターンON時の波形（1μs/div.）

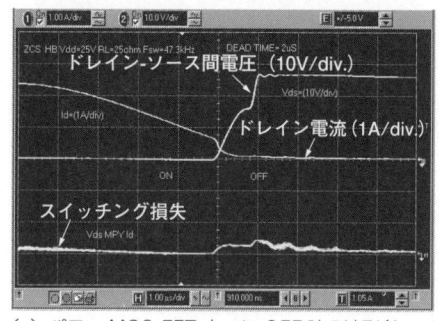

(c) パワーMOS FET ターンOFF時の波形（1μs/div.）

[写真2-3] 図2-2におけるTr$_2$の動作波形
写真2-1にくらべてスイッチング損失がさらに小さくなっていることがわかる

$I_D$の交差している部分はわずかしかなく，スイッチング損失はとても小さくなっていることがわかります．$V_{DS}$が0になってからドレイン電流が流れるので，ゼロ電圧スイッチング（Zero Voltage Switching）ZVSと呼んでいます．やはりソフト・ス

2-2 ゼロ電圧スイッチング ZVSは並列共振で | 035

イッチング方式の一つです．

● 共振回路の定数設計は

先の図2-1に示した$LC$直列共振回路では，スイッチングのとき負荷抵抗$R_L$の大きさに関係なく出力電圧の振幅は一定で，ドレイン電流$I_D$だけが変化しています．しかし，図2-2に示した並列共振回路では，スイッチングのとき負荷抵抗$R_L$が大きくなると出力電圧も増大します．出力電圧は，共振回路がないときの出力電圧に回路負荷時の整合係数$Q_L$を乗じた大きさになります．つまり，この回路は$Q_L$を1以上に設定すれば電源電圧$V_{DD}$よりも高い出力電圧が得られるので，電池などによる低電圧動作や高インピーダンス，高出力電圧を必要とする超音波振動子の駆動にも適しています．

ただし，この回路では負荷の開放時に$L_S$と$C_S$が直列共振をして，大きな電流が流れてしまいます．一方，負荷短絡時は通常のハーフ・ブリッジ回路と異なり，コイル$L_S$が負荷と直列に入っているので過大な電流は流れません．

なお図2-2の回路では$Tr_1$と$Tr_2$に流れるドレイン電流が，共振させないときに比べると大きくなり，導通損失($R_{DS(ON)} \cdot I_D^2$)は大きくなります．また，図2-2における出力電圧波形は負荷抵抗$R_L$と負荷時の整合係数$Q_L$に依存します．$Q_L$を大きく設定すれば，正弦波状になります．

例として$Q_L=3.61$，$f_{sw}=50\mathrm{kHz}$として，定数$C_S$と$L_S$の値を算出すると次のようになります．

$$L_S = \frac{R_L}{2\pi f_{sw} Q_L} \quad \cdots\cdots\cdots\cdots\cdots\cdots\cdots\cdots\cdots\cdots\cdots\cdots\cdots\cdots\cdots\cdots\cdots\cdots (2\text{-}3)$$

$$= \frac{50}{2\pi \times 50 \times 10^3 \times 3.61} \fallingdotseq 44\,\mu\mathrm{H}$$

$$C_S = \frac{Q_L}{2\pi f_{sw} R_L} \quad \cdots\cdots\cdots\cdots\cdots\cdots\cdots\cdots\cdots\cdots\cdots\cdots\cdots\cdots\cdots\cdots\cdots\cdots (2\text{-}4)$$

$$= \frac{3.61}{2\pi \times 50 \times 10^3 \times 50} \fallingdotseq 0.23\,\mu\mathrm{F}$$

● PWM制御には応用できない

スイッチング電源やインバータなど多くのパワー・スイッチング回路では，出力の大きさ…電圧や電力を制御するのにPWM(Pulse Width Modulation：パルス幅変調)方式が採用されています．PWMとは図2-3に示すようにスイッチング周期は

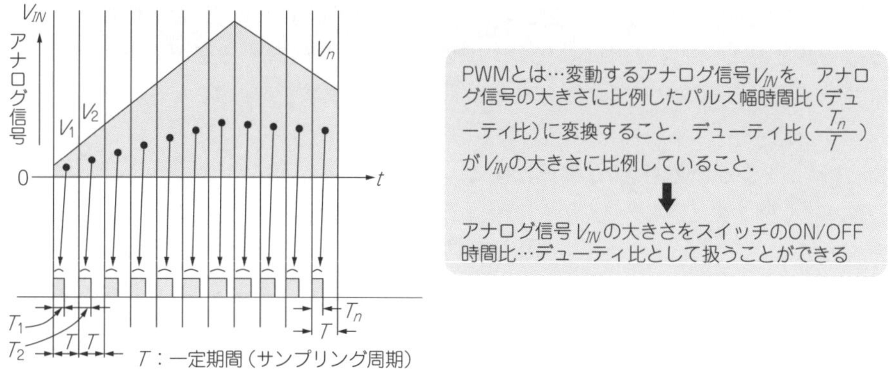

[図2-3] PWM制御のしくみ
周期ごとにON時間とOFF時間が変動する．共振回路との組み合わせには向かない

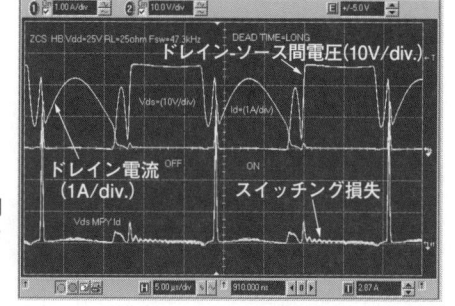

PWMとは…変動するアナログ信号$V_{IN}$を，アナログ信号の大きさに比例したパルス幅時間比（デューティ比）に変換すること．デューティ比（$\frac{T_n}{T}$）が$V_{IN}$の大きさに比例していること．

↓

アナログ信号$V_{IN}$の大きさをスイッチのON/OFF時間比…デューティ比として扱うことができる

[写真2-4] 図2-2に示したZVS回路において，周期変動の代わりにデッド・タイムを長くしたときのTr$_2$の動作波形
デューティが変動する用途では使えないことがわかる

一定にして，パワー・スイッチをON/OFFするパルス幅比…デューティ比を可変する制御方式です．デューティ比の大きさが出力電圧や出力電力に比例するというものです．

ところが図2-1や図2-2に示したソフト・スイッチング回路では，スイッチングの半周期にわたってドレイン電流$I_D$やドレイン-ソース間電圧$V_{DS}$が共振しています．そのため，これらの回路ではパルス幅が変動する…スイッチング周期が変動するPWM制御方式には応用することができません．

写真2-4に示すのは，図2-2に示したゼロ電圧スイッチング（ZVS）回路において，PWM信号のデューティ比が小さくなった場合を想定して，ハーフ・ブリッジ回路におけるTr$_2$のデッド・タイムを長くして観測したときのスイッチング波形です．Tr$_1$とTr$_2$が同時OFFしている期間に$V_{DS}$と$I_D$の波形が大きく乱れており，大きなスイッチング損失が発生するのがわかります．

図2-1の*LC*直列共振回路や図2-2の*LC*並列共振回路では，PWM制御を行うことはできません．PWM制御に代わる別の制御回路を検討する必要があり，第5章でフェーズ・シフトPWMと呼ばれる技術を紹介します．

● スイッチング時だけZVS動作にする

　図2-1や図2-2に示したZCSやZVS回路では，共振周波数をスイッチング周波数と合わせることにより，スイッチングの半周期に渡って共振をさせていました．図2-4に示すのは，パワーMOS FETがターンONするときとターンOFFするときの短い期間だけ共振させるようにした回路です．ここでは強制的に約2μsのデッド・タイムを挿入して，$Tr_1$と$Tr_2$が同時にOFFする期間に並列コンデンサ$C_1$と$C_2$でドレイン-ソース間電圧$V_{DS}$の変化率を制限するようにしています．この期間中は，$C_1+C_2$と直列インダクタ$L_S$が並列共振します．

　ターンON時の電流波形は*LR*直列回路の時定数に応じて，緩やかに立ち上がります．このときの時定数 $\tau$ は，

$$\tau = \frac{L_S}{R_L} \quad \cdots\cdots\cdots (2\text{-}5)$$

立ち上がり時間…ターンON時間$t_r$は，

$$t_r = 2.2\,\tau \quad \cdots\cdots\cdots (2\text{-}6)$$

で表せます．$L_S$と$R_L$直列共振回路の負荷時の整合係数$Q_L$は小さく（1以下）設定します．直列共振なので$L_S$は式(2-3)と同じです．

　$f_{sw}=50\text{kHz}$，$R_L=25\Omega$，$L_S=44\mu\text{H}$として$Q_L$を求めると，

$$Q_L = \frac{X_L}{R_L} = \frac{2\pi f_{sw} L_S}{R_L} = \frac{6.28 \times 50 \times 10^3 \times 44 \times 10^{-6}}{25} \fallingdotseq 0.553$$

となります．

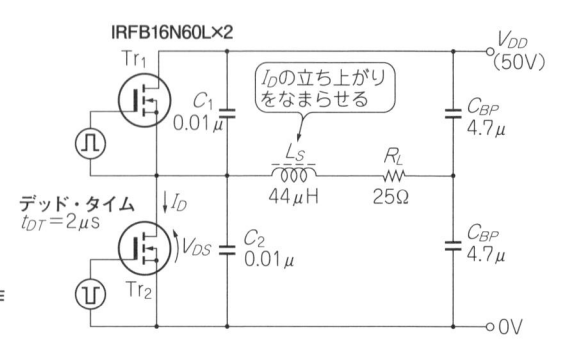

[図2-4] スイッチング時だけZVS動作になるようにした回路

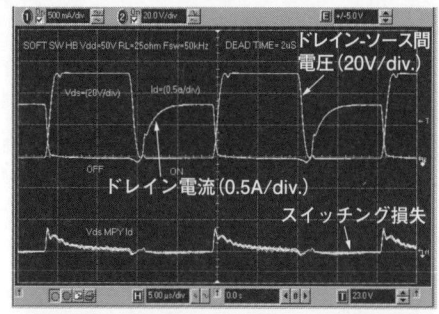

[写真2-5] 図2-4に示したZVS回路におけるTr₂の動作波形
$V_{DS}$と$I_D$の立ち上がりをなまらすようにした($5\mu s$/div.)

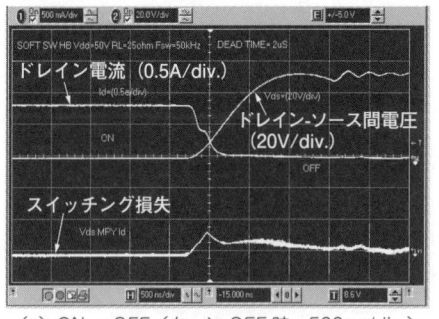

(a) ON → OFF（ターン OFF 時，500ns/div.）　　(b) OFF → ON（ターン ON 時，$1\mu s$/div.）

[写真2-6] 写真2-5の時間軸を拡大した
スイッチング損失がほとんど発生してないのがわかる

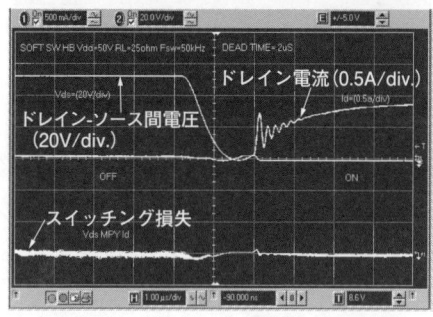

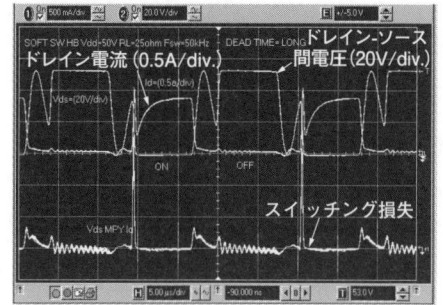

[写真2-7] 図2-4においてスイッチング時のデッド・タイムを長くした
$V_{DS}$も$I_D$も暴れている．PWM制御への応用はむずかしいことがわかる

　パワー MOS FETのドレイン-ソース間に並列接続するコンデンサ$C_1$と$C_2$は，デッド・タイム中の$V_{DS}$の変化率を決定します．ここでは$0.01\mu F$としました．

　図2-4における$Tr_2$のスイッチング波形を**写真2-5**に示します．$V_{DD}$は50V，$R_L$は25Ω，デッド・タイムは$2\mu s$にしています．ドレイン電流$I_D$の立ち上がりが遅くなり，$V_{DS}$との交差がありません．よって，スイッチング損失は小さくなってい

ます.

　写真2-6に示すのは，写真2-5の時間軸を拡大したものです．写真(a)を見ると，ターンOFF時にスイッチング損失が少し発生していることがわかります．ターンON時はほとんどスイッチング損失は発生していません．

　写真2-7は，デッド・タイムをさらに長くしたときのスイッチング波形です．パワーMOS FETのOFF期間に$V_{DS}$が大きく振動してしまいます．理由はデッド・タイム期間中に，ハーフ・ブリッジ回路の負荷がハイ・インピーダンス状態になることによって生じる現象です．この例からも，ZVSではPWM制御は行いにくいことがわかります.

## 2-3　E級ゼロ電圧スイッチング(ZVS)アンプへ

● ソフト・スイッチングのきわみ…E級スイッチング

　図2-5に示すのは，PWM制御などを要しない固定周波数の高周波電源や，超音波振動子など周波数変化の小さな用途に応用できるスイッチング損失の小さなパワー・スイッチング回路です．このような回路をE級ZVS(あるいはE級)アンプと呼んでいます．PWM…パルス幅変調によるスイッチング・アンプのことを一般にD級アンプと呼んでいますが，E級アンプとは，ゼロ電圧スイッチング…ZVSによってスイッチング損失を小さくしたスイッチング・アンプと位置づけられます．ただし，PWMなどのようにON/OFF時間が大きく変動したりスイッチング周波数が大きく変化する場合は，正しいZVS動作は期待できません．

　図2-5に示す回路は，スイッチング周波数1MHz，負荷抵抗12.5Ωの(巻き数比1：2のトランスでインピーダンス変換して使用することを前提とした)E級ZVS回路

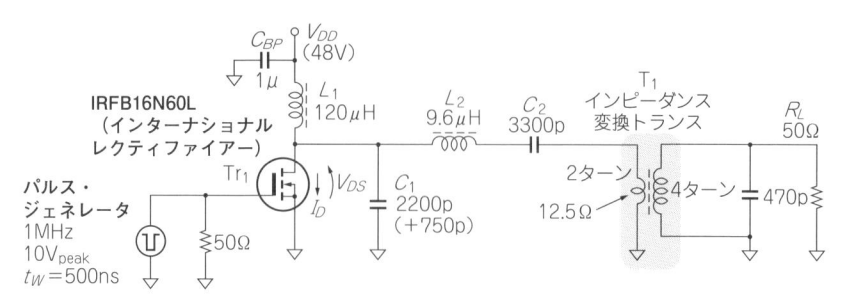

[図2-5] スイッチング周波数1MHz，出力100WのE級ZVS回路

です．出力は100Wで，電源電圧$V_{DD}$の大きさに比例した電力が得られます．

この回路においてインダクタンス$L_1$は，$Tr_1$のドレインに電源として直流電流を供給するためのチョーク・コイルです．共振回路は$C_1$，$L_2$，$C_2$と負荷抵抗$R_L$で構成されています．インダクタンス$L_1$の値は共振周波数に影響を与えないよう，$L_2$の10倍以上に設定します．負荷との整合係数$Q_L$は3〜5程度とします．

● 高周波スイッチングでも損失が小さい

たとえば図2-1に示したZCS回路では，ドレイン電流$I_D$が0になるタイミングでパワーMOS FETがON/OFFしますが，図2-5はE級ZVS回路ですから，ドレイン-ソース間電圧$V_{DS}$が0になるタイミングでON/OFFします．写真2-8に，図2-5のE級ZVS回路におけるパワーMOS FET $Tr_1$の波形を示します．

写真(a)に示すのは，スイッチング周波数1MHz，出力電力100W，負荷抵抗50Ωのときの$Tr_1$の$V_{DS}$と$I_D$の波形です．$Tr_1$がOFFすると$V_{DS}$はゼロから正弦波状に上昇し，ピークを越えるとやがて0電圧に達します．ドレイン電流$I_D$は，$Tr_1$が

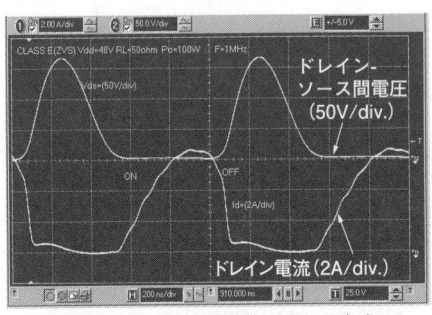

(a) スイッチング周波数 1MHz のとき

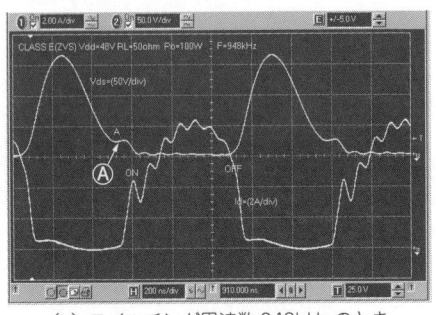

(b) スイッチング周波数 948kHz のとき

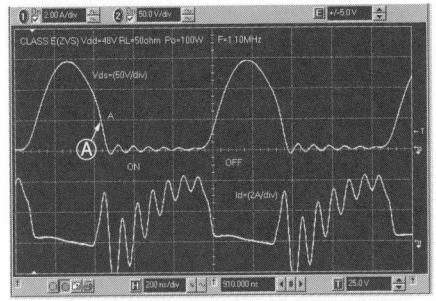

(c) スイッチング周波数 1.1MHz のとき

[写真2-8] 図2-5 E級ZVS回路における$Tr_1$の動作波形(200ns/div.)

ONすると正弦波状に流れます．$V_{DS}$が0になると$I_D$が流れ始めますから，スイッチング損失が小さくなります．これがE級ZVSの基本動作です．

写真(b)に示すのは，スイッチング周波数を1MHzから948kHzにしたときの動作波形です．Ⓐの部分を見ると$V_{DS}$が0に達しておらず，ZVS動作から少し外れています．また，写真(c)に示すのは，スイッチング周波数を1.1MHzに上げたときの動作波形です．Ⓐを見ると，$Tr_1$のドレイン電圧が高いときにスイッチONしています．これらから明らかなように，E級ZVS回路はスイッチング周波数が変化する用途には不向きであることがわかります．

しかし，スイッチング周波数は一定で，パワーと効率が要求されるという用途はたくさんあります．

### ● E級ZVSアンプ用パワーMOS FETの選び方

写真2-8に示した$Tr_1$のドレイン-ソース間電圧$V_{DS}$波形からわかるように，図2-5のE級ZVS回路では，共振によってパワーMOS FETの$V_{DS}$が$V_{DD}$の約3.56倍まで振れますから，電源電圧よりもかなり高耐圧のパワーMOS FETが必要になります．高耐圧パワーMOS FETは第1章 図1-3にも示したように，オン抵抗$R_{DS(ON)}$が高くなる傾向があります．しかし，今日ではオン抵抗の低いパワーMOS FETがたくさん市販されていますから，そんなに大きな問題ではありません．

とは言え，パワーMOS FETには導通損失が小さくなるように，オン抵抗$R_{DS(ON)}$の低いものを選びます．スイッチング・ターンON時の損失はほぼ無視できるので，ターンOFF時の損失に注目します．つまり，素子のターンOFF遅延時間$t_{d(off)}$が長いとデューティ比に影響します．立ち下がり時間$t_f$が長いとOFF時のスイッチング損失が増加するのです．$t_f$の短いパワーMOS FETを選択します．

図2-5の例で使用しているパワーMOS IRFB16N60Lは，巻末Appendixに示すようにZVS動作用を謳っているデバイスで，MHz帯のスイッチングに応用できます．主な仕様は，600V，16A，オン抵抗0.385Ω，入力容量2720pF，立ち下がり時間5.5ns，ターンOFF遅延時間28nsです．

### ● 負荷を開放，短絡しても安全動作する

共振回路をもつスイッチング回路は，定格負荷状態から開放したり短絡すると，大きな電圧や電流が発生してスイッチング素子が壊れることがよくあります．

図2-5に示したE級ZVS回路において，100W出力時に負荷抵抗を短絡すると，回路の直流電流は2.2Aから0.7Aに減少します．逆に負荷開放のときはどうなるで

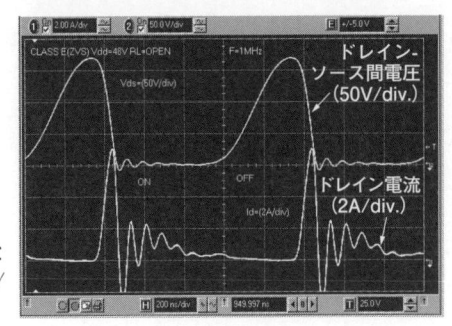

[写真2-9] E級ZVS回路では負荷を開放するとドレイン電流のデューティが小さくなる(200ns/div.)

しょう．写真2-9に示すように，$V_{DS}$のピーク値は100W出力時と同じままで，ドレイン電流$I_D$が6.5$A_{peak}$流れます．ただし，デューティ比が小さいので消費電流は小さくなり，2.2Aから0.7Aまで減少します．

このようにE級ZVS回路は，負荷の短絡や開放に対してきわめて安定な動作をする点も特徴です．

本書の後半ではE級ZVS動作による高速スイッチング・アンプの試作例を紹介します．

パワー MOS FETの高速スイッチング応用

第3章

# 損失低減の要(かなめ) *LCR* 共振回路

ソフト・スイッチングを使ってパワー回路の損失低減を図るには，LCR回路網の基本動作を理解しておかなければなりません．とくにLCRによる共振回路のふるまいは重要です．本章では，コンデンサとコイル単体の性質とそれらを組み合わせた回路の性質を実験を通して見てみます．

## 3-1　LとCの基本的なふるまい

● コイルの質（クオリティ・ファクタ）はQで表す

　理想的なコイルは純粋なインダクタンスですが，現実にはコイルの周りに抵抗分や容量分がついてきます．図3-1はコイルの一般的な等価回路で，図(a)がインダクタンス成分$L_S$に，巻き線の直列抵抗分$R_S$と並列(浮遊)容量$C_P$を組み合わせた等価表現です．$L_S$が小さい領域においては図(b)に示すように，並列抵抗$R_P$を使って表現する場合もあります．

　動作周波数におけるリアクタンスと損失抵抗の比率を**クオリティ・ファクタ**と呼び，コイルの質を表します．クオリティ・ファクタは一般に$Q$で表現され，次式で求まります．

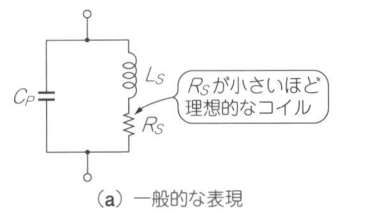

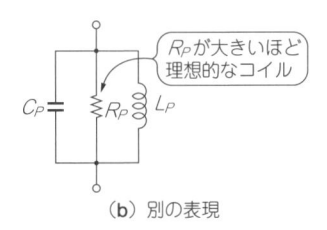

[図3-1] コイルの等価回路
$L_S$と$L_P$が本当のコイル成分，その他は寄生成分．寄生成分はないほうが良いが存在してしまう

(a) 一般的な表現
(b) 別の表現

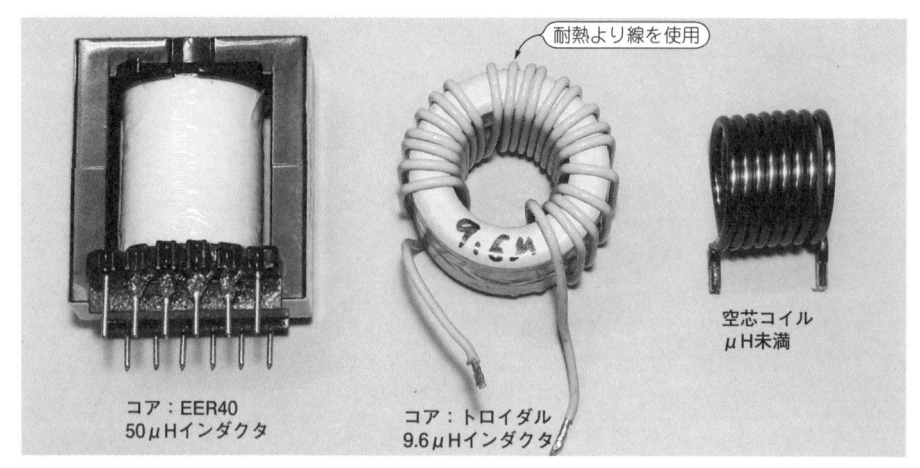

[写真3-1] パワー・スイッチング回路に使用するコイルの例
高周波用途では巻き数(ターン数)も少ないので手作りになることもある．トロイダル・コアではコアに直接巻き線するため，ホルマール線ではなく，ビニル被覆の耐熱より線を巻き線することも多い．ホルマール線はコアの角部分などで皮膜が傷つくことがある

耐熱より線を使用

コア：EER40
50μHインダクタ

コア：トロイダル
9.6μHインダクタ

空芯コイル
μH未満

$$Q = \frac{2\pi f L_S}{R_S} = \frac{R_P}{2\pi f L_P} \quad \cdots\cdots\cdots\cdots\cdots\cdots\cdots\cdots\cdots\cdots\cdots\cdots\cdots\cdots\cdots\cdots\cdots \quad (3\text{-}1)$$

$R_S$と$R_P$はコイルの損失抵抗です．$R_S$が低いほど，$R_P$は高いほど$Q$も高くなって良いコイルといえます．共振回路に使用するコイルの$Q$は100以上は欲しいものです．

損失抵抗は，コイル巻き線材の直流抵抗とコアなどの磁気回路の抵抗分を加えたものです．この損失は意外に大きくて，スイッチング回路の効率を悪化させます．

写真3-1にパワー・スイッチング回路に使用するコイルの一例を示します．

● コイルは共振する

図3-1の等価回路において並列(浮遊)容量$C_P$は，コイルの巻き線間容量分とコアやボビンに存在する容量分を加えたものです．したがって等価回路にすると，$L$と$C$の並列共振回路が構成されることになり，ある周波数で共振することが予想されます．

この共振周波数のことをコイルの**自己共振周波数**(SRF…Self Resonant Frequency)と呼びます．並列容量$C_P$の値は，コイルの自己共振周波数$f_0$がわかれば次式から求まります．

$$C_P = \frac{1}{(2\pi f_0)^2 L_S} \quad\dotfill\quad (3\text{-}2)$$

ただし，$R_S = 0$，$R_P = \infty$

図3-2に示すのは身近にあった実際のインダクタンス$L_S = 68.8\,\mu\text{H}$の特性で，図(a)がインピーダンスの周波数特性を示します．インダクタンス$L_S$が68.8$\mu$Hですから，周波数$f = 1\text{MHz}$におけるリアクタンス$X_L$の計算値は，

$$X_L = 2\pi f L_S \quad\dotfill\quad (3\text{-}3)$$

$\qquad = 2\pi \times 10^6 \times 68.8 \times 10^{-6} = 432.2\,\Omega$

で，実測値(431.61$\Omega$)とほぼ一致しています．

リアクタンス$X_L$は周波数に比例して高くなりますが，8MHzを越えたあたりから低下し始めています．この最大点の周波数がコイルの自己共振周波数$f_0$です．

図(b)に示すのはクオリティ・ファクタ$Q$の周波数特性ですが，自己共振周波数において$Q$は0になることがわかります．この測定データから損失抵抗(直列抵抗)$R_S$の値を求めると，$Q = 65.6$より，

(a) インピーダンスの周波数特性

(b) クオリティ・ファクタの周波数特性

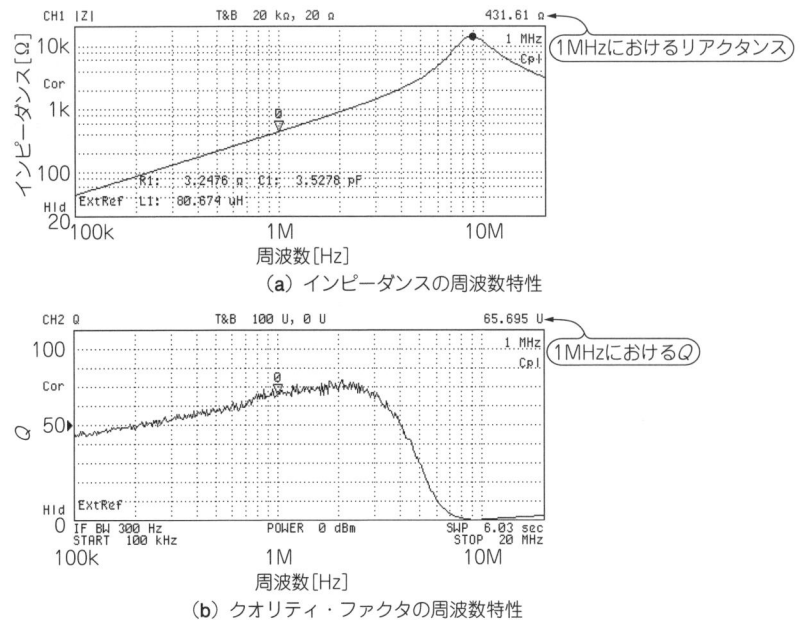

[図3-2] コイルのインピーダンスとクオリティ・ファクタ$Q$の周波数特性
$L_S = 68\,\mu\text{H}$のコイルの特性を実測した

3-1 $L$と$C$の基本的なふるまい | **047**

$$R_S = \frac{X_L}{Q} \dotfill (3\text{-}4)$$

$$= \frac{431}{65.6} \fallingdotseq 6.57\,\Omega$$

となります．仮にこのコイルに1A(rms)の電流が流れると，損失$P_{RS} = I^2 R_S = 6.57\text{W}$の損失が発生することになります．

写真3-2に示すのはコイルの諸特性などを測定するのに使用しているスペクト

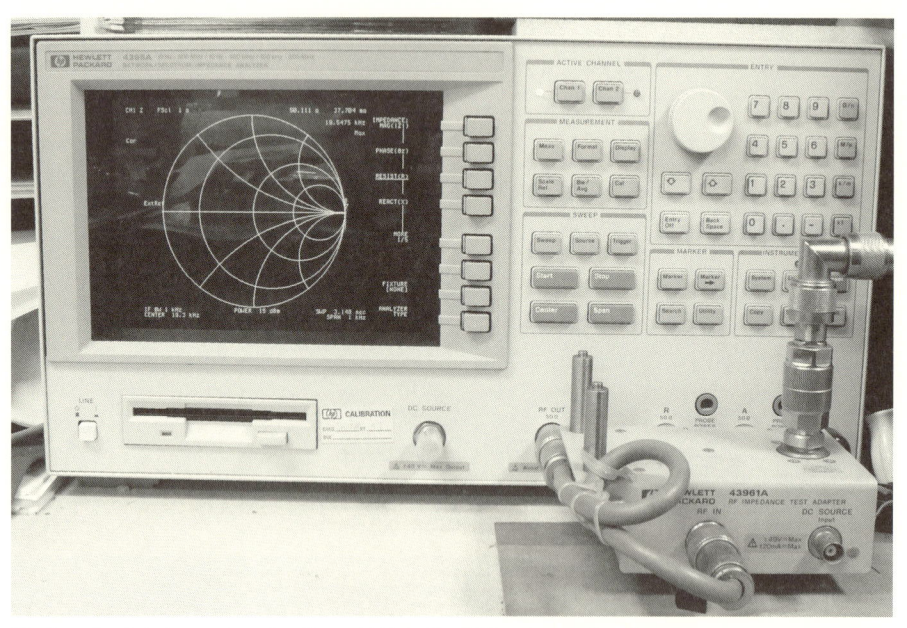

[写真3-2] デバイスのインピーダンス特性などの測定に欠かせないネットワーク・アナライザ…スペクトル・アナライザ+ゲイン・フェーズ・アナライザの一例(筆者が使用中のもの)

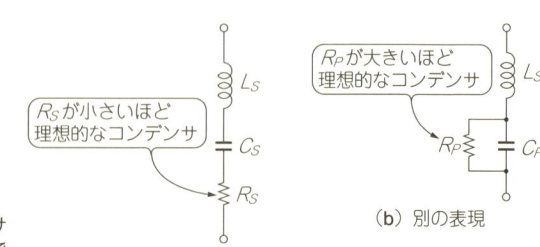

[図3-3] コンデンサの等価回路
$C_S$あるいは$C_P$が本来の真のコンデンサ成分．その他は寄生成分．高周波領域ではリード線の存在も無視できない

(a) 一般的な表現 — $R_S$が小さいほど理想的なコンデンサ

(b) 別の表現 — $R_P$が大きいほど理想的なコンデンサ

● コンデンサにも**Q**がある

図3-3にコンデンサの等価回路を示します．コンデンサもコイルと同じく理想的ではなくて，純粋な容量成分$C_S$に直列抵抗$R_S$と直列インダクタンス$L_S$を組み合わせた回路で表されます．したがって，コンデンサにも品質を表すクオリティ・ファクタというのがあって，やはり$Q$で示されます．

$$Q = \frac{1}{2\pi f C_S R_S} \quad \cdots \cdots (3\text{-}5)$$

直列抵抗$R_S$が低いほど$Q$が高く，性能の良いコンデンサといえます．

なお，コンデンサは品質の良さを表すのに$Q$以外にも損失係数$D$や$\tan \delta$といった表記も使われています．これらの変数の間には次のような関係があります．

$$D = \tan \delta = \frac{1}{Q} = \frac{R_S}{X_C} \quad \cdots \cdots (3\text{-}6)$$

図3-4に示すのは，高周波用途に向いていないコンデンサ(250V，0.1 μF)を測定したもので，(a)がインピーダンス-周波数特性，(b)が損失係数$D$の周波数特性を

(a) インピーダンスの周波数特性

(b) 損失係数の周波数特性

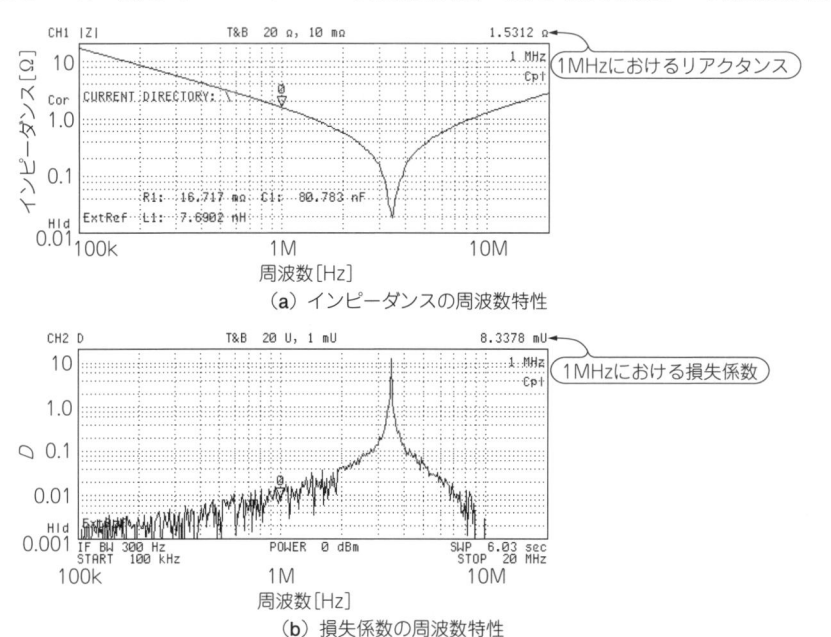

[図3-4] コンデンサのインピーダンスと損失係数の周波数特性

実測した結果です．この測定から，コンデンサの周波数1MHzにおけるリアクタンス$X_C$の計算値は，

$$X_C = \frac{1}{2\pi fC} \quad \cdots\cdots\cdots\cdots\cdots\cdots\cdots\cdots\cdots\cdots\cdots\cdots\cdots\cdots\cdots\cdots\cdots\cdots\cdots\cdots \quad (3\text{-}7)$$

$$= \frac{1}{2\pi f \times 0.1 \times 10^{-6}} \fallingdotseq 1.592\,\Omega$$

で，実測値（1.5312Ω）とほぼ一致します．

また，図(b)から1MHzにおける損失係数$D$は0.00833です．これから$R_S$と$Q$の値を求めると，

$$R_S = DX_C = 0.00833 \times 1.592 \fallingdotseq 13.25\,\text{m}\Omega$$

$$Q = \frac{1}{D} = \frac{1}{0.00833} \fallingdotseq 120$$

となります．この$Q=120$という値は，コンデンサとしてはけっして良い値ではありません．

● コンデンサにも共振周波数がある

図3-3を見ると，コイルと同じくコンデンサにも共振する周波数があるであろうことが予測できます．そこであらためて図3-4の特性を見ると，コンデンサの損失係数は低周波領域では小さな値ですが，周波数の上昇とともに大きくなり，自己共振周波数（図3-4の例では3.44MHz）の点で最大になることがわかります．

また，このコンデンサを$LC$共振回路として使用する場合，共振周波数を数MHzで動作させるのには問題がありそうです．たとえば，周波数3MHzでの$D$は0.17で

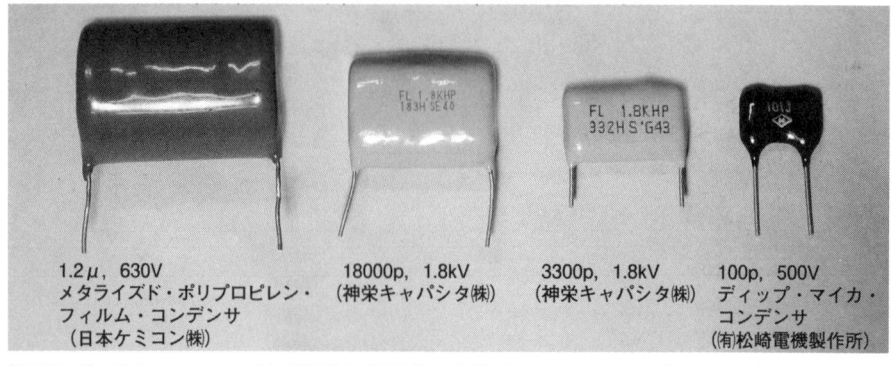

[写真3-3] パワー・スイッチング回路に使用する高耐圧フィルム・コンデンサの一例

す．これから$R_S$を求めると，
　　$R_S = 0.17 \times 1.592 ≒ 0.27\,\Omega$
です．ここに$1A_{RMS}$の電流が流れると仮定すると，0.27Wの電力を消費することになります．

　一般にコンデンサの$Q$は高いと認識されていますが，品種の選定を誤ると発熱して破損にいたることがあります．高周波パワー回路では，低損失，高周波大電流対応のコンデンサを選定します．写真3-3にパワー・スイッチングでよく使用されているコンデンサの一例を示します．高周波損失が小さく高耐圧コンデンサとなると，かなり高価になります．高周波パワー回路に使用するコンデンサの一例を，コラムとして第9章末(p.146)に示しておきます．

## 3-2　LR直列＋C並列…LCR共振回路のふるまい

● LR直列回路では負荷抵抗が小さいほど立ち上がりが遅くなる

　第2章 図2-4に示したスイッチング時だけZVS動作になる回路において，電圧や電流の立ち上がりを鈍らせるためにコイルを挿入しました．このときのコイルの動作について考えてみます．簡易的に，LR直列回路をパルス駆動したときの特性を調べる実験回路を図3-5に示します．

　この図3-5において，電圧$v_E$を加えた直後($t=0$)のコイルに流れる電流$I_L$は0です．しかし時間の経過とともに，0Aから指数関数にしたがって電流が増加し，最終的に($t \to \infty$)，

$$I_L = \frac{v_E}{R_L}$$

に到達します．最終電流の63％に達する時間を時定数と呼びます．時定数は$\tau$で表し，

$$\tau = \frac{L}{R_L} \quad \cdots\cdots\cdots\cdots\cdots\cdots\cdots\cdots\cdots\cdots\cdots\cdots\cdots\cdots\cdots\cdots\cdots (3\text{-}8)$$

の関係があります．

　写真3-4に示すのは，負荷抵抗$R_L$の値を50Ω，100Ω，200Ω，400Ωと高くしたときの出力電圧波形の変化のようすです．負荷抵抗$R_L$の値が変化すると，時定数$\tau$が変化します．$R_L = 50\Omega$のときの$\tau$は，

$$\tau = \frac{L}{R_L} = \frac{8 \times 10^{-6}}{50} = 160\,\text{ns}$$

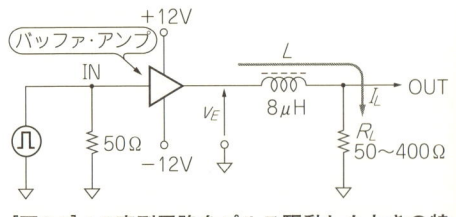

[図3-5] LR直列回路をパルス駆動したときの特性を調べる実験回路

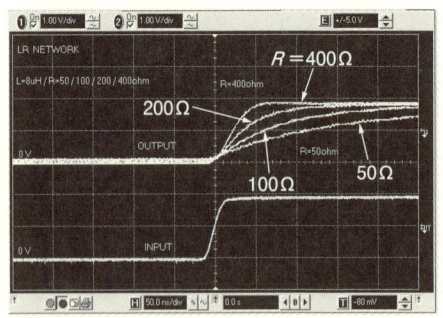

[写真3-4] LR直列回路(図3-5)におけるパルス応答波形
$R\cdots(R_L)$が小さいほど立ち上がりが遅くなる

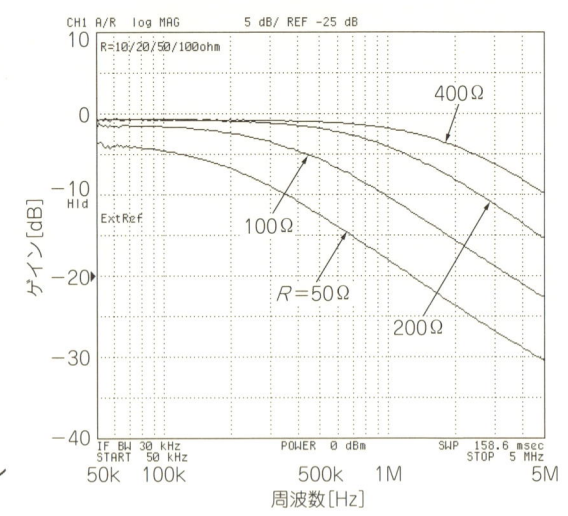

[図3-6] LR直列回路(図3-5)のゲイン周波数特性

です.

　一般にパワー・スイッチングにおけるハーフ・ブリッジ回路などの出力インピーダンスはきわめて低いので, 図3-5のような実験回路でも, ドライブするバッファ・アンプの出力インピーダンスはほぼ0Ωのものを使ってLR直列回路を駆動しています. バッファ・アンプを使わず, 出力インピーダンス50Ωのファンクション・ジェネレータなどから負荷を直接ドライブするときは, 負荷抵抗に50Ωが直列になることを加算して時定数を計算する必要があります.

　図3-6に, 図3-5に示したLR直列回路の周波数特性を示します. 1次ロー・パス・フィルタと同じように, -6dB/oct.の減衰率で高域特性が低下します.

● 負荷抵抗にコンデンサが並列に接続されると

　ソフト・スイッチング回路では第2章，図2-2に示した回路のように，図3-5のLR直列回路の$R_L$と並列にコンデンサを接続することもあります．そこで同じように，LR直列回路に並列容量が接続された回路(図3-7)の周波数特性とパルス応答波形を見てみましょう．

　図3-8に，負荷抵抗$R_L$の値を10Ω，20Ω，50Ω，100Ωに変化させたときの周波数特性を示します．すると2次ロー・パス・フィルタと同様な減衰特性で，$R_L$の値によって共振周波数$f_0$付近の特性が大きく変化することがわかります．

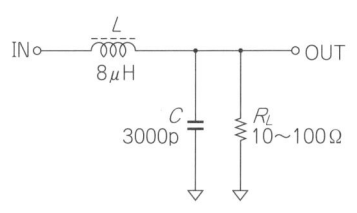

[図3-7] LR直列回路に容量が並列接続されたときの特性を調べる回路

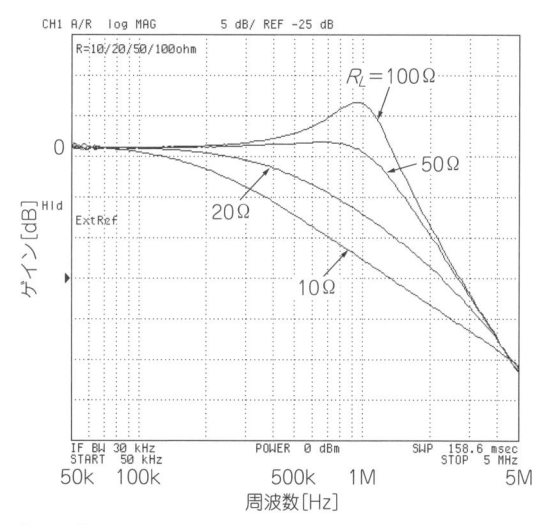

[図3-8] LR直列回路に容量を並列接続した回路(図3-7)のゲイン周波数特性(5dB/div.)
負荷抵抗$R_L$によって共振周波数付近の特性が大きく変化している

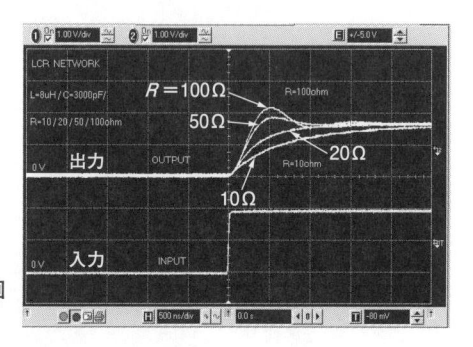

[写真3-5] LR直列回路に容量を並列接続した回路(図3-7)におけるパルス応答

3-2 LR直列＋C並列…LCR共振回路のふるまい

写真3-5に示すのは，図3-8と同じ条件で測定したときのパルス応答波形です．周波数特性にピークやリンギングが生じる回路のパルス応答を見ると，オーバシュートやリンギングが現れます．$R_L = 50\,\Omega$では回路負荷との整合係数$Q_L$が1.0で，少しのオーバシュートが生じます．

● 負荷の開放時に大きな電流が流れる…過電流保護回路が必要

つぎに図3-7に示した($LR$直列＋容量並列)回路において，負荷抵抗$R_L$を短絡したり開放したときの動作を実験で見てみます．

回路側から見ると，負荷抵抗$R_L$の両端を短絡したときの負荷のコイル$L$だけです．したがって図3-9に示すように，IN側からOUT側を見た回路網のインピーダンスは周波数が高くなると直線的に増加しますから，安全に問題なく動作することが予想できます．

ところが負荷抵抗$R_L$を取り除いて開放すると，コイル$L$と並列容量$C$が直列共振回路を形成します．すると図3-9に示すように，共振周波数においてインピーダンスはとても小さくなります．共振周波数におけるインピーダンスは，なんと$0.236\,\Omega$しかありません．これではスイッチング出力回路は短絡状態に近くなり，大きな電流が流れてしまいます．壊れてしまう可能性もあるので，**過電流保護回路**が必要になることがわかります．

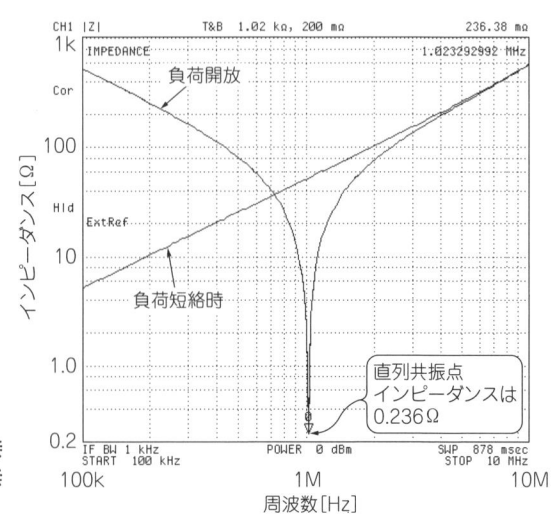

[図3-9] $LR$直列回路に容量を並列接続した回路(図3-7)の負荷抵抗の有無とインピーダンスの変化

## 3-3　共振回路と負荷との整合係数 $Q_L$

● 負荷との整合係数 $Q_L$ によるパルス応答波形の変化

　$LCR$ 直列共振回路の特性を見るときには，共振回路と実際の負荷との整合の度合いに注目する必要があります．本書ではこれを整合係数 $Q_L$ と呼んでいます．整合係数 $Q_L$ は，共振回路を構成する $L$ のインピーダンス $Z_0$ と負荷抵抗 $R_L$ との比で示されます．

　図3-10に示すのは，$LCR$ 直列共振回路にパルス信号を入力したときの応答波形を見る実験回路です．$LCR$ 回路に流れる電流波形は，回路の $Q_L$ によって変化します．写真3-6に $Q_L$ を変えたときのパルス応答波形を示します．周波数は1MHz，$L$ と $C$ の定数は，周波数1MHzにおけるリアクタンスが50Ωになる値，つまり，

$$L = \frac{50}{2\pi \times 1\text{MHz}} \fallingdotseq 7.96\,\mu\text{H}$$

$$C = \frac{1}{2\pi \times 1\text{MHz} \times 50} \fallingdotseq 3183\text{pF}$$

としました．$LC$ 回路の特性インピーダンス $Z_0$ は，

$$Z_0 = 2\pi fL = \frac{1}{2\pi fC} = \sqrt{\frac{L}{C}} \quad \cdots\cdots\cdots\cdots\cdots\cdots\cdots\cdots\cdots\cdots\cdots\cdots\cdots\cdots\cdots\cdots\cdots\cdots\cdots (3\text{-}9)$$

$$= \sqrt{\frac{7.96\,\mu\text{H}}{3182\text{pF}}} \fallingdotseq 50\,\Omega$$

となり，確かに50Ωになります．

　よって負荷抵抗 $R_L$ を100Ωにしたときの回路の整合係数 $Q_L$ は，

$$Q_L = \frac{Z_0}{R_L} \quad \cdots\cdots\cdots\cdots\cdots\cdots\cdots\cdots\cdots\cdots\cdots\cdots\cdots\cdots\cdots\cdots\cdots\cdots\cdots\cdots\cdots\cdots\cdots\cdots\cdots\cdots (3\text{-}10)$$

$$= \frac{50}{100} = 0.5$$

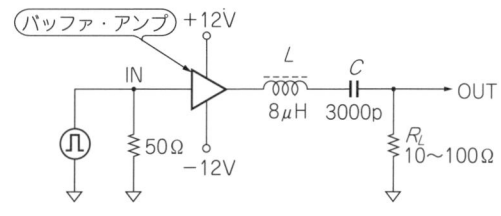

[図3-10] $LCR$ 直列共振回路の特性を調べる実験回路

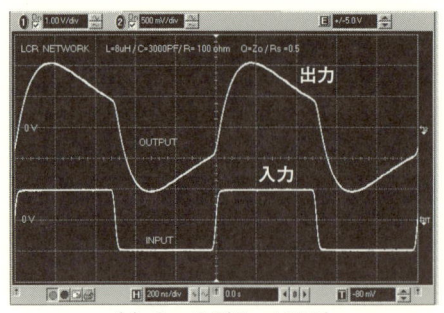

(a) $Q_L=0.5(R_L=100Ω)$

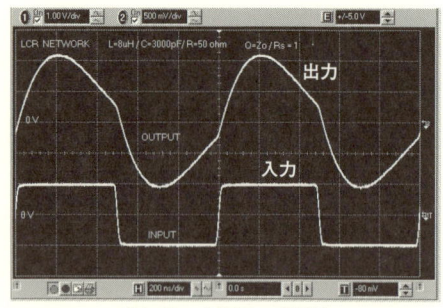

(b) $Q_L=1.0(R_L=50Ω)$

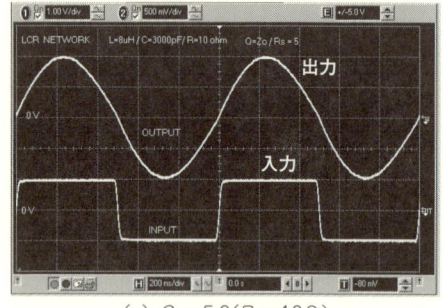

(c) $Q_L=5.0(R_L=10Ω)$

**[写真3-6]** *LCR*直列回路(図3-10)において$Q_L$を変化させたときのパルス応答波形の変化

になります．

$Q_L$が0.5と小さい場合は，写真(a)に示すように*LCR*回路に流れる電流は大きくひずみます．$Q_L$が小さいと高調波を抑圧しにくいことがわかります．写真(b)に示すのは，$R_L=50Ω$，つまり$Q_L=1.0$としたときの入出力波形です．波形が正弦波に近づいています．

写真(c)に示すのは，$Q_L=5.0$のときの入出力波形です．かなり正弦波に近い波形になっています．

*LCR*直列共振回路は，負荷抵抗の関係から先に$Q_L$を仮定して設計するケースが多く，スイッチング出力を正弦波に変換したい場合は，$Q_L$を3～5程度に設定すれば良いことがわかります．

なお，図3-10においても負荷を短絡すると，IN側から見たインピーダンスはとても小さくなりますから過電流保護回路が必要です．

● 共振回路の周波数特性と整合係数$Q_L$との関係

図3-11に示すのは，図3-10に示した$LCR$直列共振回路において，周波数1MHzで直列共振するように定数設定したときのゲインと位相の周波数特性です．この回路の共振周波数$f_0$は次式で表されます．

$$f_0 = \frac{1}{2\pi\sqrt{LC}} \quad \cdots\cdots (3\text{-}11)$$

図3-11において周波数特性の中心周波数を$f_0$，中心周波数におけるゲインの$1/\sqrt{2}$になる二つの周波数の差分を$f_{BW}$，回路と負荷との整合係数を$Q_L$とすると，

$$Q_L = \frac{f_0}{f_{BW}} \quad \cdots\cdots (3\text{-}12)$$

が成り立っています．たとえば，$f_0$＝1MHz，$f_{BW}$＝1MHzのとき，回路の$Q_L$は1.0となります．

図3-12に示すのは，図3-10に示した$LCR$直列回路のインピーダンス周波数特性です．共振周波数においてインピーダンスは最小になります．共振周波数より低い周波数では，位相特性は誘導性を示します．共振周波数の位相は0°です．それ以

(a) ゲインの周波数特性

(b) 位相の周波数特性

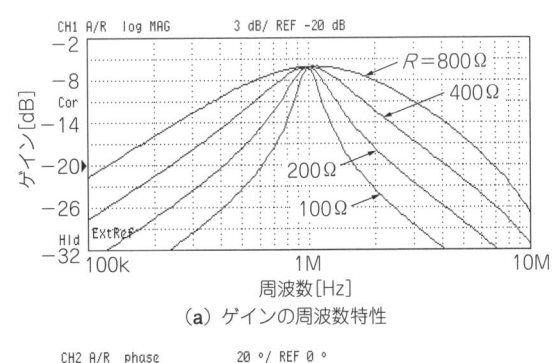

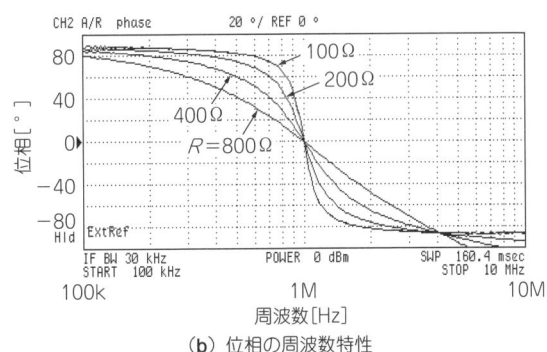

[図3-11] $LCR$直列共振回路（図3-10）のゲインと位相の周波数特性

[図3-12] *LCR*直列共振回路(図3-10)のインピーダンス周波数特性

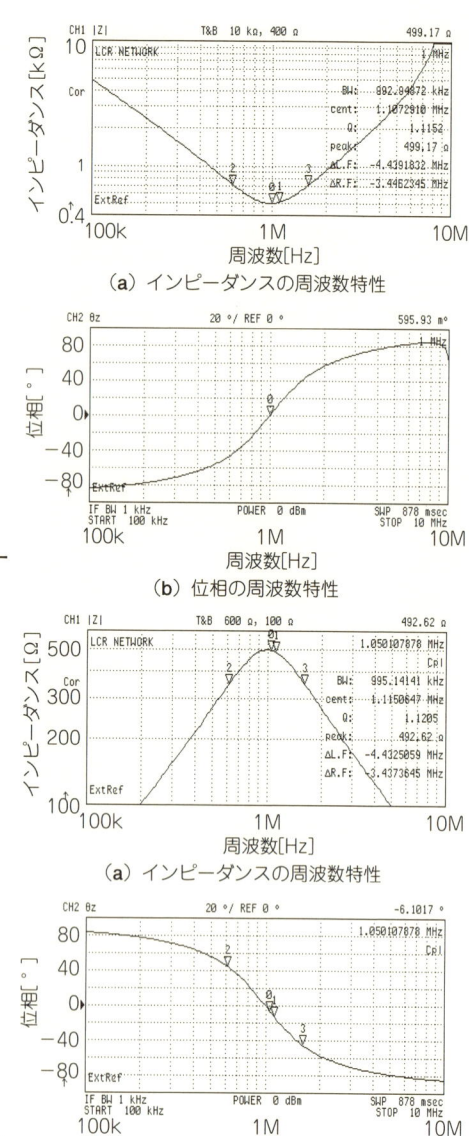

(a) インピーダンスの周波数特性

(b) 位相の周波数特性

[図3-13] *LCR*並列共振回路のインピーダンス周波数特性

(a) インピーダンスの周波数特性

(b) 位相の周波数特性

上高い周波数では容量性を示します．

図3-13に示すのは，*LCR*並列共振回路のインピーダンス周波数特性です．図3-12の*LCR*直列共振回路とは逆の特性になっています．

パワー MOS FET の高速スイッチング応用

# 第4章
# 高周波出力のためのインピーダンス変換回路

高効率パワー回路を実現するには，
出力回路と負荷とのインピーダンス整合がきわめて重要です．
しかし，負荷のインピーダンスによって出力回路を
そのつど変更するのは合理的ではありません．
高周波パワー回路では，出力段に整合のための
インピーダンス変換回路を用意するのが一般的です．

## 4-1 なぜインピーダンス変換回路か

### ● 出力電力とインピーダンス整合の関係

図4-1は，オーディオ・アンプの出力でスピーカを駆動するときの例を示しています．スピーカは，オーディオ・アンプの発する出力を効率よく受け取ってオーディオ信号…音に変換することが一番の使命です．しかし，スピーカのインピーダンスは一般に固定です．

仮にアンプの出力電圧 $V_{out}$ が最大12Vで，スピーカから100Wの出力 $P_{out}$ を得た

$$Z_{sp} = \frac{V_{out}^2}{P_{out}}$$

アンプ定格は，
(1) $V_{DD} = 12V$
(2) $P_{out(max)} = 100W$
(3) $V_{out(max)} = V_{DD}$
上記より，
(4) $I_{out(max)} = \dfrac{P_{out(max)}}{V_{DD}}$

最大出力を得るには
$Z_{sp} = 1.44\Omega$ の
スピーカが必要になる

$Z_{sp} = 4\Omega$

$P_{out} = \dfrac{V_{out}^2}{Z_{sp}}$
$= \dfrac{144}{4} = 36W$
しか出力できない

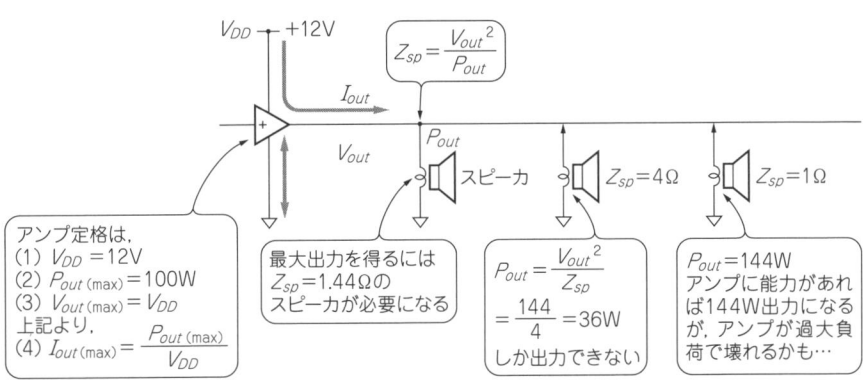

$Z_{sp} = 1\Omega$

$P_{out} = 144W$
アンプに能力があれば144W出力になるが，アンプが過大負荷で壊れるかも…

[図4-1] オーディオ・アンプでも出力電力と負荷との整合が重要

4-1 なぜインピーダンス変換回路か | 059

いとすると，スピーカのインピーダンス $Z_{sp}$ は，

$$Z_{sp} = \frac{V_{out}^2}{P_{out}} \quad \cdots \cdots \cdots \cdots \cdots \cdots \cdots \cdots \cdots \cdots \cdots \cdots \cdots \cdots \cdots \cdots \cdots \cdots \cdots \cdots \cdots \cdots \cdots \cdots \cdots \cdots \cdots \cdots \cdots \cdots \cdots \cdots \quad (4\text{-}1)$$

$$= \frac{12^2}{100} = \frac{144}{100} = 1.44\,\Omega$$

となってしまいます．インピーダンス $1.44\,\Omega$ のスピーカを探すのはたいへんです．仮に近いものとして $4\,\Omega$ のスピーカが見つかったとしてそれを使用すると，

$$P_{out(4\Omega)} = \frac{V_{out}^2}{Z_{sp}} = \frac{144}{4} = 36\,\text{W}$$

となり，希望する出力 $100\,\text{W}$ とはほど遠いパワーしか得られないことになってしまいます．逆にインピーダンス $1.0\,\Omega$ のスピーカがあったとすれば，

$$P_{out(1\Omega)} = \frac{V_{out}^2}{Z_{sp}} = \frac{144}{1} = 144\,\text{W}$$

という大きな出力が得られる可能性が出てきます．しかし，設計が $100\,\text{W}$ 出力をベースにしていた回路に $144\,\text{W}$ 出力させるということは，出力回路には過負荷が接続されたことになり，過電流による何らかのストレスが生じる原因になってしまいます．

したがって回路の最大出力電圧と負荷インピーダンスが固定のときは，出力段と負荷とを整合させることが重要で，インピーダンスを整合させるための変換回路を用意することで問題が解決できます．スピーカのインピーダンスに関して言うと，$1.44\,\Omega \rightarrow 4\,\Omega$ の変換が行えれば良い訳です．ただし，この変換はインピーダンス変換の概念を示す例であって，効率から考えるとあまり良い例ではありません．

● **電源電圧固定で希望の電力を取り出したい**

図4-2に代表的なパワー・スイッチング出力回路である，ハーフ・ブリッジおよびフル・ブリッジ回路の構成を示します．これらの回路からは，ほぼ電源電圧に近い振幅の電圧が出力されます．このとき負荷 $R_L$ に対して供給できる最大電力 $P_{out(\max)}$ は，ハーフ・ブリッジ回路の場合，

$$P_{out(\max)} = \frac{0.25 V_{DD}^2}{R_L} \quad \cdots \cdots \cdots \cdots \cdots \cdots \cdots \cdots \cdots \cdots \cdots \cdots \cdots \cdots \cdots \cdots \cdots \cdots \cdots \cdots \cdots \quad (4\text{-}2)$$

フル・ブリッジ回路の場合，

$$P_{out(\max)} = \frac{V_{DD}^2}{R_L} \quad \cdots \cdots \cdots \cdots \cdots \cdots \cdots \cdots \cdots \cdots \cdots \cdots \cdots \cdots \cdots \cdots \cdots \cdots \cdots \cdots \cdots \cdots \cdots \quad (4\text{-}3)$$

となります．この二つの式は，回路の最大出力 $P_{out(\max)}$ は負荷抵抗 $R_L$ と電源電圧

**(a) ハーフ・ブリッジ回路の構成**

**(b) フル・ブリッジ回路の構成**

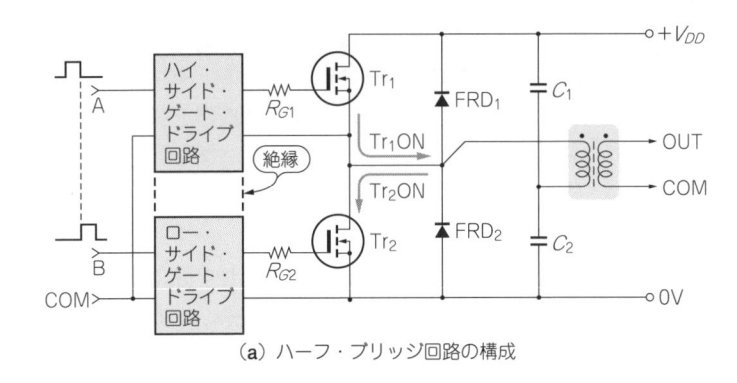

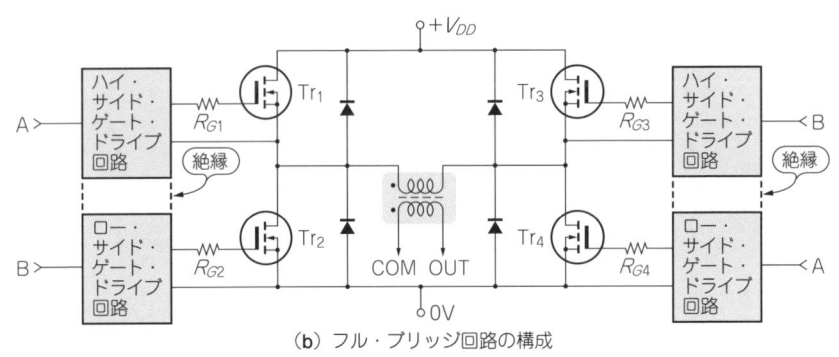

**[図4-2] 代表的なパワー・スイッチングの出力回路例**
ハーフ・ブリッジ回路では電源ラインに直列接続された2本のパワーMOSが交互にON/OFF動作を行う．フル・ブリッジ回路ではハーフ・ブリッジ回路にくらべて2倍の出力電圧が取り出せる

$V_{DD}$によって決まることを意味しています．

　ここで，回路の$P_{out(max)}$と電源電圧$V_{DD}$がはじめから決まっていると仮定すると，負荷抵抗$R_L$は$V_{DD}$の大きさによって制約を受けてしまうことになります．たとえばフル・ブリッジ回路で，仕様が電源電圧$V_{DD}$ = 12V，最大出力電力$P_{O(max)}$ = 100W以上と決まっている場合，負荷抵抗$R_L$は1.44Ωよりも重い負荷(低い$R_L$)には対応できなくなります．このようなときにも，パワー・スイッチング回路の出力と負荷との間にインピーダンス変換回路を挿入すると，どのような大きさの負荷に対しても希望の出力を取り出すことができるようになります．

　このようにパワー・スイッチング回路の出力段におけるインピーダンス変換回路はとても重要です．インピーダンス変換には多くの方式がありますが，ここではもっとも標準的なものを紹介します．

● トランスを使ってインピーダンス変換を行う

　パワー回路を扱っている方にとってトランスは，1次側と2次側の巻き数比を変化させることにより，電圧の昇圧や降圧を行うことができることはすでにご承知と思います．ところがトランスではさらに，インピーダンスについても上げたり下げたりすることができるのです．

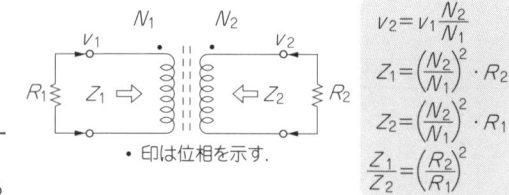

　図4-3にトランスの巻き数比とインピーダンスの関係を示します．入力側…1次側電圧を$v_1$とし2次側の電圧を$v_2$とすると，2次側電圧$v_2$は単純にトランスの巻き数比$N_2/N_1$で決まるというのが電圧トランスとしての扱いです．インピーダンス変換器として使用するときは，入力側(1次側)，出力側(2次側)とも抵抗$R_1$, $R_2$で終端します．すると，入力側から見たインピーダンス$Z_1$，出力側から見たインピーダンス$Z_2$は，次式に示すように終端抵抗と巻き数比の自乗に比例するのです．

$$Z_1 = \left(\frac{N_2}{N_1}\right)^2 \cdot R_2 \quad \cdots\cdots\cdots\cdots\cdots\cdots\cdots\cdots\cdots\cdots\cdots\cdots\cdots\cdots\cdots\cdots\cdots\cdots\cdots\cdots (4\text{-}4)$$

$$Z_2 = \left(\frac{N_2}{N_1}\right)^2 \cdot R_1 \quad \cdots\cdots\cdots\cdots\cdots\cdots\cdots\cdots\cdots\cdots\cdots\cdots\cdots\cdots\cdots\cdots\cdots\cdots\cdots\cdots (4\text{-}5)$$

$$\frac{Z_1}{Z_2} = \left(\frac{R_2}{R_1}\right)^2 \quad \cdots\cdots\cdots\cdots\cdots\cdots\cdots\cdots\cdots\cdots\cdots\cdots\cdots\cdots\cdots\cdots\cdots\cdots\cdots\cdots\cdots\cdots (4\text{-}6)$$

　この関係を利用するとインピーダンス変換が行えます．ただし，トランスがトランスとして，あるいはインピーダンス変換器として機能するのは特定の周波数領域に限られます．これはトランスの設計仕様によります．

　写真4-1は入手性が良いので筆者がよく使用している，アミドン社のフェライト材によるトロイダル・コア(FT82-#43, $\mu_i = 850$)に$\phi 0.37$のホルマール線を25ターン×2，バイファイラ巻きしたトランスと，その実際の周波数特性です．100k～10MHzの周波数範囲で平坦な特性を示しています．トランスの周波数特性はコイルとしてのインダクタンス$L$の大きさで決まりますが，低域を延ばそうとして大き

[図4-3] トランスの巻き数比とインピーダンスの関係
インピーダンスは巻き数比の2乗で変換される

・印は位相を示す．

$$v_2 = v_1 \frac{N_2}{N_1}$$
$$Z_1 = \left(\frac{N_2}{N_1}\right)^2 \cdot R_2$$
$$Z_2 = \left(\frac{N_2}{N_1}\right)^2 \cdot R_1$$
$$\frac{Z_1}{Z_2} = \left(\frac{R_2}{R_1}\right)^2$$

(a) バイファイラ巻きにした

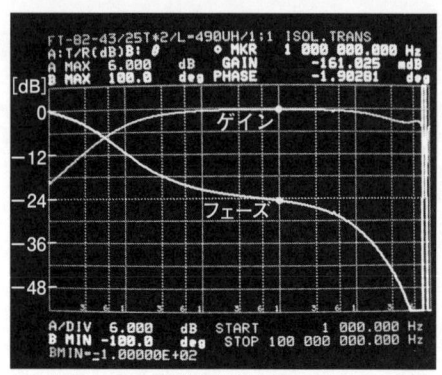

(b) トランスの周波数特性（$Z=50Ω$, $f=1k \sim 100MHz$, 60dB/div., 位相20°/div.）

[写真4-1] トロイダル・コアに巻き上げた1:1トランスの例
アミドン社フェライト材トロイダル・コア FT82-#43, 25T×2, 高周波特性を良くするためにバイファイラ巻きした

なインダクタンスを製作すると高周波特性が悪化します．ちなみに使用したFT82-#43コアに25ターン巻くと約490μH/@1kHzのインダクタンスが得られますが，終端インピーダンス$Z_0$を50Ωとすれば，このときの低域しゃ断周波数$f_c$は，

$$f_c = \frac{Z_0}{2\pi L} \tag{4-7}$$

$$= \frac{50}{6.28 \times 490 \times 10^{-6}} = 16.24 \text{kHz}$$

となります．

## 4-2　非絶縁型のインピーダンス変換回路

● 単巻きトランスによるインピーダンス変換回路

　身近なインピーダンス変換回路の例は，たぶん皆さんの実験室のなかにあります．AC電圧調整器…スライダックです．スライダックは交流電圧を上げたり下げたりするものでオートトランス回路と呼ばれますが，これもインピーダンス変換回路として扱うことができます．この回路は単巻きトランスの巻き数比を変えることで，任意の（インピーダンス）変換比を実現することができます．絶縁を必要としない用途に利用できます．図4-4に単巻きトランスによるインピーダンス変換回路の構成を示します．

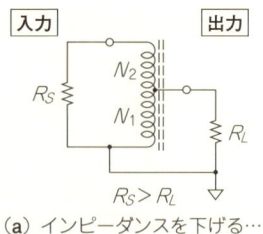

[図4-4] 非絶縁のインピーダンス変換回路(オートトランス回路とも呼ばれている)

(a) インピーダンスを下げる…ステップ・ダウンのときの接続 $R_S > R_L$

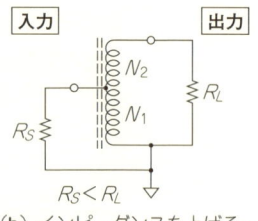

(b) インピーダンスを上げる…ステップ・アップのときの接続 $R_S < R_L$

図4-4において(a)がステップ・ダウン型で，出力インピーダンス $R_L$ が入力インピーダンス $R_S$ より小さい条件において，巻き数比 $N_1:N_2$ の設定で所定のインピーダンス変換を実現することができます．図(b)はステップ・アップ型で，出力インピーダンス $R_L$ が入力インピーダンス $R_S$ よりも大きい条件のとき使えます．

▶インピーダンスを下げる…ステップ・ダウン

駆動したい負荷抵抗 $R_L$ が，出力電力と電源電圧から算出される負荷抵抗値より低いときに使います．巻き数比は，$R_S$ と $R_L$ の比率から算出します．

$$\frac{R_S}{R_L} = \left(\frac{N_2}{N_1}+1\right)^2 \quad\cdots\cdots (4\text{-}8)$$

$R_S = 50\,\Omega$，$R_L = 12.5\,\Omega$ とすると，

$$\frac{N_2}{N_1} = \sqrt{\frac{R_S}{R_L}} - 1 = 2 - 1 = 1$$

となり，$N_1 = N_2$ のとき $4:1$ ($50\,\Omega \Rightarrow 12.5\,\Omega$) のインピーダンス変換が可能なことがわかります．

▶インピーダンスを上げる…ステップ・アップ

駆動したい負荷抵抗が，出力電力と電源電圧から求まる負荷抵抗値より高いときに使います．$R_S$ と $R_L$ の比率から巻き数比を算出します．

$$\frac{R_L}{R_S} = \left(\frac{N_2}{N_1}+1\right)^2 \quad\cdots\cdots (4\text{-}9)$$

$R_S = 12.5\,\Omega$，$R_L = 50\,\Omega$ とすると，

$$\frac{N_2}{N_1} = \sqrt{\frac{R_L}{R_S}} - 1 = 2 - 1 = 1$$

となり，$N_2/N_1 = 1$ のとき $1:4$ ($12.5\,\Omega \Rightarrow 50\,\Omega$) のインピーダンス変換が可能なことがわかります．

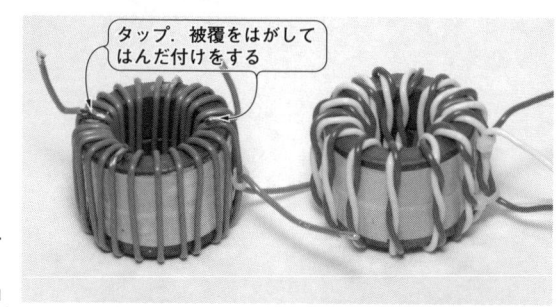

[写真4-2] 製作した二つのインピーダンス変換トランス
アミドン社フェライト材トロイダル・コアを使用．この例では巻き線にビニル被覆の耐熱より線を使用している

（タップ．被覆をはがしてはんだ付けをする）

（a）ふつうの巻き方…単巻き　（b）$N_1$，$N_2$を一緒にして巻く…バイファイラ巻き

● 単巻きトランスによるインピーダンス変換回路の実験

　写真4-2に示すのは，製作した単巻きトランス…非絶縁のインピーダンス変換トランスです．巻き方を変えた2種類がありますが，いずれもアミドン社のフェライト材トロイダル・コアFT140-#61（$\mu_i$=125）を使用しています．1次側の巻き数$N_1$は12回，2次側の巻き数$N_2$は12回，インダクタンスはどちらも37μHです．タップは，線材の被覆をはがして，そこにはんだを流して作ります．

　図4-5に示すのは，写真4-2(a)に示した単巻きトランスによるインピーダンス変換器の入力側終端抵抗$R_S$から見た特性で，(a)はインピーダンス-周波数特性，(b)がゲイン-周波数特性です．(a)からわかるようにインピーダンスは低周波で低下し，高周波では上昇します．低周波では，巻き線インダクタンスと終端抵抗$R_S$によって周波数特性が決まり，高周波ではリーケージ・インダクタンス…漏れインダクタンスと負荷側終端抵抗$R_L$によってインピーダンス特性が決まっています．

　図(b)の入力側終端抵抗$R_S$から見たゲイン-周波数特性を見ると，漏れインダクタンスの影響で高周波特性が悪くなっていることがわかります．インピーダンス変換トランスの高周波特性を改善→広帯域化するためには，初期透磁率$\mu_i$の大きいコア材を使用し，巻き線$N_1$と$N_2$の結合度を改善する必要があります．

● 単巻きトランスをバイファイラ巻きで広帯域化する

　図4-6にトロイダル・コアへの巻き線の一例を示しますが，単巻きトランス方式インピーダンス変換回路では，巻き方をとくに指定しないと図(a)に示すように1次と2次を別々に巻くケースが多いので漏れインダクタンスが大きくなり，高周波特性が良くなりません．

　高周波の世界では，図4-6(b)に示すようなバイファイラ巻きやトリファイラ巻

4-2 非絶縁型のインピーダンス変換回路

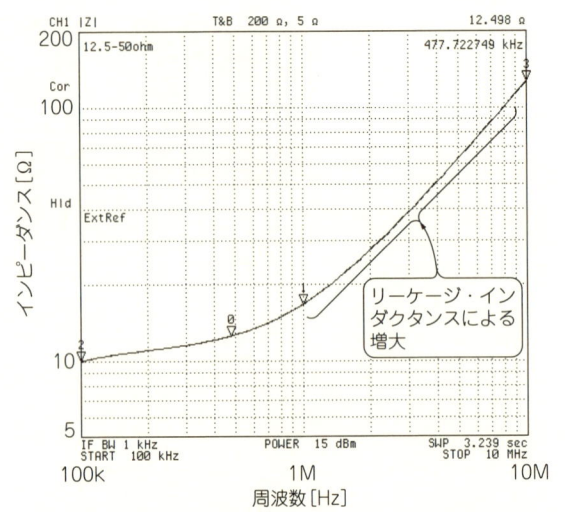

(a) 1次側($R_S$側)から見たインピーダンス-周波数特性

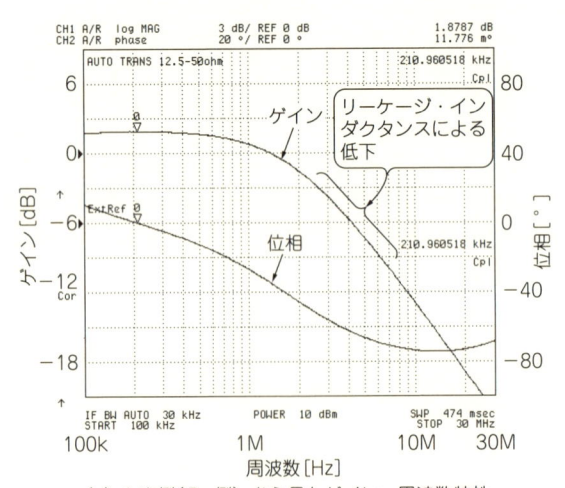

(b) 1次側($R_S$側)から見たゲイン-周波数特性

[図4-5] 単巻きトランスによるインピーダンス変換回路の特性
とくに巻き方を指定しないふつうの巻き方のトランス．漏れインダクタンスの影響で高周波特性があまり良くない

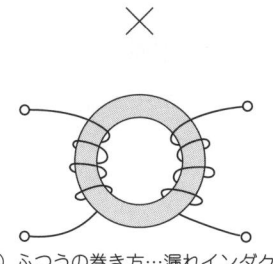

(a) ふつうの巻き方…漏れインダクタンスが大きくなる

(b) バイファイラ巻き…1次側, 2次側巻き線を一緒にして巻く. 3本の線を一緒に巻くとトリファイラ巻きになる

[図4-6] トロイダル・コアへの巻き線方法

[写真4-3] トロイダル・コアにトリファイラ巻きで巻き上げたトランスの例

きと呼ばれる巻き方を採用して，漏れインダクタンスを減少させるのが常識です．**写真4-3**の例が3本の線を一緒に巻くトリファイラ巻きの実例です．しかし，これらの巻き方では巻き数比がいつも1.0なので，インピーダンス変換比を自由に設定することができません．**図4-7**に示すようにバイファイラ巻きの場合，インピーダンス変換比は1:4または4:1で固定，トリファイラ巻きの場合は1:9または9:1，および4:9または9:4で固定になります．

 **図4-8**に示すのは，**写真4-2(b)**に示したバイファイラ巻きインピーダンス変換器の入力終端抵抗$R_S$側から見た特性で，(a)はインピーダンス-周波数特性，(b)がゲイン-周波数特性です．**図4-5**で示した単巻きトランスに比べると漏れインダクタンスが小さいので，高域のインピーダンス周波数特性が改善されているのがわかります．$R_S$側から見たゲイン-周波数特性も，高周波特性が大幅に改善されているのがわかります．

4-2 非絶縁型のインピーダンス変換回路

(1) コア1個で構成　　　　　　　　　　　(2) コア2個で構成
(a) バイファイラ巻きのインピーダンス比（1：4）

(1) 1：9　　　　　　　　　　　(2) 4：9
(b) トリファイラ巻きのインピーダンス比

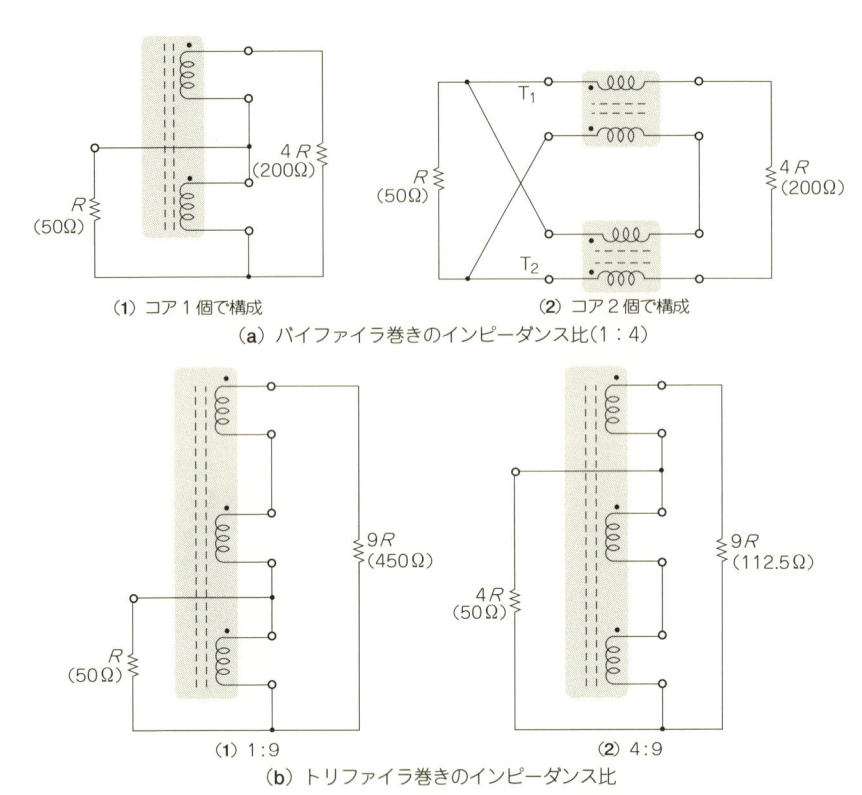

[図4-7] バイファイラ巻き，トリファイラ巻きの巻き線比は固定される
インピーダンス変換比も固定される

## Column

### トロイダル・コアなどでインダクタを作るとき

　巻末Appendixに，筆者が高周波パワー用によく使用しているトロイダル・コア（マイクロメタル社およびアミドン社）の特性例を紹介していますが，実際に何がしかのコイルを作りたいというとき，つどつど特性表を見て，計算によって，作ろうとするコイルのインダクタンスや巻き数を求めるのはけっこう面倒です．
　というより，身近によく使用し，手元に在庫しているコアというのは，あらかじめ何品種かが決まっています．また，コアを見てもじつはどのような特性のコアなのか特定しにくいこともあります．
　よってコイルを作りたい場合は，（勘は働かせますが）適当なコアを選んで，そのコアに線を1ターン巻いて探りを入れます（10ターン以上のほうが精度が高い）．そ

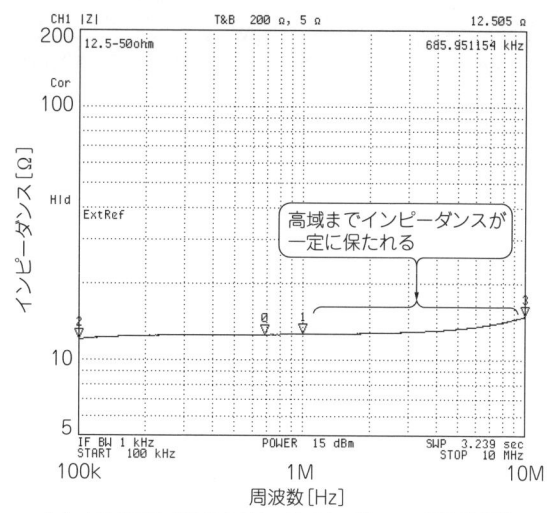

(a) 1次側($R_S$側)から見たインピーダンス - 周波数特性

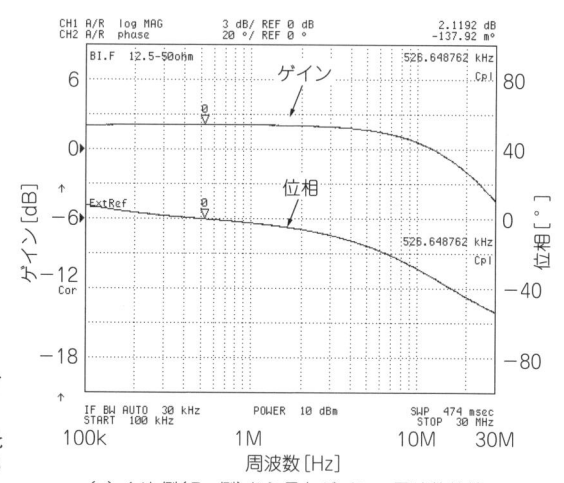

**[図4-8]　バイファイラ巻きによるインピーダンス変換回路の特性**
バイファイラ巻きの効果で，図4-5に比べると大幅に高域特性が改善されていることがわかる

(b) 1次側($R_S$側)から見たゲイン - 周波数特性

図中注記：高域までインピーダンスが一定に保たれる

して，そのときのインダクタンス値をインダクタンス・メータで実測し，これを基準値$L_R$とします。

あとは，得たいインダクタンス値を$L_X$として，$N=\sqrt{L_X/L_R}$とすれば，必要な巻き数がわかります。このようなことを何度か繰り返しておくと，だんだんコイル作りとインダクタンスのイメージがわかってきます。

4-2 非絶縁型のインピーダンス変換回路　069

## 4-3　お勧めは絶縁型のインピーダンス変換回路

● 自由度の高い変換比を得るためのインピーダンス変換器

　第7章以降で実際のインピーダンス変換トランスを紹介していますが，基本的には一般のスイッチング・パワー回路に使用するトランスと同じです．

　トランスを使う絶縁型の特徴は設計に自由度があることです．**図4-9**に示すようにインピーダンス変換比も，

$$\frac{R_S}{R_L} = \left(\frac{N_1}{N_2}\right)^2 \quad \cdots\cdots\cdots\cdots\cdots\cdots\cdots\cdots\cdots\cdots\cdots (4\text{-}10)$$

という，おなじみのシンプルな式で設定することができます．この式は，巻き数比の2乗でインピーダンス変換ができることを意味しています．

　トランスの1次インピーダンスまたは2次インピーダンスを$Z_L$，周波数特性が3dB低下する低域しゃ断周波数を$f_c$とすると，必要なインダクタンス$L$は次式で求まります．

$$L = \frac{Z_L}{2\pi f_c} \quad \cdots\cdots\cdots\cdots\cdots\cdots\cdots\cdots\cdots\cdots\cdots\cdots\cdots\cdots (4\text{-}11)$$

　たとえば，$Z_L = 50\Omega$，$f_c = 1\text{kHz}$のときは，

$$L = \frac{50}{6.28 \times 10^3} = 7.96\text{mH}$$

と求まります．

● PQコアを使った300W，10k～100kHz絶縁トランス

　**図4-10**に示すのは，設計した絶縁型インピーダンス変換トランスの回路です．フェライト・コアですが，トロイダル型ではなく効率をかせげるPQタイプを使用しています．PQコアはTDK(株)の製品です．巻末Appendixに概略を示します．

$v_2 = v_1 \dfrac{N_2}{N_1}$

$R_S = R_L \left(\dfrac{N_1}{N_2}\right)^2$

$N_1$：1次側の巻き数
$N_2$：2次側の巻き数

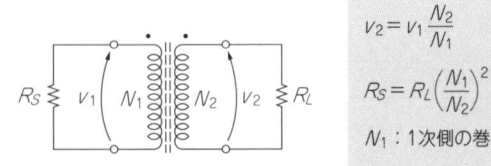

[図4-9] 絶縁トランスによるインピーダンス変換回路

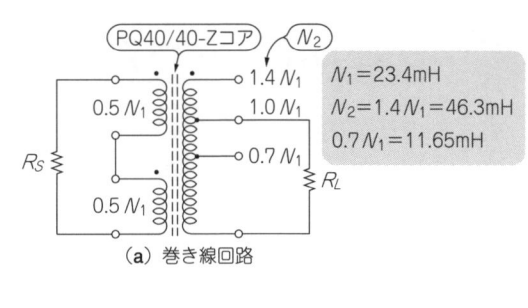

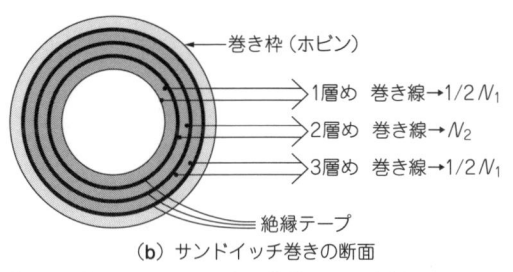

[図4-10] サンドイッチ巻き構造による絶縁トランス
構造的に漏れの少ないPQコアを使用した

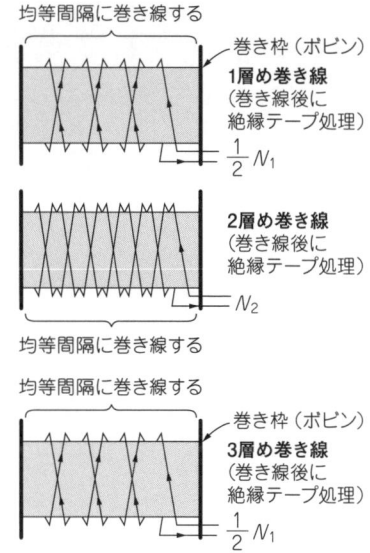

$N_1 = 23.4\text{mH}$
$N_2 = 1.4 N_1 = 46.3\text{mH}$
$0.7 N_1 = 11.65\text{mH}$

(a) 巻き線回路
(b) サンドイッチ巻きの断面
(c) サンドイッチ巻きの巻き線順

[写真4-4] PQコアによるインピーダンス変換トランスの例

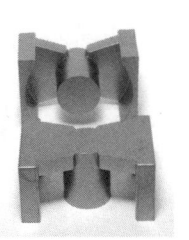

(a) トランス完成品　(b) 巻き線ボビン　(c) PQコア

　1次側巻き線$N_1$は，2分割した巻き線を直列に接続します．バイファイラ巻きのようなことはできないので，二つの1次側コイルの間に2次側コイル$N_2$を挟み込む**サンドイッチ巻き**構造にしています．スイッチング回路の出力電圧が低い場合は，並列接続して2倍の電圧（電力で4倍）を出力できるようにしています．

　2次側は標準端子（巻き数比1.0）に対して，電力で2倍（巻き数比は1.41）のタップと，1/2（巻き数比は0.7）のタップを設けており，広範囲な負荷抵抗$R_L$に対応できます．製作した絶縁トランスの外観を**写真4-4**に示します．

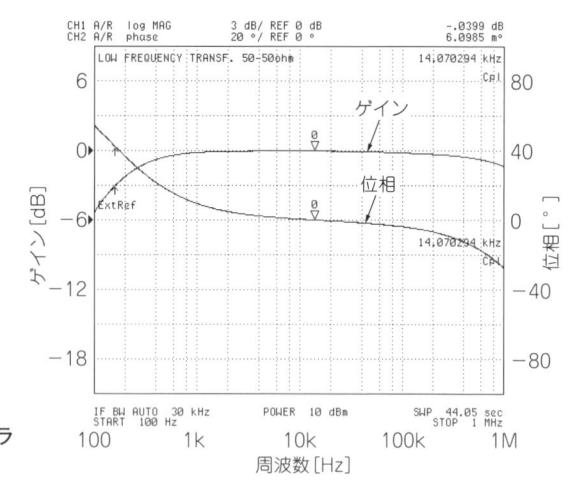

[図4-11] 写真4-4に示した絶縁トランスの周波数特性

▶周波数特性の実測

図4-11に，製作した絶縁トランスの伝送周波数特性を示します．このトランスは，伝送電力300W，10k～100kHz帯の用途を想定して製作したものです．1：1接続時の漏れインダクタンスは14μHで，自己インダクタンス23.4mHよりかなり小さくなっています．

▶パルス応答波形の観測

負荷開放または静電容量負荷のとき，絶縁トランスのパルス応答波形がどうなるかを観測してみました．

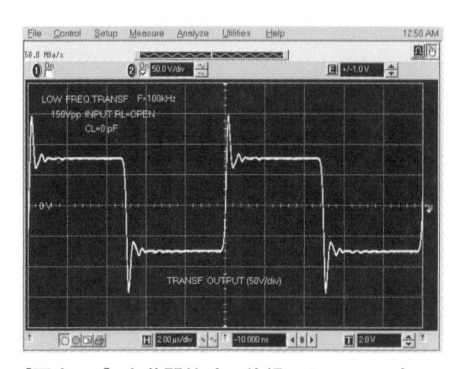

[写真4-5] 負荷開放時の絶縁トランスのパルス応答波形($C_L$ = 0pF，$f$ = 100kHz，50V/div.，2μs/div.)

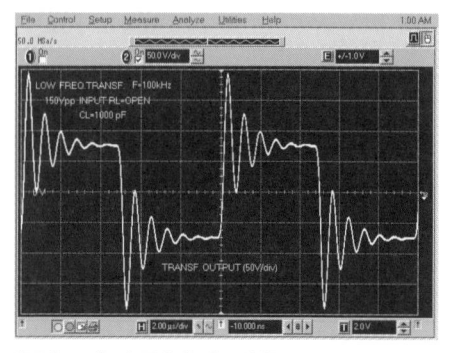

[写真4-6] 容量負荷時の絶縁トランスのパルス応答波形($C_L$ = 1000pF，$f$ = 100kHz，50V/div.，2μs/div.)

写真4-5に示すのは，周波数100kHz，電圧150V$_{P-P}$を入力し，出力端子を開放し，負荷はオシロスコープの入力容量だけのときの波形です．波形はきちんと通していますが，大きなオーバシュートが観測されています．

写真4-6に示すのは，出力端子に1000pFのコンデンサを並列接続したときの応答です．かなり大きなリンギングが生じています．この振動周波数は，トランスの漏れインダクタンス(14μH)と，負荷コンデンサ(1000pF)の共振周波数(1.345MHz，周期743.5ns)に近い周波数です．

● MHz以上(大電力)ではトロイダル・コアを複数使ったパイプ・トランスが良い

MHz以上の周波数帯域でインピーダンス変換するときは，写真4-7に示すようにトロイダル・コアを複数使った通称パイプ・トランスを使います．各種あるコア材のなかから適当なμ$_i$(初透磁率)を選択すれば，希望の周波数帯域に対応させることができます．また，コアのサイズと個数を変えることで，通過させる最大電力を調整することができます．

写真4-7に示すのは，アミドン社トロイダル・コアFT82-#61を5個直列したものを2組使った，インピーダンス変換用の絶縁トランスです．巻き数は1次側が3回，2次側が6回，インダクタンスは1次側7μH，2次側28μHとなっています．

現在容易に入手できるフェライト・コア材の用途は主にスイッチング電源で

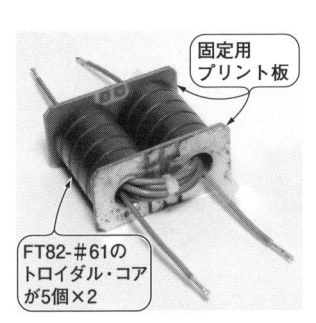

[写真4-7] トロイダル・コアを複数使用した広帯域用インピーダンス変換トランス
通過電力が大きいときに使用するコアの使い方．大型コアと等価な使い方ができる．第11章で紹介する大出力電源などに使用する

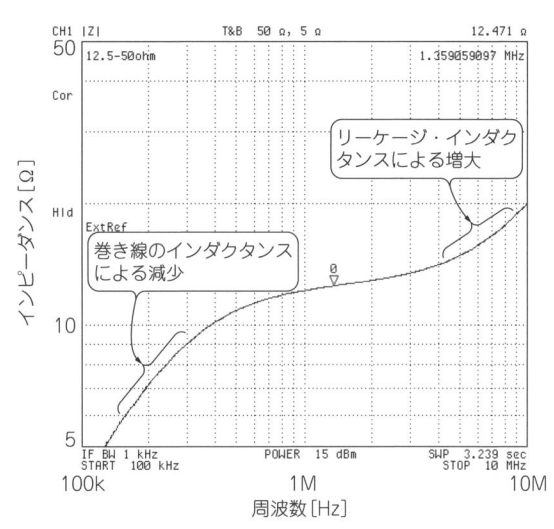

[図4-12] 製作した広帯域用インピーダンス変換トランスのインピーダンス-周波数特性

4-3 お勧めは絶縁型のインピーダンス変換回路

す．数MHz以上のスイッチング周波数で動作させると損失が大きくなります．
　周波数帯域が狭い場合は，コアに大きなギャップを挿入して使いますが，漏れインダクタンスが大きくなるので具合がよくありません．そこで，2次巻き線と並列にコンデンサを接続します．
▶入力側にコンデンサを追加して低域のインピーダンスを補償する
　図4-12に示すのは，写真4-7に示した広帯域トランスのインピーダンス-周波数特性です．これを見ると，通過帯域よりも低い周波数ではインピーダンスが低下しています．理由はトランスの1次インダクタンス不足によるものですが，必要以上に大きなインダクタンスにすると高周波特性が悪くなります．
　広帯域信号を扱うRFアンプでこのような特性のトランスを使用すると，低周波でアンプの出力電流が増加してパワー・デバイスが破損することがあります．このようなときは図4-13に示すように，コンデンサ$C_S$を1次側($R_S$)側の巻き線と直列に挿入すると，低周波領域でインピーダンスを高くすることができます．
▶出力側にコンデンサを追加して高域のインピーダンスを補償する
　トランスは，漏れインダクタンスの影響で，高周波になるほどインピーダンスが高くなります．その結果，等価的に負荷抵抗が高くなり，出力電圧(電力)が低下します．このようなときの対策としては，トランスの出力端子と並列にコンデンサ$C_P$を接続して入力インピーダンスを下げます．

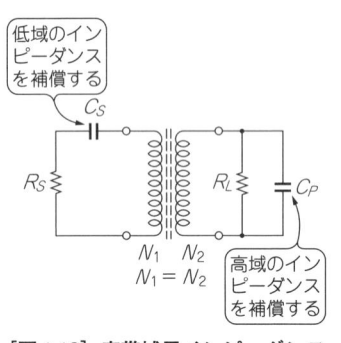

[図4-13] 広帯域用インピーダンス変換トランスのインピーダンス-周波数特性を補償する
入力と出力にコンデンサを追加する

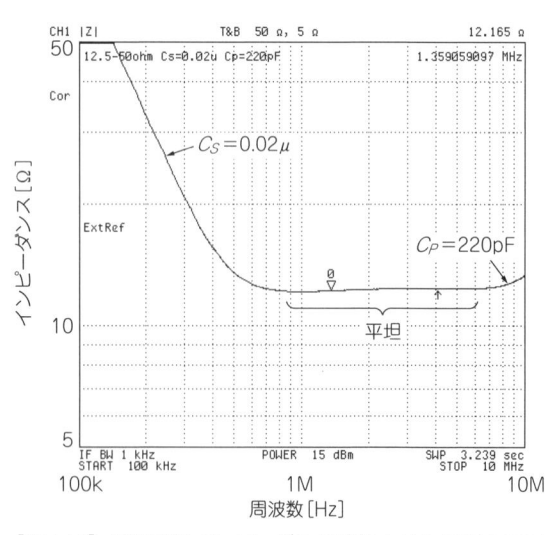

[図4-14] 広帯域用インピーダンス変換トランスにおいて周波数補償を施した後のインピーダンス-周波数特性

▶補償後のインピーダンス-周波数特性

図4-14に，図4-13における$C_S$を0.02μF，$C_P$を220pFとして測定したインピーダンス-周波数特性を示します．$R_S$と$R_L$は純抵抗ですが周波数特性が一定とは限らないため，$C_S$と$C_P$の定数を計算で求めるのは簡単ではありません．そこで，インピーダンス・アナライザで測定し，$C_S$＝0.02μF，$C_P$＝220pFを得ました．

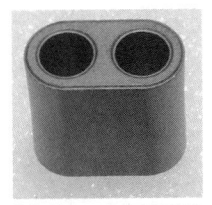

(a) 2ホール・コアの例
(Q5F-8×14)

(b) HF帯トランスとして使用

[写真4-8] 2ホール・コアを使用したインピーダンス変換トランス
プリント基板に取り付けるために，コアのホールに銅パイプを挿入し，銅パイプの縁を固定用プリント板にはんだ付けしている

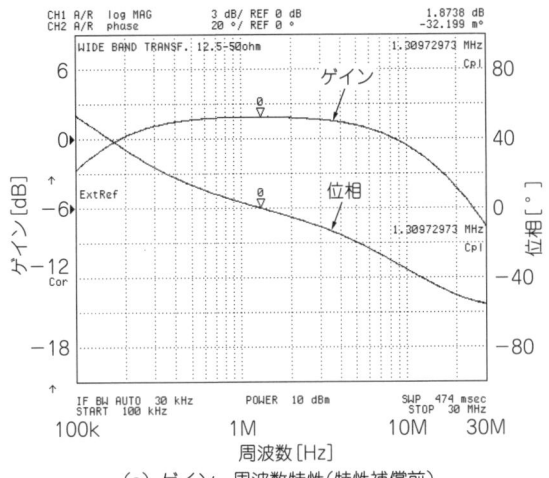

(a) ゲイン-周波数特性(特性補償前)

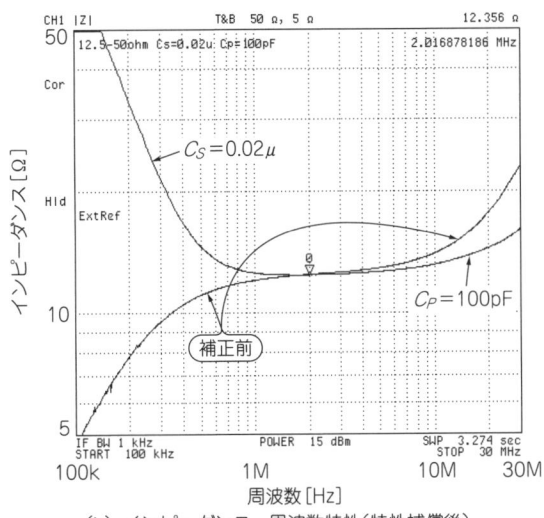

(b) インピーダンス-周波数特性(特性補償後)

[図4-15]▶
2ホール・コアを使用したインピーダンス変換トランスの特性

4-3 お勧めは絶縁型のインピーダンス変換回路 | 075

● 数M〜30MHzでは2ホール・コアを利用したトランスが良い

　写真4-8に示すのは，HF帯（数M〜30MHz）のバラン（コモン・モード・チョーク・コイル）としてよく使われている2ホール・コア…通称メガネ・コアを使用した絶縁トランスです．ここではTDK(株)のQ5F-8×14を使い，巻き数比は1次側が2回，2次側が4回（センタ・タップ付き）です．インダクタンスは実測値で1次側8.6 $\mu$H，2次側33.8 $\mu$H となりました．

　トランスをプリント基板に実装するときは，パイプと同じ径の穴を固定用プリント板に開けて挿入し，はんだ付けします．図4-15に2ホール・コアによるトランスの特性を示します．(a)がゲイン-周波数特性，$C_S=0.02\mu$F，$C_P=220$pFとしたときのインピーダンス-周波数特性を(b)に示します．

## 4-4　LC共振回路によるインピーダンス変換

　トランスを使ったインピーダンス変換は，トランスの周波数特性にもよりますが，うまく設計・製作すればある程度広帯域化できるので，幅広い用途に使用することができます．しかし，本書で紹介するE級アンプなどにおいては，周波数が固定になるケースが多いので，わざわざトランスを使用しなくても，LC共振回路を使ってインピーダンス変換を行うことも可能です．

● LC共振回路によるインピーダンス変換のいろいろ
▶ステップ・ダウン型

　図4-16(a)に示すのは，負荷抵抗$R_L$が小さいときに使われるLC回路によるインピーダンス変換回路です．$R_L$が0Ωのとき，入力側から見ると並列共振回路になっています．

　たとえば$f=1$MHz，$R_S=50\Omega$，$R_L=12.5\Omega$とすると，$L$と$C$は次のように求まります．

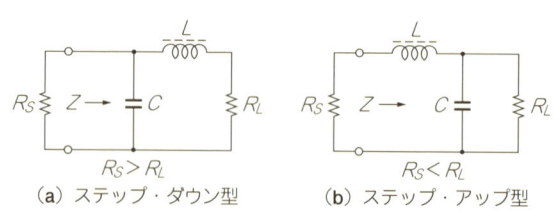

　　　（a）ステップ・ダウン型　$R_S>R_L$　　　　（b）ステップ・アップ型　$R_S<R_L$

[図4-16] LC共振によるインピーダンス変換回路

$$L = \frac{\sqrt{R_S R_L - R_L^2}}{2\pi f} \quad \cdots\cdots\cdots\cdots\cdots\cdots\cdots\cdots\cdots\cdots\cdots\cdots\cdots\cdots\cdots\cdots\cdots\cdots\cdots\cdots\cdots\cdots (4\text{-}12)$$

$$= \frac{\sqrt{50 \times 12.5 - 12.5^2}}{6.28 \times 10^6} \fallingdotseq 3.446\,\mu\mathrm{H}$$

$$C = \frac{R_S R_L \times 2\pi f}{\sqrt{R_S R_L - R_L^2}} \quad \cdots\cdots\cdots\cdots\cdots\cdots\cdots\cdots\cdots\cdots\cdots\cdots\cdots\cdots\cdots\cdots\cdots\cdots (4\text{-}13)$$

$$= \frac{50 \times 12.5 \times 6.28 \times 10^6}{\sqrt{50 \times 12.5 - 12.5^2}} \fallingdotseq 5513\,\mathrm{pF}$$

▶ステップ・アップ型

図4-16(b)に示すのは,負荷抵抗$R_L$が高いときに使われる$LC$回路によるインピーダンス変換回路です.電池などの低い電源電圧で動作させる機器で,大きな負荷電圧が必要な場合に有効です.たとえば,$f=1\mathrm{MHz}$, $R_S=12.5\,\Omega$, $R_L=50\,\Omega$とすると,

$$L = \frac{R_S\sqrt{\dfrac{R_L - R_S}{R_S}}}{2\pi f} \quad \cdots\cdots\cdots\cdots\cdots\cdots\cdots\cdots\cdots\cdots\cdots\cdots\cdots\cdots\cdots\cdots\cdots (4\text{-}14)$$

$$= \frac{12.5 \times \sqrt{\dfrac{50 - 12.5}{12.5}}}{6.28 \times 10^6} \fallingdotseq 3.446\,\mu\mathrm{H}$$

$$C = \frac{R_L\sqrt{\dfrac{R_S}{R_L - R_S}}}{2\pi f} \quad \cdots\cdots\cdots\cdots\cdots\cdots\cdots\cdots\cdots\cdots\cdots\cdots\cdots\cdots\cdots\cdots (4\text{-}15)$$

$$= \frac{50 \times \sqrt{\dfrac{12.5}{50 - 12.5}}}{6.28 \times 10^6} \fallingdotseq 5513\,\mathrm{pF}$$

となります.

● インピーダンス-周波数特性の実測

$L=3.4\,\mu\mathrm{H}$のコイル,$C=4300\mathrm{pF}$と$1200\mathrm{pF}$のコンデンサを並列接続して,インピーダンス変換回路をテストしました.

図4-17(a)に示すのは,ステップ・ダウン型$LC$インピーダンス変換回路[図4-16(a)]のインピーダンス-周波数特性です.周波数を500kHzから1.5MHzまで変化させました.円の上半分にあるときはインダクタンス($+j$),下半分にあるときはキャパシタンス($-j$)です.$f=1\mathrm{MHz}$のとき約$12.9\,\Omega$で実軸を横切っています

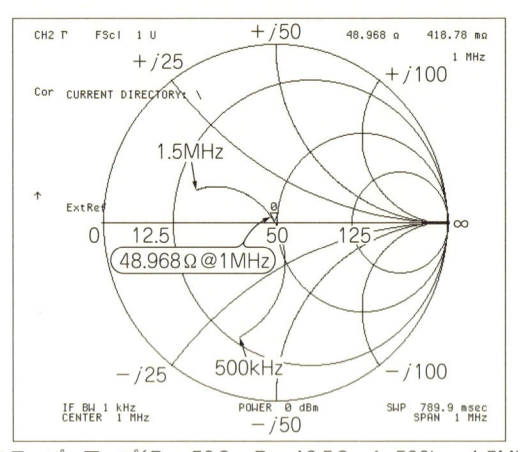

(a) ステップ・ダウン($R_S$=12.5Ω, $R_L$=50Ω, $f$=500k～1.5MHz)

(b) ステップ・アップ($R_S$=50Ω, $R_L$=12.5Ω, $f$=500k～1.5MHz)

[図4-17] 図4-16に示した$LC$共振によるインピーダンス変換回路のインピーダンス-周波数特性

から，正しくインピーダンスが変換されているのがわかります．

　図4-17(b)に示すのは，ステップ・アップ型$LC$インピーダンス変換回路［図4-16(b)］のインピーダンス-周波数特性です．周波数を500kHzから1.5MHzまで変化させました．周波数が1MHzのとき50Ωで実軸を横切っていますから，正しくインピーダンス変換されていることがわかります．

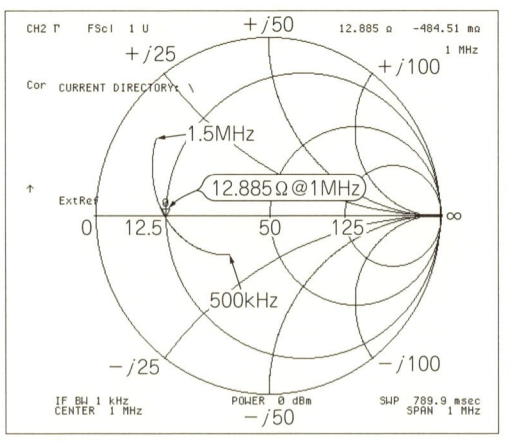

パワー MOS FETの高速スイッチング応用

# 第5章
# フェーズ・シフトPWM技術をマスタする

パワー・スイッチング回路において出力の大きさを制御するには，ON/OFF時間比…デューティ比を変化させるPWM制御方式が一般的です．しかし，ゼロ電圧スイッチング…ZVSを実現するにはパルス幅が変化したりスイッチング周波数が変動することが許されません．ZVSを可能にするPWM制御に代わる技術が，フェーズ・シフトPWMと呼ばれる回路です．

## 5-1　フェーズ・シフトPWMとは

### ● 従来のPWM制御の問題点

　ZVS動作を実現するのに従来のPWM制御では不都合があることは，**第2章 2-2**において紹介しました．ここではパワー・スイッチング回路の代表でもあるフル・ブリッジ回路に，従来のPWM制御を適用したときのスイッチング動作から検討してみましょう．

　**図5-1**にフル・ブリッジ(Hブリッジとも)と呼ばれるスイッチング出力回路の構成とタイミング図を示します．スイッチング電源などにおける典型的なPWM制御では，図(a)においてフル・ブリッジ回路を構成する4個の出力スイッチング素子(パワーMOS)のうち，$S_a$と$S_d$(正出力)，または$S_b$と$S_c$(負出力)が同時にONします．そして，四つのスイッチング素子のON期間とOFF期間の比…デューティ比をPWMコントローラと呼ばれる制御ICの出力によって変化させることで，出力電力を制御しています．

　図(b)に各スイッチのON/OFFタイミングを示します．この図からわかるように，ON/OFF制御のデューティ比が大きくなったり小さくなったりして，出力制御が行われています．ところがこの動作にはいくつかの問題があります．一つにはフル・ブリッジ駆動の4個のスイッチング素子がすべてOFFする期間があります．つまりスイッチング素子の負荷ラインがハイ・インピーダンス状態になる期間があ

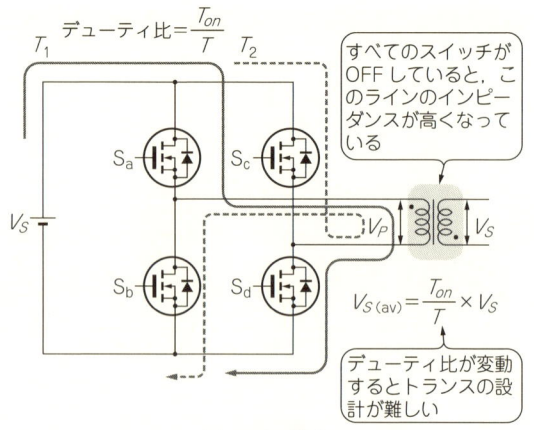

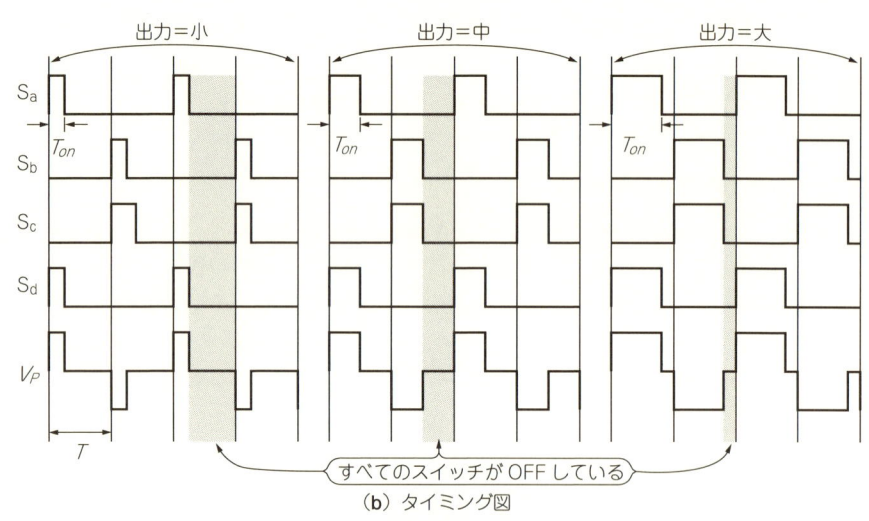

[図5-1] フル・ブリッジ・スイッチング回路の構成

(a) 回路の構成

デューティ比 $= \dfrac{T_{on}}{T}$

すべてのスイッチがOFF していると，このラインのインピーダンスが高くなっている

$V_{S(av)} = \dfrac{T_{on}}{T} \times V_S$

デューティ比が変動するとトランスの設計が難しい

(b) タイミング図

すべてのスイッチが OFF している

ります．負荷がヒータやランプなどの抵抗性であれば問題ありませんが，スイッチング電源などのようにインダクタンス負荷になると，このままでは出力ラインの電位は安定しません．

さらに，このフル・ブリッジ回路を駆動するために絶縁トランスを使用したいとなると，絶縁トランスの設計・製作がかなりたいへんになります．ON/OFFデューティ比…パルス幅が大きく変動するので最適なトランスを設計することが難かし

いのです．

● フェーズ・シフトPWM方式の特徴

図5-2にフェーズ・シフトPWMと呼ばれるスイッチング出力回路の構成とタイミング図を示します．といっても，出力スイッチング回路の構成は従来のフル・ブリッジ回路とまったく同じです．スイッチングさせるタイミングだけが異なります．

▶ メリットその①

フェーズ・シフトPWM方式では，全制御期間において安定したインピーダンスで負荷を駆動することができます．

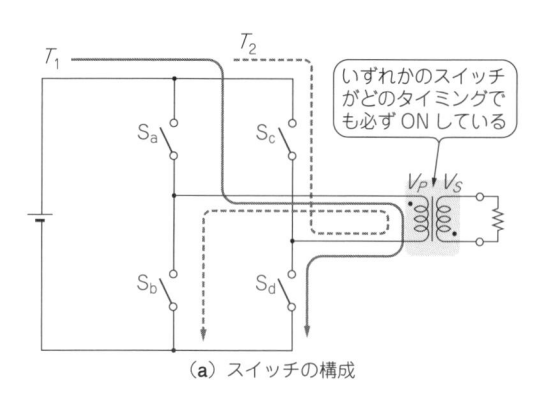

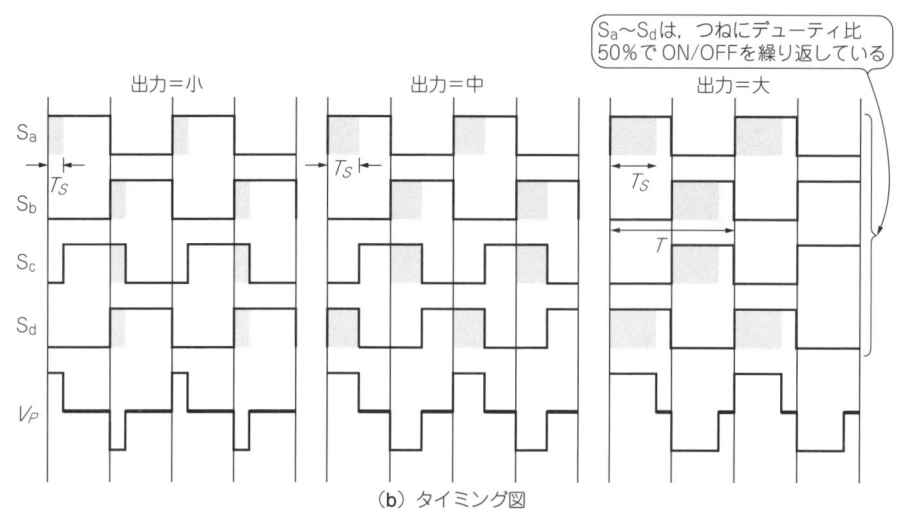

（a）スイッチの構成

（b）タイミング図

[図5-2] フェーズ・シフトPWMスイッチング回路の構成

5-1 フェーズ・シフトPWMとは

図(b)に示すのが，フェーズ・シフトPWMによるスイッチングのタイミング図です．フル・ブリッジ回路は異なる位相で制御される二つのハーフ・ブリッジで構成されますが，フェーズ・シフトPWMでは**各ハーフ・ブリッジ回路はつねにデューティ比50%で動作**します．そして，ハーフ・ブリッジ間の位相差だけを変化させる…シフトさせることでPWM制御を実現しています．このようなスイッチングであれば，出力スイッチング素子はつねにいずれかがONしており，出力端はつねにロー・インピーダンス状態で安定にインダクタンス負荷…スイッチング・トランスを駆動することができます．

▶メリットその②

通常のPWM回路では出力を制御するのにPWMのデューティ比を可変していますが，デューティ比を変化させるということは，スイッチング駆動回路にパルス・トランスを使用することが困難になってしまうのです．PWM信号はON/OFF時間比がつねに異なるので，パルス・トランスの帯域を最適に設定することが難しいのです．しかし，PWMのデューティ比がつねに50%で固定になるとトランスの帯域が定まり，**絶縁ゲート駆動回路**をシンプルに構成することができます．結果，シンプルな回路でパワーMOS FETを絶縁駆動することができるようになります．

フル・ブリッジ回路は大きな電力を扱うのでノイズの発生も大きくなりやすく，同相ノイズの観点からもスイッチング駆動回路は絶縁されていることが望まれるのです．

● **フェーズ・シフトPWMでZVS動作を実現する**

**図5-3**に示すのは，ゼロ電圧スイッチング…ZVS動作を実現するためのフル・ブリッジ回路です．フェーズ・シフトPWM回路であれば，先に述べたようにスイッチングのON/OFFデューティ比が50%でスイッチング周波数も一定なので，スイッチング素子と並列に共振コンデンサ$C_r$，負荷抵抗$R_L$と直列に共振インダクタ$L_r$を挿入することで，ゼロ電圧スイッチング…ZVSを実現することができます．

ZVS動作の基本はデッド・タイムを挿入し，この期間にスイッチング素子の電圧変化率を制限することです．デッド・タイムの時間設定や$C_r$および$L_r$の定数は，スイッチング周波数，負荷抵抗$R_L$，スイッチング素子の電気的特性などの条件によって決定します．

図(b)において，期間①は$Tr_1$と$Tr_4$が同時にON，期間②は$Tr_1$だけがONします．重要なのは期間③です．この期間中は$Tr_1$と$Tr_3$がONして負荷抵抗が短絡されます．$Tr_1$がOFFする期間④で正の半サイクルが終了します．負の半サイクルも同

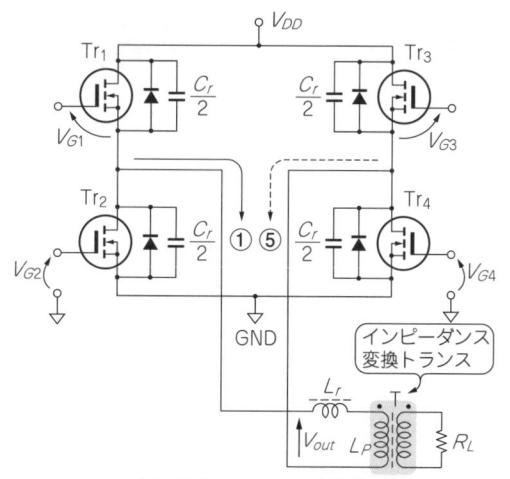

**(a) ZVSのための回路構成**

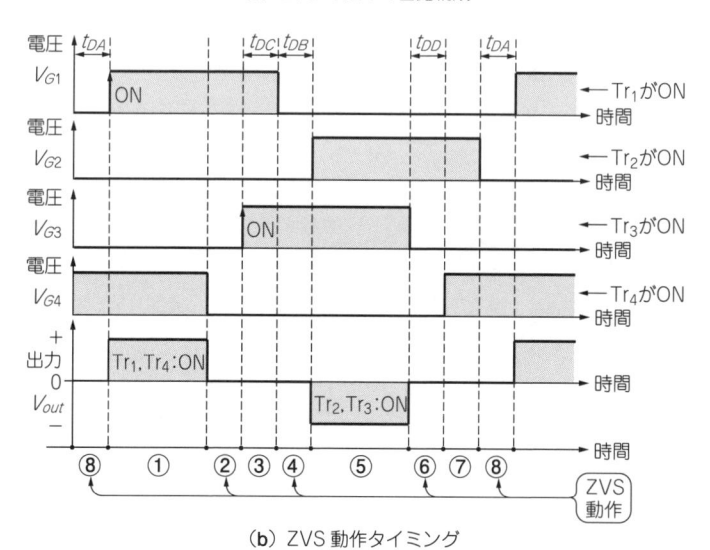

**(b) ZVS動作タイミング**

[図5-3] フェーズ・シフトPWMによるZVS動作

様な動作をします．ZVS動作は期間②，④，⑥，⑧に行われます．
　実際の設計については第6章の実例によって紹介します．

5-1 フェーズ・シフトPWMとは　083

## 5-2 フェーズ・シフトPWM用コントロールIC

　フェーズ・シフトPWM用ICは複数メーカから用意されていますが，代表的なのはテキサス・インスツルメンツ(旧ユニトロード，以下TI)社のUCC3895Nと，ルネサス エレクトロニクス社のR2A20121SPでしょう．ルネサス社からはHA161163Tという同様のICも用意されていましたが，これからの設計にはR2A202121SPのほうがお勧めです．
　第6章ではUCC3895Nを使用したZVSによる可変電源の設計例を紹介します．

### ● テキサス・インスツルメンツ社の**UCC3895N**
　図5-4にUCC3895Nの構成を示します．パルス幅変調…PWM回路と，フル・ブリッジ駆動のためのフェーズ・シフト・タイミング生成回路，出力段におけるハーフ・ブリッジ回路の同時ONを防ぐための遅延(デッド・タイム)回路などが1チップに収納されています．遅延回路はZVS回路を構成するためにもたいへん有用です．
　図5-5にPWM動作のタイミング図を示します．のこぎり波とエラー・アンプの出力電圧を比較して，OUT C端子とOUT D端子の出力信号の位相差を変化させています．フル・ブリッジPWM出力のデューティ比はOUT AとOUT D，およびOUT BとOUT CのAND条件で決まります．
　図5-4のブロック図に示す遅延回路AとBは，ハーフ・ブリッジ回路が同時ONしないようにするためのタイミング回路です．この遅延期間に図5-3に示したスイッチング素子の並列コンデンサ$C_r$の充放電が行われます．遅延回路CとDも同様です．

### ● ルネサス社の**R2A20121SP**
　図5-6にR2A20121SPのピン配置を示します．図5-7がフェーズ・シフト・フル・ブリッジPWM電源を構成するときのようすです．R2A20121SPの基本構成としてはUCC3895Nとよく似ていますが，新しいぶん新機能が追加されています．つねにパワー・スイッチ素子のピーク値を検出してPWM制御を行うピーク・カレント・モードによるPWM制御，さらには2次側整流回路をパワフルにするためにカレント・ダブラ同期整流回路などの機能が追加されています．

　UCC3895NにしてもR2A20121SPにしても，比較的新しいデバイスです．ICの

(a) ピン配置

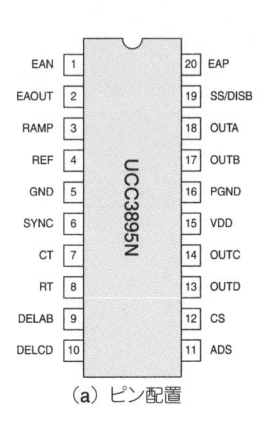

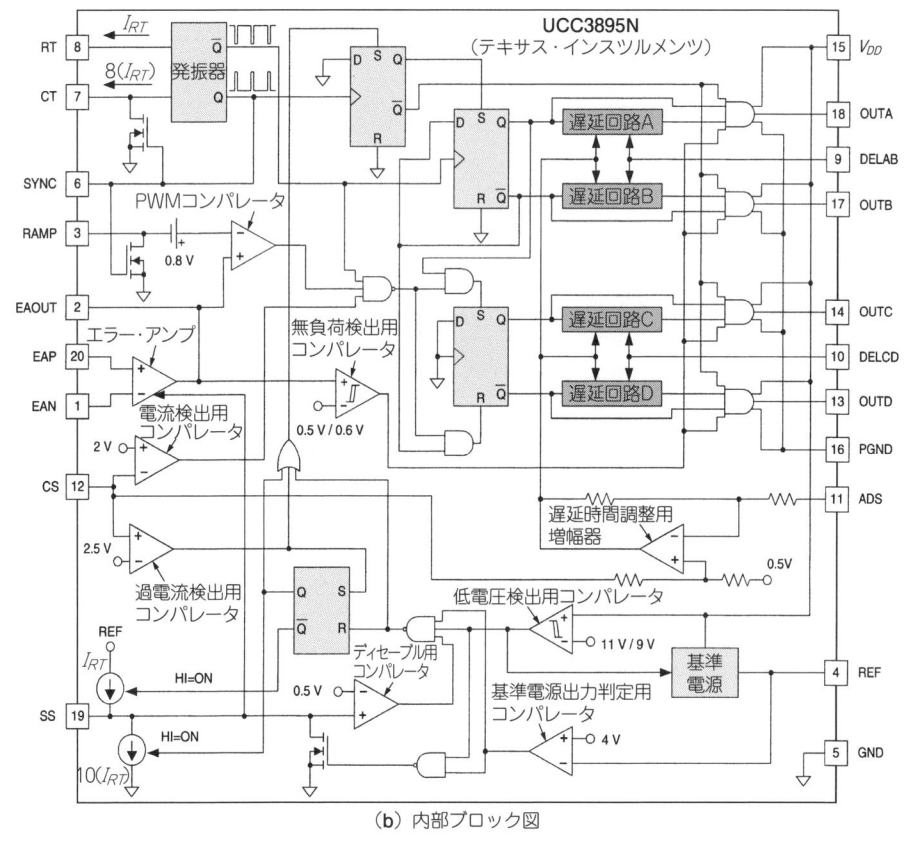

(b) 内部ブロック図

[図5-4][(4)] フェーズ・シフト制御IC UCC3895Nの構成

5-2 フェーズ・シフトPWM用コントロールIC | 085

[図5-5] (4) UCC3895Nの各端子の動作波形

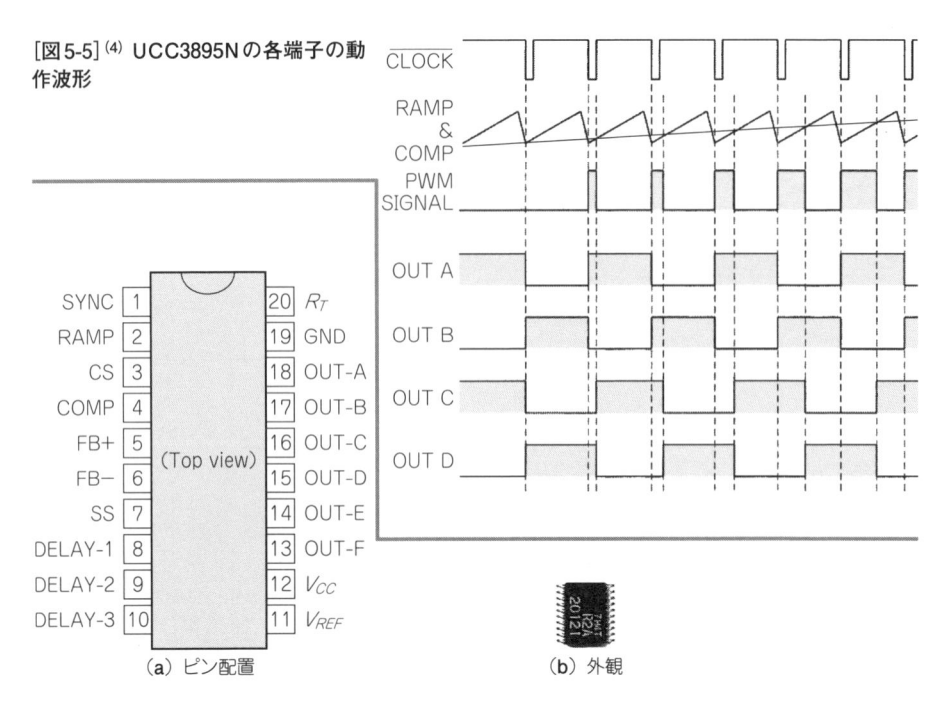

(a) ピン配置

| SYNC | 1 | 20 | $R_T$ |
| RAMP | 2 | 19 | GND |
| CS | 3 | 18 | OUT-A |
| COMP | 4 | 17 | OUT-B |
| FB+ | 5 | 16 | OUT-C |
| FB− | 6 | 15 | OUT-D |
| SS | 7 | 14 | OUT-E |
| DELAY-1 | 8 | 13 | OUT-F |
| DELAY-2 | 9 | 12 | $V_{CC}$ |
| DELAY-3 | 10 | 11 | $V_{REF}$ |

(Top view)

(b) 外観

| 端子No. | 記号 | 入出力端子区分 | 機能 |
|---|---|---|---|
| 1 | SYNC | IN/OUT | 同期運転用クロック入出力 |
| 2 | RAMP | IN | 電源制御用電流センス信号入力 |
| 3 | CS | IN | 過電流保護用電流センス信号入力 |
| 4 | COMP | OUT | エラー・アンプ出力(位相補償用) |
| 5 | FB+ | IN | エラー・アンプ+入力(基準電圧入力) |
| 6 | FB− | IN | エラー・アンプ−入力(フィードバック入力) |
| 7 | SS | IN | ソフト・スタート時間設定コンデンサ接続 |
| 8 | DELAY-1 | OUT | ディレイ・タイム調整抵抗接続(OUT-A, OUT-B) |
| 9 | DELAY-2 | OUT | ディレイ・タイム調整抵抗接続(OUT-C, OUT-D) |
| 10 | DELAY-3 | OUT | ディレイ・タイム調整抵抗接続(OUT-E, OUT-F) |
| 11 | $V_{REF}$ | OUT | 基準電圧出力(5V/20mA) |
| 12 | $V_{CC}$ | − | 電源入力 |
| 13 | OUT-F | OUT | 2次側同期整流回路制御出力 |
| 14 | OUT-E | OUT | 2次側同期整流回路制御出力 |
| 15 | OUT-D | OUT | フル・ブリッジ制御出力 |
| 16 | OUT-C | OUT | フル・ブリッジ制御出力 |
| 17 | OUT-B | OUT | フル・ブリッジ制御出力 |
| 18 | OUT-A | OUT | フル・ブリッジ制御出力 |
| 19 | GND | − | GND |
| 20 | $R_T$ | OUT | 内蔵OSC発信周波数設定抵抗接続 |

(c) 端子機能

[図5-6] (5) フェーズ・シフト制御IC RA20121SPのピン配置

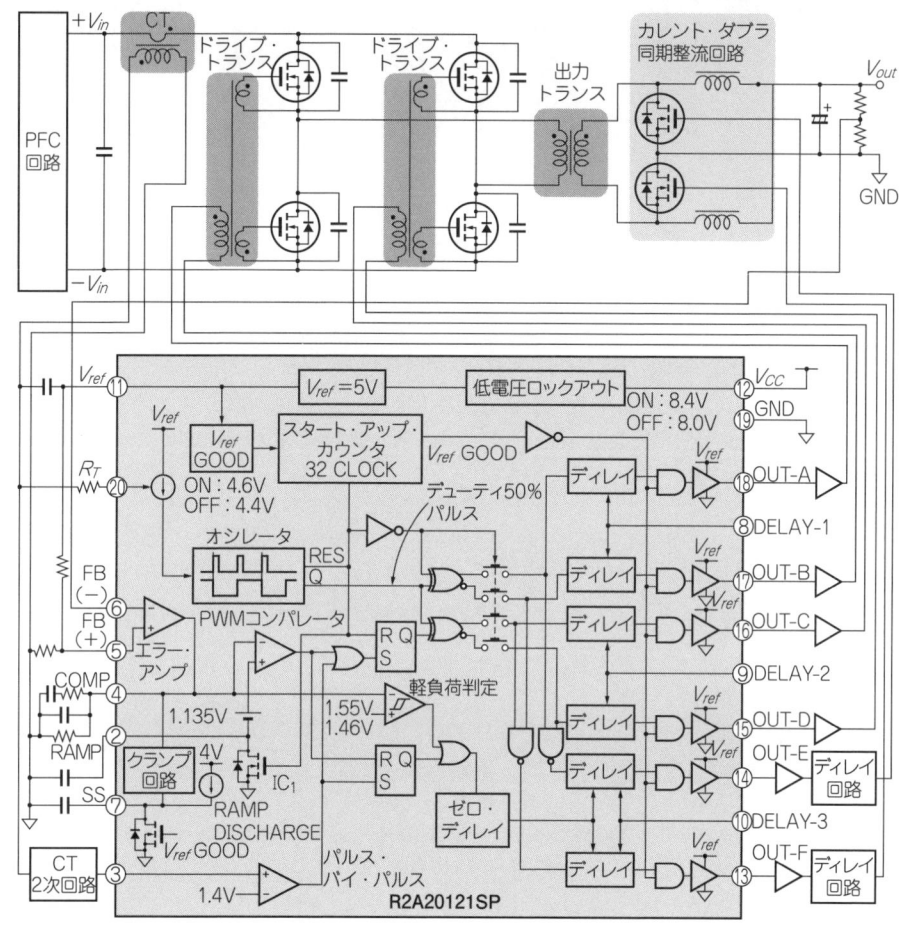

[図5-7] (6) RA20121SPによるフェーズ・シフトPWM電源の構成

集積度は年々上がっているので，今後とも新しいしくみを取り入れた制御ICが登場すると思われますが，ICを使用するユーザ側としては，同一品種をできるだけ長い期間供給していただきたいと思っています．

パワー MOS FETの高速スイッチング応用

# 第6章
# フェーズ・シフトPWMによるZVS可変電源の設計

第5章でマスタしたフェーズ・シフトPWM技術を応用して，
DC0～100V(0～4A)出力のゼロ電圧スイッチングZVS
による可変電源を設計・試作します．
第7章以降に製作するE級アンプの電源としても使用できるものです．
フェーズ・シフトPWM制御ICには，第5章で紹介したUCC3895Nを使用します．

## 6-1　電圧可変型スイッチング電源のあらまし

### ● 設計・製作する電源の仕様

　設計する電圧可変電源の仕様を下記に示します．電圧可変型スイッチング電源は紹介されることも少ないので参考になると思います．また，第7章以降に紹介するE級アンプは定電力出力であり，出力を制御するには電源電圧を制御する必要があり，ここで紹介する電圧可変型スイッチング電源が有用になります．

　ただし筆者はスイッチング電源の設計が専門ではないので，設計・試作した回路の信頼性，誤動作，ノイズ特性などを保証するようなものではないことをあらかじめご了承ください．

- 入力電圧：AC100V ± 10%
- 出力電圧：DC0～100V
- 出力電流：0～4A(出力電力：400W$_{(max)}$)
- 出力電圧を制御する電圧：DC0～+5V
- スイッチング周波数：50kHz

　出力電圧が固定ならばスイッチング周波数をもっと上げることが可能ですが，本例のように0V付近まで出力電圧を下げる必要がある場合は，周波数は低くせざるを得ません．出力電圧が0V付近ではPWM信号のデューティ比がたいへん小さくなります．ということは，たとえばスイッチング周波数が1MHzだったとすると，PWM制御信号のデューティ比1%のON時間は10nsしかありません．これではパ

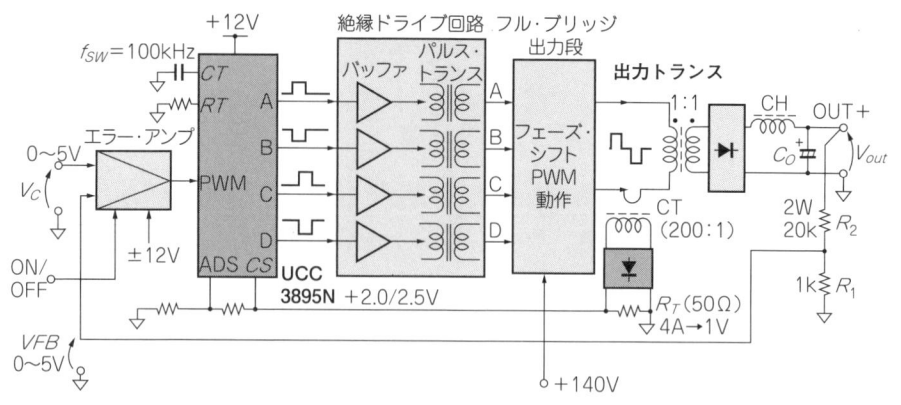

[図6-1] 設計・製作する電圧可変型スイッチング電源のブロック図

ワー素子の駆動が容易でなく，直線性が悪くなる可能性があります．

● ブロック図と設計の基本方針

図6-1に示すのが，製作する出力400W電圧可変型スイッチング電源のブロック図です．

AC100Vラインを整流・平滑してフル・ブリッジ回路を動作させる関係で，ゲート・ドライブ回路はパルス・トランスを使用した絶縁型としました．フル・ブリッジ回路は，4個のパワーMOS FETを使用して±140Vのバイポーラ波形を出力します．

出力トランスは，フル・ブリッジ出力回路の絶縁と最大出力電圧を巻き数比で設定できます．ここでは最大出力電圧を100Vとしたので，巻き数比は1：1にしました．

2次側出力回路は，一般的なブリッジ整流とチョーク・インプット型平滑回路を組み合わせた回路です．出力電圧を抵抗分圧して帰還します．

パワー・スイッチング回路には，負荷短絡に対する保護回路が必要です．定格負荷電流，最大デューティ比（90％程度），出力トランスの巻き数比などから，フル・ブリッジ回路に流れる電流を求め，これにマージンをみた電流値を算出し，これ以上の電流を流せるパワーMOS FETを選択します．

フル・ブリッジ回路の出力電流は電流トランスCTで電圧に変換します．巻き数比が200：1のCTを使用すると，50Ωの終端抵抗で，4Aを1Vpeakに変換することができます．電流センス電圧が+2Vを越える（電流は8Apeak）とPWMのデューティ比が小さくなり，+2.5V以上で間欠動作に入るようにします．

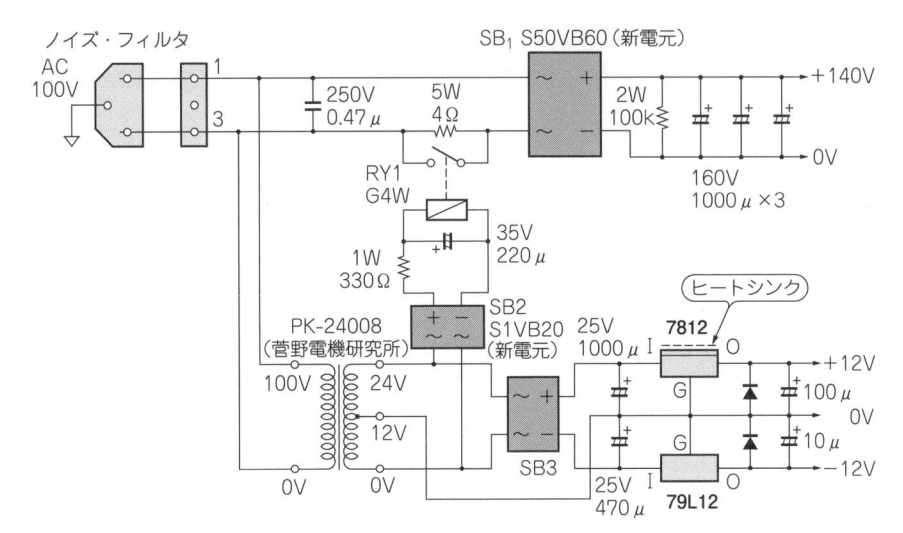

[図6-2] 出力電圧可変型スイッチング電源のDC電源回路部

● DC電源回路の設計

図6-2に示すのは，可変スイッチング電源用のDC電源回路です．AC100Vラインを直接整流・平滑します．

400Wを出力するための平滑コンデンサの静電容量は，リプル電圧にもよりますが3000μ～4000μF程度と大容量が必要です．そのためAC電源投入時に流れる突入電流は，位相角90°付近でONすると，想像を越えたピーク電流になり，電源スイッチの接点が溶着します．ピーク電流を制限するため，ここではオーソドックスな電流制限方式を採用しました．遅延回路を通して，電流制限抵抗をメカニカルなリレー接点でONします．$R = 4\Omega$，$V_{in} = 140V_{peak}$で突入電流を35A以下に抑えています．

回路の補助電源は三端子レギュレータによる±12Vで，-12Vはほとんど電流を消費しないので，79L12で安定化しています．

## 6-2 フェーズ・シフトPWM回路の設計

● UCC3895Nを使ったフェーズ・シフトPWM回路の構成

図6-3に示すのは，フェーズ・シフト制御IC UCC3895Nの周辺回路の構成です．

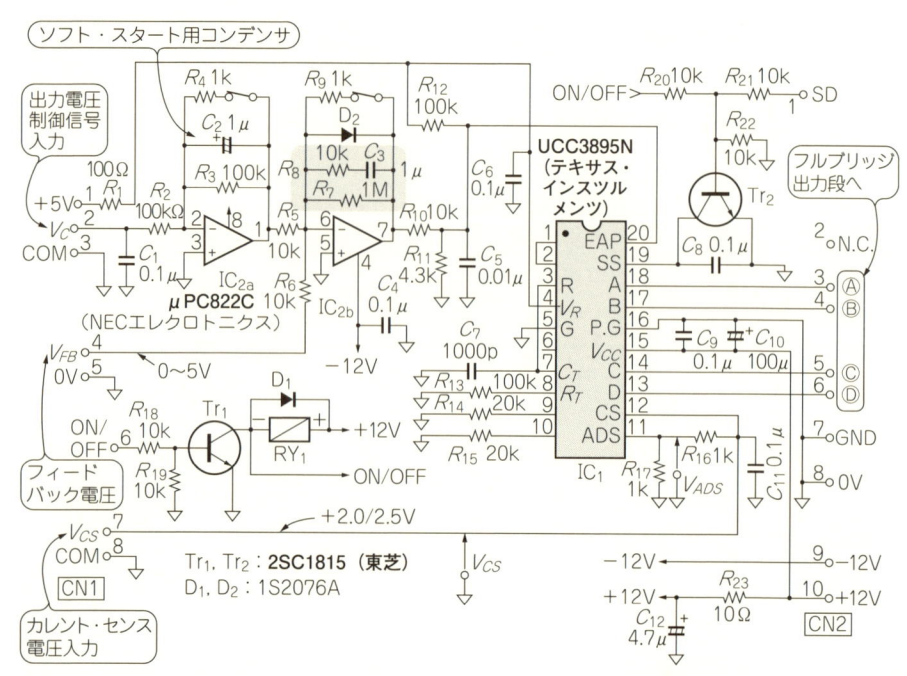

[図6-3] 出力電圧可変型スイッチング電源のフェーズ・シフトPWM制御回路部

UCC3895Nの動作詳細については第5章で解説していますが，さらに詳しくはメーカのデータシートを参照してください．なお，このような機能回路ブロックはサブ基板化しておくと何かと便利です．パワー・スイッチング回路部との干渉を減らすのにも役立ちます．今回試作した可変電源では，**写真6-1**に示すように別基板にしています．

出力電圧が0～100Vという仕様ですが，この出力を制御するための電圧入力$V_C$（2番端子）は，UCC3895Nの基準電圧+5Vをもらいます．図示していませんが，10kΩの可変抵抗器で0～+5Vを与えます．マイコンなどから制御したいときはD-Aコンバータを使って，制御電圧を生成して供給してもよいでしょう．

起動時にソフト・スタートするために，**図6-3**に示すように$C_2$を挿入してあります．必要ない場合は$C_2$の値を小さくします．応答を速くするにはコンデンサ$C_2$を除去します．なお，UCC3895Nに内蔵されたエラー・アンプは使用していません．OPアンプ（$IC_2$）で構成しています．

エラー・アンプの応答は，$R_7$，$R_8$，$C_3$で決まります．目的用途に応じてループ特性を変更してください．

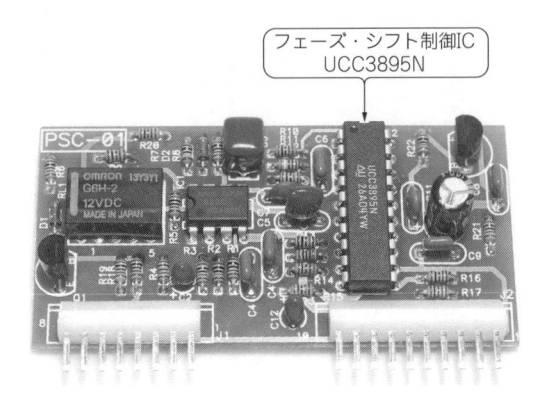

[写真6-1] フェーズ・シフトPWM制御基板の外観

UCC3895N内のエラー・アンプ出力は，EAP(20番)端子に加える電圧(約+1〜+3V)で決まります．OPアンプIC$_2$の出力は電源電圧(±12V)付近まで振幅するので，$R_{10}$と$R_{11}$で降圧します．

ソフト・スタート(SS)の時間はコンデンサ$C_8$で設定しますが，$C_8 = 0.1\,\mu$Fで約20msです．

ADS端子…ディレイ時間の設定は，$R_{16}$と$R_{17}$で設定します．この機能を使用しない場合は11ピンと12ピンを短絡します．カレント・センス入力(CS端子)は，+2V以上で出力のデューティ比が低下しています．

負荷に異常が発生して本電源の出力をしゃ断したい場合は，シャットダウン端子SDに電圧を与えると出力電圧を0にできます．

● 発振周波数とデッド・タイムの設定
▶発振周期

UCC3895Nのスイッチング周期$T_{osc}$[s]は，

$$T_{osc} = 120 \times 10^{-9} + \frac{5R_t C_t}{48}$$

で計算します．タイミング・コンデンサ$C_t(C_7)$は約100p〜1000pFに設定します．外来ノイズによって誤動作しにくくしたい場合は容量を大きくします．タイミング抵抗$R_t(R_{13})$は，40k〜120kΩが推奨されています．$C_t = 1000$pF，$R_t = 100$kΩのときの発振周期は，

$$T_{osc} = 10.54\,\mu s$$

です．OUT$_A$端子〜OUT$_D$端子のフェーズ・シフト出力は，2分周されるので出力周波数は47.4kHzです．

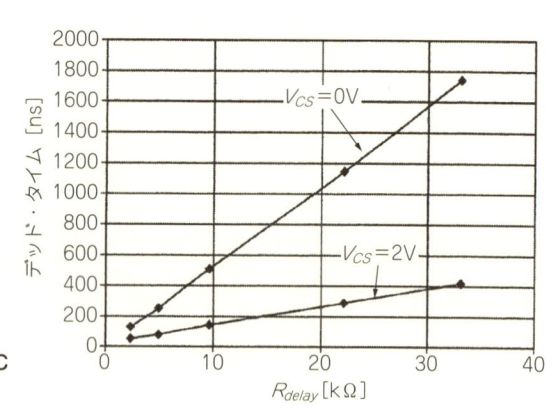

[図6-4] フェーズ・シフトPWM IC UCC3895Nのデッド・タイム特性

▶ デッド・タイム

ZVS回路ではデッド・タイム（遅延回路）の設定が重要です．デッド・タイム $t_{delay}$[s]はUCC3895Nの9番と10番端子に接続する抵抗$R_{14}$($R_{DELAB}$)と$R_{15}$($R_{DELCD}$)…$R_{delay}$の値で設定できます．

図6-4にUCC3895Nのデッド・タイム特性を示します．

$$t_{delay} = 25 \times 10^{-9} + 25 \times 10^{-12} \times \frac{R_{delay}}{V_{delay}}$$

$V_{delay}$[V]は，

$$V_{delay} = 0.5V + 0.75(V_{CS} - V_{ADS})$$

ただし，$V_{CS}$：CS端子の電圧[V]，$V_{ADS}$：ADS端子の電圧[V]で求まります．

カレント・センス入力電圧$V_{CS}$が0Vのときのデッド・タイムをとりあえず1000nsとするため，$R_{delay}$ = 20kΩとしましたが，とくに根拠はありません．

● フェーズ・シフト制御回路の動作

エラー・アンプの閉ループ・ゲインを小さく（$R_7$ = 1MΩを100kΩに変更）して，フェーズ・シフト制御回路の動作を観測してみました．

出力電圧を制御する$V_C$端子に（図示していない）10kΩの可変抵抗器で0〜+5Vの電圧を加えます．また，フィードバック信号を加える$V_{FB}$端子にも10kΩの可変抵抗器で0〜+5Vの電圧を加えます．このときの動作波形を**写真6-2**に示します．

▶ 出力電圧がきわめて低いとき

写真(a)に示すのは，設定電圧$V_C$と帰還電圧$V_{FB}$を調整して，PWMのデューティ

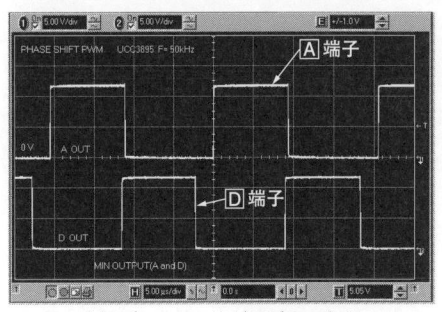

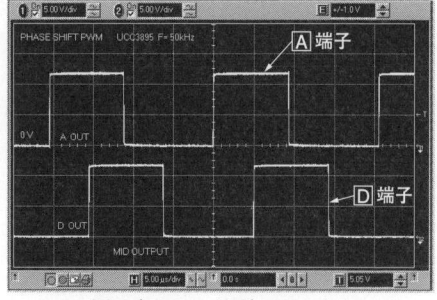

(a) デューティ比がほぼ0のとき　　　　　(b) デューティ比が50%のとき

[写真6-2] フェーズ・シフト制御回路の端子Ⓐと端子Ⓓの電圧波形(5V/div., 5μs/div.)

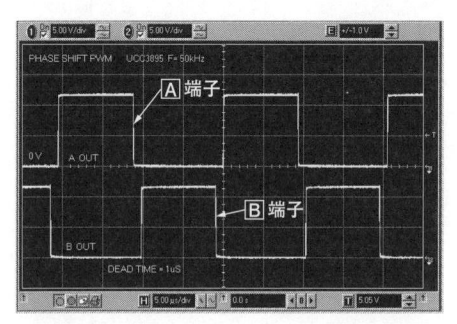

[写真6-3] フェーズ・シフト制御回路の端子Ⓐと端子Ⓑの電圧波形(5V/div., 5μs/div.)

比を小さくしたときの端子Ⓐと端子Ⓓの波形です．同時ONの期間はとても短くなっています．

▶出力電圧が高いとき

写真(b)に示すのは，PWMのデューティ比が50%のときの端子Ⓐと端子Ⓓの出力波形です．写真(a)にくらべて端子Ⓐと端子Ⓓが同時にONしている期間は長くなっており，デューティ比に比例して端子Ⓓの出力の位相が左にシフトします．

写真6-3に示すのは，端子Ⓐと端子Ⓑの出力波形です．電流センス電圧$V_{CS}$を0Vに，抵抗を20kΩに設定してあり，このときのデッド・タイムは約1μsです．

## 6-3　フル・ブリッジおよび周辺回路の設計

● フル・ブリッジ周辺回路とパワーMOS FETの選択

図6-5に示すのは，ゲート・ドライブ回路とフル・ブリッジ出力回路です．**写真**

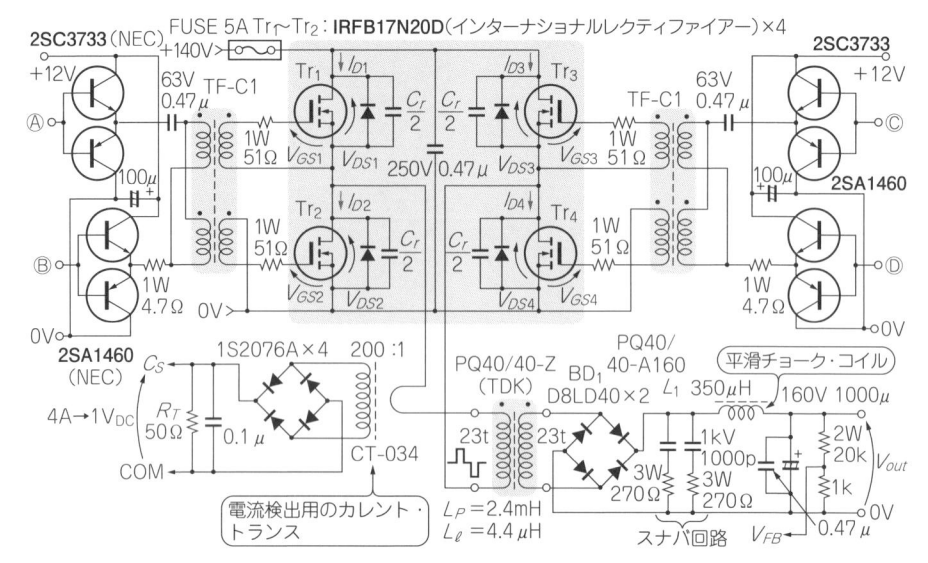

[図6-5] 出力電圧可変型スイッチング電源のゲート・ドライブ回路とフル・ブリッジ出力回路

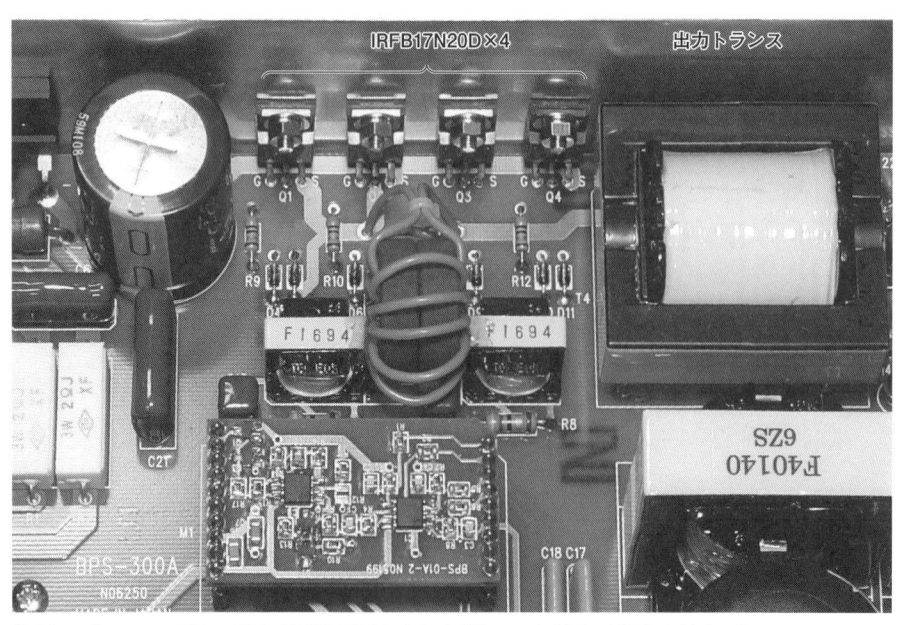

[写真6-4] フル・ブリッジ出力回路周辺のようす（図6-5の回路とは構成が異なる）

6-4にフルブリッジ出力回路周辺のようすを示します.

フェーズ・シフトPWM回路では,ゲート・ドライブ波形のデューティ比がつねに50％ですから,市販のパルス・トランスで容易に駆動することができます.ここでは4巻き線のTF-C1〔日本パルス工業(株)〕を使用しています.

ここでは入力静電容量の大きいパワーMOS FETであっても,UCC3895Nで余裕をもって駆動できるように,NPNトランジスタ(2SC3733)とPNPトランジスタ(2SA1460)によるバッファ・アンプ[注6-1]を挿入しました.最大出力数kWでも対応できるようになっています.

フル・ブリッジ出力段に使用したパワーMOS FETは,インターナショナル レクティファイアー社のIRFB17N20Dです.主な電気的特性は次のとおりです.

$V_{DSS}$ = 200V, $I_D$ = 16A, $R_{DS(on)}$ = 0.17Ω, $t_d$(off) = 18ns, $t_f$ = 6.6ns, $C_{iss}$ = 1100pF, $C_{oss}$ = 1340pF

スイッチング特性が良いので,高周波スイッチング用途に適しています.ソフト・スイッチング回路において,スイッチング損失を小さくするにはターンOFF特性が重要です.

● ZVS用コンデンサの容量

スイッチング・パワーMOS FETのドレイン-ソース間電圧の変化率を制限するZVS用コンデンサ$C_r$の容量は,とりあえず時定数を200ns,負荷抵抗$R_L$ = 25Ωとして,

$$C_r = \frac{200\text{ns}}{25\,\Omega} = 8000\text{pF}$$

です.この1/2の容量値(4000pF)のコンデンサをパワーMOS FETのドレイン-ソース間にそれぞれ接続します.ただし,使用するIRFB17N20Dのドレイン-ソース間に$C_{oss}$ = 1340pFの容量分があるので,その分を差し引くと2660pFになります.

ZVS動作に必要なインダクタンス$L_r$は,

$$t_{dead} = 2\pi\sqrt{L_r \cdot C_r} \quad \cdots \quad (6\text{-}1)$$

から,デッド・タイム$t_{dead}$を1μs,$C_r$を8000pFとしたので,

$$L_r = \frac{1}{C_r}\left(\frac{t_{dead}}{2\pi}\right)^2 \quad \cdots \quad (6\text{-}2)$$

(注6-1) 高速・大容量パワーMOS FETの駆動にはいくぶんかの回路技術経験が必要です.パワーMOS FET駆動の基本回路や応用技術については,拙著「パワーMOS FET活用の基礎と実際」(CQ出版社)をご参照ください.

$$= \frac{1}{8000 \times 10^{-12}} \left(\frac{10^{-6}}{6.28}\right)^2 = 3.16\,\mu H$$

小さなインダクタンスですから，出力トランスの漏れインダクタンスを利用します．

● 出力トランスのインダクタンス

400W出力ですから大型トランスになってしまいます．必要な1次インダクタンス $L_p$ は，

$$L_p = \frac{V_{in} t_{on(\max)}}{0.1 I_{O(\max)}} \quad\dotsb\quad (6\text{-}3)$$

$$= \frac{140 \times 7.5 \times 10^{-6}}{0.1 \times 4} \fallingdotseq 2.65\,mH$$

ただし，$V_{in}$ ：入力電圧(140)[V]
　　　　$t_{on(\max)}$：最大ON時間(7.5)[$\mu s$]
　　　　$I_{O(\max)}$：最大出力電流(4)[A]

励磁電流を最大出力電流の10％，つまり0.4Aとしました．巻末Appendixに紹介しているTDKのフェライト・コアPC44材 PQ40/40-Zに0.08×252のリッツ線を巻ける範囲で23回巻きました．実測すると $L_p$ = 2.4mHでした．巻き線にリッツ線を使用したのは，巻き数が多くかつ周波数が高いので，電線における表皮効果を懸念したからです．市販されているリッツ線の例を巻末Appendixに示しておきます．

2次側を短絡したときのいわゆる漏れインダクタンスは4.4$\mu H$でした．

● 平滑チョーク・コイルのインダクタンス $L$

リプル電流は最大出力電流 $I_{O(\max)}$ の10〜20％程度になるように選びます．コイル両端の電圧によって決定しますが，

$$L = \frac{V_{in} - V_{O(\max)}\, t_{on(\max)}}{0.2 I_{O(\max)}} \quad\dotsb\quad (6\text{-}4)$$

$$= \frac{(140 - 100) \times 7.5\,\mu s}{0.8A} = 375\,\mu H$$

ただし，$V_{in}$ ：入力電圧[V]
　　　　$V_{O(\max)}$：最大出力電圧[V]
　　　　$I_{O(\max)}$：最大出力電流[A]

$t_{on(\max)}$：最大ON時間[s]

　最大出力電流は4Aですから，これ以上の定格電流を必要とします．余裕がありすぎますが，ここでもコアにはPC44材 PQ40/40を使用することにしました．センタ・ギャップ2mmに，AWG19($\phi$0.9)の耐熱より線を46.5回巻くと，350$\mu$H得られます．整流ダイオードに流れる実効電流は4A強ですから，定格8A，400Vの高速ダイオードD8LD40(新電元)を2個使います．

　なお，平滑チョーク・コイルの入力部の波形にはリンギングが発生します．そこで，チョーク・コイル入力側に1000pF＋270$\Omega$の**スナバ素子**を2個並列に接続し，リンギングを除去することにしました．

## 6-4　試作したZVS可変電源の特性評価

● ZVSの動作を見る

　この可変電源の最大出力は出力電圧を100V，出力電流を4Aにしたときです．よって出力には50$\Omega$のダミー抵抗を2個並列にした25$\Omega$の負荷抵抗を接続します．

　**図6-5**に示した回路の$Tr_4$ドレイン部のプリント・パターンをカットして小さなループを作り，電流プローブでクランプして，スイッチング素子のドレイン-ソース間電圧$V_{DS}$とドレイン電流$I_D$の波形を観測しました．

　**写真6-5**に示すのは，**図6-5**における$Tr_4$の$V_{DS}$と$I_D$の重なり具合を観測したものです．ドレイン電流が0(OFF)になる寸前でドレイン電圧が立ち上がっています．電圧波形をもう少し遅らせれば，完全なZVS動作になります．

　**写真6-6**に示すのは，**写真6-5**の時間軸を変えて，フェーズ・シフト制御全体の

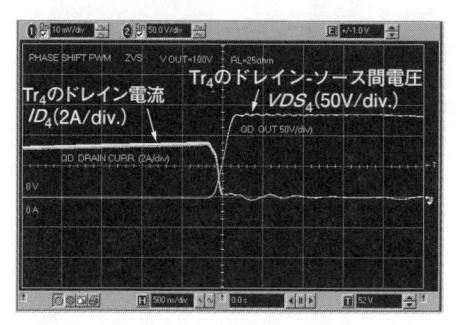

[写真6-5] パワーMOS FET $Tr_4$のドレイン-ソース間電圧とドレイン電流波形($C_r/2$＝2200pF，500ns/div.)

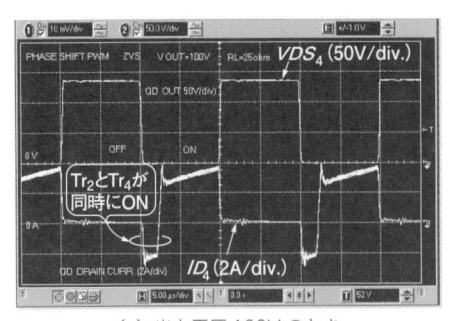

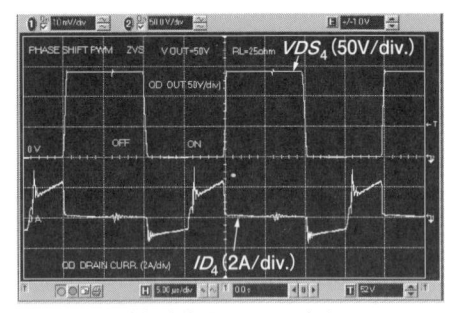

(a) 出力電圧100Vのとき　　　　　　　　　　(b) 出力電圧50Vのとき

[写真6-6] フェーズ・シフト制御のようす(50V/div., 5μs/div.)

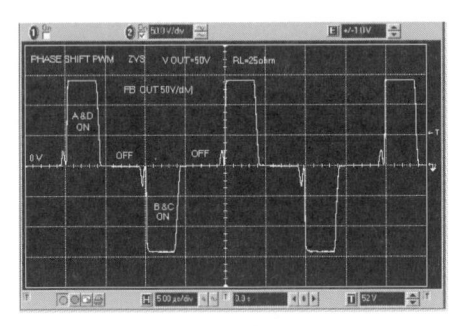

[写真6-7] フル・ブリッジ出力回路の出力信号波形(50V/div., 5μs/div.)

(a) 5μs/div.　　　　　　　　　　　　　　　(b) 500ns/div.

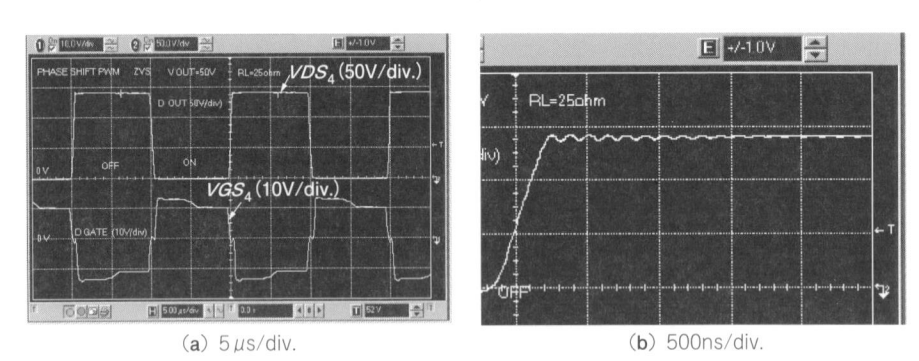

[写真6-8] パワーMOS FET Tr4のドレイン-ソース間電圧とゲート-ソース間電圧波形

ようすを観測したものです．写真(a)に示すのは出力電圧100Vのときで，ドレイン電流の向きが負になっている期間は，$Tr_2$と$Tr_4$が同時ONしています．

写真(b)に示すのは，出力電圧を50Vに下げたときの波形です．$Tr_4$に流れる電

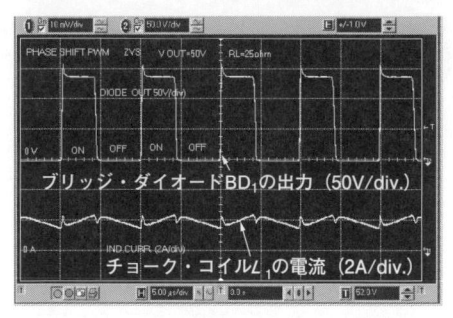

[写真6-9] ブリッジ整流ダイオードの出力と平滑インダクタに流れる電流波形(5μs/div.)

流のデューティ比が小さくなっています.

　写真6-7に示すのは，フル・ブリッジの出力波形です．±140V(280V$_{P-P}$)のバイポーラ波形が観測されています．ノイズの少ないきれいなスイッチング波形です.

　写真6-8(a)に示すのは，ゲート・ドライブ波形です．デューティ比50%，デッド・タイムは約1μsです．時間軸を拡大したのが写真6-8(b)です．Tr$_4$がOFFしてからドレイン電圧が上昇しているようすがわかります.

　写真6-9に示すのは，ブリッジ整流ダイオードの出力波形と，平滑インダクタに流れる電流波形です．全波整流しているので周波数は2倍の100kHz付近です.

● 試作・実験のまとめ

　冷却のためのファン・モータなし，出力400W連続で温度上昇を確認したところ，ACラインの整流ダイオードと出力トランスの温度が少し上昇しました．パワーMOS FETと2次側整流ダイオードはほとんど発熱しませんでした．ZVSソフト・スイッチングとフェーズ・シフトPWMの良さを実感することができました.

　ただ，スイッチング用パワーMOS FETの損失は大幅に低減できたものの，トランスやコイルなどの受動素子で生じる損失は，回路技術だけでは解決できません．低損失化へのポイントは，スイッチング素子のオン抵抗低減，損失の少ないトランスやインダクタをいかにして実現するかでしょう.

　この章では出力電圧が0～100Vの仕様で製作・実験しましたが，出力トランスの巻き数比を変更することにより，幅広い出力電圧・電流に対応させることができます．もちろん平滑インダクタと出力コンデンサも見直さなければなりません.

パワー MOS FET の高速スイッチング応用

# 第7章
# E級ZVSアンプ設計のあらまし

本書の主テーマである*LC共振*による
E級ゼロ電圧スイッチング(ZVS)アンプを設計します．
E級ZVSアンプとは，スイッチング素子の電圧波形と電流波形を正弦波に
近づけて，スイッチング損失を低減した増幅回路です．高周波スイッチングへ
の応用にメリットがあり，90%以上の効率を実現するだけでなく，
高周波ノイズの発生も小さく抑えることができます．

## 7-1　E級ゼロ電圧スイッチング(ZVS)の動作

● ONのときとOFFのときで共振周波数が違う

　図7-1に示すのがE級スイッチング(ZVS)の基本回路です．図7-2にパワー MOS FET($Tr_1$)をON/OFFしたときのそれぞれの回路状態を示します．

　図7-2から，$Tr_1$がONのときとOFFのときでそれぞれ共振周波数$f_{01}$と$f_{02}$が存

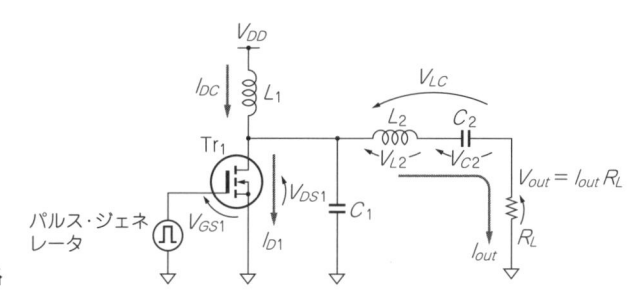

[図7-1] E級ZVSの基本回路

[図7-2] 図7-1において$Tr_1$がON/OFFしたときのそれぞれの回路状態
ON時とOFF時で共振周波数が異なる

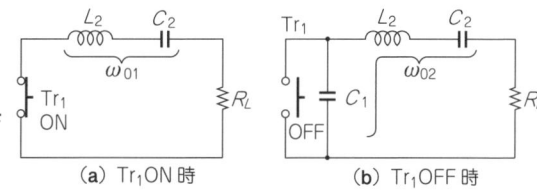

(a) $Tr_1$ON時　　(b) $Tr_1$OFF時

7-1 E級ゼロ電圧スイッチング(ZVS)の動作 | 103

在することがわかります．この回路におけるスイッチング周波数$f_{SW}$は，$f_{01}$以上，$f_{02}$以下です．

▶ $Tr_1$がONのとき

$L_2$，$C_2$，$R_L$の**直列共振回路**として動作します．**共振周波数**$f_{01}$は，$\omega_0 = 2\pi f_0$とすると，

$$f_{01} = \frac{1}{2\pi\sqrt{L_2 C_2}} \quad\cdots\cdots\cdots(7\text{-}1)$$

回路負荷との**整合係数**$Q_{L1}$は次のとおりです．

$$Q_{L1} = \frac{\omega_{01} L_2}{R_L} = \frac{1}{\omega_{01} C_2 R_L} \quad\cdots\cdots\cdots(7\text{-}2)$$

▶ $Tr_1$がOFFのとき

共振周波数$f_{02}$は，$C_1$が直列合成されるので，

$$f_{02} = \frac{1}{2\pi\sqrt{\dfrac{L_2 C_1 C_2}{C_1 + C_2}}} \quad\cdots\cdots\cdots(7\text{-}3)$$

となります．このときの回路負荷との整合係数$Q_{L2}$は，次のとおりです．

$$Q_{L2} = \frac{\omega_{02} L_2}{R_L} = \frac{1}{\dfrac{\omega_{02} C_1 C_2 R_L}{(C_1 + C_2)}} \quad\cdots\cdots\cdots(7\text{-}4)$$

● 動作波形から見えてくること

**写真7-1**に示すのは，**図7-1**の主スイッチ$Tr_1$のゲート-ソース間電圧$V_{GS1}$とドレイン電流$I_{D1}$の波形です．$V_{GS1}$がパワーMOS FET $Tr_1$のスレッショルド電圧を越えると，$I_{D1}$が流れ始めます．しかし$I_{D1}$の波形を見ると，きれいな正弦波にはなっておらず，途中でOFFするような形になっています．これは，$Tr_1$ ON時の共振周波数$f_{01}$がスイッチング周波数$f_{SW}$よりも低いからです．

$Tr_1$がデューティ比$D = 0.5(50\%)$で動作しているとすると，$I_{D1}$がOFFする位相角$\phi\ [°]$は，

$$\phi = \pi - \tan^{-1}(2/\pi) \fallingdotseq 180 - 32.48 = 147.52°$$

です．$Tr_1$はこのタイミングでOFFしているということです．

**写真7-2**は$V_{DS1}$と$I_{D1}$の関係を示す動作波形です．$V_{DS1}$のピーク電圧が供給電源$V_{DD}$(48V)よりかなり高く(約150$V_{peak}$)なっています．また，$Tr_1$がOFFしたときの共振周波数$f_{02}$は$f_{01}$より高いため，半波正弦波の周期が短くなっています．

波形を注意深く見ると，$V_{DS1}$の立ち上がりと$I_{D1}$の立ち下がり波形が逆向きではほ

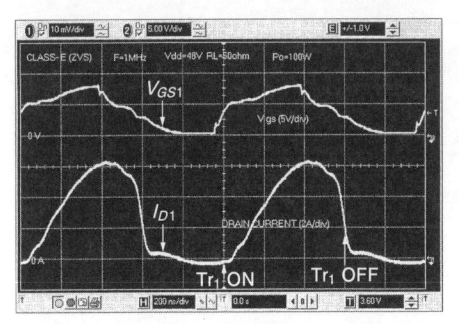

[写真7-1] 図7-1における主スイッチ$Tr_1$のゲート-ソース間電圧$V_{GS1}$とドレイン電流$I_{D1}$の波形(5V/div., 2A/div., 200ns/div.)

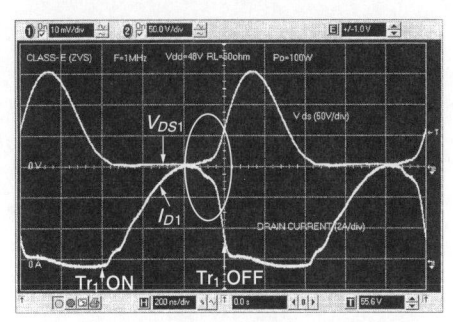

[写真7-2] 図7-1における主スイッチ$Tr_1$のドレイン-ソース間電圧$V_{DS1}$とドレイン電流$I_{D1}$の波形(50V/div., 2A/div., 200ns/div.)

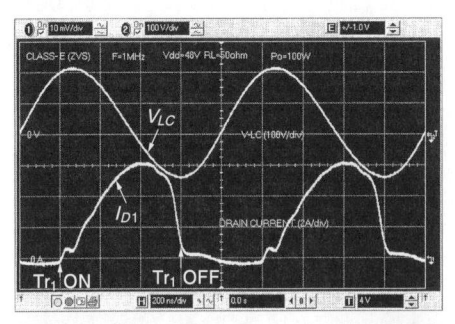

[写真7-3] 図7-1における$L_2 \cdot C_2$の直列共振回路両端の電圧$V_{LC}$(100V/div., 2A/div., 200ns/div.)

ぼ相似的に重なっています．これはゲートを駆動するパルス・ジェネレータの出力インピーダンスが50Ωと高く，パワーMOS FETのターンOFF時間$t_{off}$と立ち下がり時間$t_f$が長くなっているからです．実際には，ゲート駆動回路の出力インピーダンスは50Ωよりも低くなるよう設計します．

写真7-3は，図7-1における$L_2$と$C_2$の直列共振回路の両端電圧$V_{LC}$です．回路負荷との整合係数$Q_L$に比例して電圧は高くなります．

● 出力電力，電源電圧，負荷抵抗の決めかた

では，スイッチングのデューティ比$D$を0.5(50%)とするE級ZVS回路の設計法を簡単に説明します．なお，この設計に関連する基本式は，Marian K.KazimierczukおよびDarius Czarkowskiによる「Resonant Power Converters」(Wiley-Interscience

Publication 1995版)[7]からの引用です．詳しく知りたい方は原著にあたってください．

はじめに各素子の特性は理想的であると仮定します．出力電力$P_{out}$[W]，電源電圧$V_{DD}$[V]，負荷抵抗$R_L$[Ω]の間には次の関係が成り立っています．

$$P_{out} = \frac{kV_{DD}^2}{R_L} \quad \cdots\cdots\cdots\cdots\cdots\cdots\cdots\cdots\cdots\cdots\cdots\cdots\cdots\cdots\cdots\cdots\cdots\cdots (7\text{-}5)^{(7)}$$

$k$は定数で，増幅方式によります．$P_{out}$と$V_{DD}$が決まると，最適な負荷抵抗$R_L$は次式のように自動的に決まります．

$$R_L = \frac{8V_{DD}^2}{(\pi^2+4)P_{out}} \fallingdotseq \frac{0.568V_{DD}^2}{P_{out}} \quad \cdots\cdots\cdots\cdots\cdots\cdots\cdots\cdots\cdots (7\text{-}6)^{(7)}$$

このように負荷抵抗$R_L$は他動的に決まるので，$R_L$が50Ω固定の場合は第4章で紹介したようにインピーダンス変換回路を付加して**インピーダンス整合**を行う必要があります．

$V_{DD}$端子側から見た抵抗$R_{DC}$[Ω]は次のようになります．

$$R_{DC} = \frac{(\pi^2+4)R_L}{8} \fallingdotseq 1.73R_L \quad \cdots\cdots\cdots\cdots\cdots\cdots\cdots\cdots\cdots\cdots\cdots (7\text{-}7)^{(7)}$$

● **パワーMOS FETの耐圧と最大ドレイン電流**

パワーMOS FETに実際に加わるドレイン-ソース間電圧の最大値$V_{DS\max}$[V]は次のとおりです．

$$V_{DS\max} = 3.562V_{DD} \quad \cdots\cdots\cdots\cdots\cdots\cdots\cdots\cdots\cdots\cdots\cdots\cdots\cdots\cdots\cdots (7\text{-}8)^{(7)}$$

3.562倍の余裕をとるのは共振によって$V_{DS}$が$V_{DD}$の約3.562倍まで振れるからです．つまりE級ZVS回路では，供給電源$V_{DD}$の約4倍の電圧に耐えられるスイッチング素子が必要になります．電源電流を$I_{DC}$[A]とすると，最大ドレイン電流$I_{D\max}$[A]と$LC$直列共振回路に流れる電流$I_R$[A]は次式で求まります．

$$I_{D\max} = 2.86I_{DC} \quad \cdots\cdots\cdots\cdots\cdots\cdots\cdots\cdots\cdots\cdots\cdots\cdots\cdots\cdots (7\text{-}9\text{a})^{(7)}$$
$$I_R = 1.86I_{DC} \quad \cdots\cdots\cdots\cdots\cdots\cdots\cdots\cdots\cdots\cdots\cdots\cdots\cdots\cdots\cdots (7\text{-}9\text{b})^{(7)}$$

$I_{DC}$は次式で求まります．

$$I_{DC} = \frac{0.568V_{DD}}{R_L} \quad \cdots\cdots\cdots\cdots\cdots\cdots\cdots\cdots\cdots\cdots\cdots\cdots\cdots\cdots (7\text{-}10)^{(7)}$$

● ***LC*素子の定数の算出**

図7-1に示した電源供給用チョーク・コイル$L_1$は，共振用コイル$L_2$よりも大き

なインダクタンスにします．$Tr_1$と並列に接続された$C_1$は，$Tr_1$の$V_{DS}$の波形を正弦波状(OFF時の$f_{02}$と負荷との整合係数$Q_L$による)になるよう定数を決定します．$L_2$と$C_2$は直列共振回路です．スイッチング周波数$f_{SW}$には共振していないので注意してください．

▶電源供給用チョーク・コイル $L_1$

次式で求めます．

$$L_1 \geq \frac{4\pi\left\{\left(\frac{\pi^2}{4}\right)+1\right\}R_L}{\omega} \fallingdotseq \frac{43.57 R_L}{\omega} \quad \cdots\cdots (7\text{-}11)^{[7]}$$

ただし，$\omega = 2\pi f_{SW} \fallingdotseq 6.28 f_{SW}$

▶共振用コイル $L_2$

次式で求めます．

$$L_2 = \frac{Q_L R_L}{\omega} \quad \cdots\cdots (7\text{-}12)^{[7]}$$

負荷との整合係数$Q_L$を先に決定しなければなりません．$Q_L$を高くすると出力波形のひずみが小さくなりますが，最適なE級動作の行える周波数範囲が狭くなります．また，$L_2$と$C_2$に加わる電圧振幅も大きくなります．

第3章の**写真3-6**に，$Q_L$を変えたときの電圧波形を示しました．通常は$Q_L = 5$程度とします．$L_2$は，$Q_L$に比例して大きくします．

▶並列コンデンサ $C_1$

次式で求めます．

$$C_1 = \frac{8}{\pi(\pi^2+4)\omega R_L} \fallingdotseq \frac{0.1836}{\omega R_L} \quad \cdots\cdots (7\text{-}13)^{[7]}$$

ただし，実際の回路における$C_1$にはスイッチング素子$Tr_1$…パワー MOS FETの出力容量$C_{oss}$が並列に加算されるので，外付けするコンデンサ$C_1$はそれを差し引く必要があります．

▶直列コンデンサ $C_2$

次式で求めます．

$$C_2 = \frac{1}{\omega R_L(Q_L - 1.153)} \quad \cdots\cdots (7\text{-}14)^{[7]}$$

▶直列共振回路の端子電圧 $V_{L2}$

負荷$R_L$に流れる電流を$I_{out}$とすると，$L_2$に発生する電圧$V_{L2}$は次式で求まります．

$$V_{L2} = \omega L_2 I_{out} \quad \cdots\cdots (7\text{-}15)^{[7]}$$

7-1 E級ゼロ電圧スイッチング(ZVS)の動作

$C_2$に発生する端子電圧$V_{C2}$は次式で求まります．

$$V_{C2} = \frac{L_R}{\omega C_2} \quad \cdots\cdots\cdots\cdots\cdots\cdots\cdots\cdots\cdots\cdots\cdots\cdots\cdots\cdots\cdots\cdots\cdots\cdots\cdots\cdots\cdots\cdots\cdots (7\text{-}16)^{(7)}$$

この$V_{C2}$は$Q_L$の値に比例し，$V_{DD}$に対してきわめて高い電圧になるので，部品を選ぶときは耐圧に注意が必要です．

## 7-2　E級ZVSアンプで生じる損失

● パワーMOS FETのオン抵抗による導通損失

　E級ZVSアンプはソフト・スイッチング技術を行うことでスイッチング損失を低減していますが，スイッチング素子のオン抵抗による導通損失を低減することはできません．従来のハード・スイッチング方式と同じ配慮が必要です．

　パワーMOS FETのオン抵抗を低くするには，駆動回路の設計や部品の選定に留意する必要があります．パワーMOS FETによるスイッチング回路のオン抵抗による損失$P_{C(\text{on})}$は次式で算出できます．

$$P_{C(\text{on})} = R_{DS(\text{on})} \cdot (1.54 I_{DC})^2 \quad \cdots\cdots\cdots\cdots\cdots\cdots\cdots\cdots\cdots\cdots\cdots\cdots\cdots\cdots (7\text{-}17)^{(7)}$$

　パワーMOS FETはオン抵抗の小さなものを選択します．しかし導通損失は，流れる電流の2乗に比例するので，同じ出力を期待するのであれば$V_{DD}$をパワーMOS FETの耐圧の許す限り高くして，ドレイン電流が小さくなるような考慮は意味があります．

● ターンOFF時のスイッチング損失

　パワーMOS FETのターンONスイッチング損失は，ONしてからドレイン電流が流れ始めるので，ほとんど無視することができます．

　問題はターンOFF時に生じる損失です．この損失はパワーMOS FETの立ち下がり時間($t_f$)が長いほど大きくなります．したがって，高速にドレイン電流をOFFする必要があります．しかし，多くのパワーMOS FETのターンOFFディレイ$t_{d(\text{off})}$は決して短くありません．そこで高周波スイッチングでの応用では，ゲート駆動のデューティ比$D$を0.5以下で動作させて対応します．

　ターンOFF時の損失$P_{C(\text{OFF})}$は次式で求まります．

$$P_{C(\text{OFF})} = \frac{(\omega t_f)^2 P_{out}}{12} \quad \cdots\cdots\cdots\cdots\cdots\cdots\cdots\cdots\cdots\cdots\cdots\cdots\cdots\cdots\cdots\cdots\cdots (7\text{-}18)^{(7)}$$

スイッチング周波数$f_{SW}$が高く，立ち下がり時間$t_f$が長いほど，OFF時に発生す

るスイッチング損失は増加します．パワーMOS FETは$t_f$の短い品種を選択し，高速ゲート駆動回路を採用します．

● 共振用コイル$L_2$の直列抵抗による損失

共振用コイル$L_2$をどのように用意するかにもよりますが，$L_2$の抵抗分による損失は小さくありません．できるだけ$Q$の高いコイルを使用するのが基本です．

図7-3に示すのは，図7-1に示したE級ZVSアンプの基本回路から，直列共振回路やパワーMOS FETの抵抗分を考慮した出力回路の等価回路です．図に示すとおり，コイルは$LR$の直列回路で，コンデンサは$CR$の直列回路で表します．これらはインピーダンス・アナライザを使用して$L_S R_S$モードまたは$C_S R_S$モードで測定すると，**等価直列抵抗**$r_S$を実測することができます．

通常，コイルの$Q$はコンデンサに比べて数十から数百と低く，次式から等価直列抵抗$r_{SL2}$を簡単に計算することができます．

$$r_{SL2} = \frac{\omega L}{Q} \quad \cdots\cdots\cdots\cdots\cdots\cdots\cdots\cdots\cdots\cdots\cdots\cdots\cdots\cdots\cdots\cdots\cdots\cdots\cdots\cdots (7\text{-}19)$$

たとえば$\omega L = 50\,\Omega$，$Q = 100$とすると，

$$r_{SL2} = \frac{50}{100} = 0.5\,\Omega$$

と求まります．

出力電流を$I_{out}$，等価直列抵抗を$r_{SL2}$とすると，$L_2$での損失$P_{L2}$は次式で求まります．

$$P_{L2} = r_{SL2}\, I_{out}^2 \quad \cdots\cdots\cdots\cdots\cdots\cdots\cdots\cdots\cdots\cdots\cdots\cdots\cdots\cdots\cdots\cdots\cdots\cdots (7\text{-}20)$$

出力電流$I_{out}$は次式で求まります．

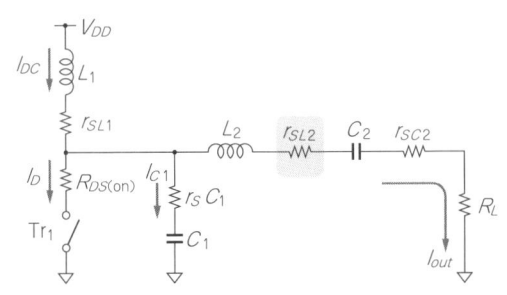

[図7-3] 直列共振回路やパワーMOS FETのオン抵抗分を考慮した出力回路の等価回路

$$I_{out} = \frac{\sqrt{\pi^2+4}}{2} I_{DC} \quad \cdots\cdots (7\text{-}21)\,[7]$$

共振用コイル $L_2$ は，$L_1$ よりも低損失（高 $Q$）なものを使う必要があります．ただし，$L_2$ の端子電圧 $V_{L2}$ は負荷との整合係数 $Q_L$ に比例して大きくなるので，むやみに高いものを使用してはいけません．

### ● $L_1/C_1/C_2$ による損失

▶ 電源供給用チョーク・コイル $L_1$

電源供給用チョーク・コイル $L_1$ の抵抗分を $r_{SL1}$ とすると，$L_1$ で発生する損失 $P_{L1}$ は，次式で求まります．

$$P_{L1} = r_{SL1} \cdot I_{DC}^2 \quad \cdots\cdots (7\text{-}22)$$

$Q$ の高いコイルを使い，等価直列抵抗値を小さくすることが重要です．

▶ 並列コンデンサ $C_1$ の損失

$C_1$ の等価直列抵抗を $r_{SC1}$ とすると，$C_1$ で発生する損失 $P_{C1}$ は次式で求まります．

$$P_{C1} = r_{SC1} \cdot I_{C1}^2 \quad \cdots\cdots (7\text{-}23)$$

$C_1$ に流れる電流 $I_{C1}$ は次式で求まります．

$$I_{C1} = \left(\frac{\sqrt{\pi^2+28}}{4}\right)^2 I_{DC} \quad \cdots\cdots (7\text{-}24)\,[7]$$

$C_1$ には高電圧が加わるので耐圧に注意します．

▶ 直列コンデンサ $C_2$ の損失

$C_2$ の等価直列抵抗を $r_{SC2}$ とすると，$C_2$ で発生する損失 $P_{C2}$ は次式で求まります．

$$P_{C2} = r_{SC2} \cdot I_{out}^2 \quad \cdots\cdots (7\text{-}25)$$

$C_2$ の端子電圧は，負荷との整合係数 $Q_L$ に比例して高くなります．損失係数（tan $\delta$）が小さく，耐圧に余裕のある品種を選択します．具体的にはディップ・マイカ・コンデンサなどです．

### ● ゲートを駆動するための電力

ゲート駆動回路で消費する電力も，効率を左右します．

パワーMOS FETのトータル・ゲート・チャージを $Q_g$ とすると，ゲート駆動時に発生する損失 $P_{CG}$ は次式で求まります．

$$P_{CG} = Q_g \cdot V_{GS} \cdot f_{SW} \quad \cdots\cdots (7\text{-}26)$$

スイッチング周波数 $f_{SW}$ が高く $Q_g$ が大きいほど，大きなゲート駆動電力が必要です．

パワーMOS FETを使用したスイッチング回路では，きわめて大きなパワー・ゲイン（出力電力と駆動電力の比）が得られますが，スイッチング周波数が高くなると，駆動回路から供給する電力が増加します．したがって，トータル・ゲート・チャージ$Q_g$の小さなパワーMOS FETを選択します．

● スイッチング周波数の上限

E級ZVS回路の特徴は，高周波で低損失・低雑音のスイッチング回路を実現できることです．しかしE級ZVS回路のスイッチング周波数の限界は，パワーMOS FETのもつスイッチング特性や$C_{oss}$，$P_{out}$，$V_{DD}$などによって制限されます．

デューティ比$D=0.5$（50％）の動作条件での最高スイッチング周波数$f_{SW\max}$は，

$$f_{SW\max} = \frac{0.197}{2\pi R_L C_{oss}} \doteqdot \frac{0.0544 P_{out}}{V_{DD}^2 C_{oss}} \quad\quad\quad\quad\quad\quad\quad\quad\quad\quad (7\text{-}27)$$

で制限されます．$Tr_1$と並列接続する共振コンデンサ$C_1$は除去し，スイッチング素子の出力容量$C_{oss}$だけで共振させ，E級動作をさせることになります．

最近は$C_{oss}$を大きくしたZVSスイッチングに特化したパワーMOS FETも市販されています．この手のパワーMOS FETは，低周波スイッチングでは$C_1$を省略できるメリットがありますが，E級ZVS回路のような高周波スイッチングに応用すると，逆にスイッチング周波数の上限を制限してしまうことになるので注意が必要です．

ここでは共振型コンバータの原著ともいえるものを参考にしたため，教科書的な記述になりましたが，現実には応用に即したさまざまな工夫が必要になります．第8章以降の具体的な設計・試作例を参考にしてください．

## Column

### 超音波機器とE級アンプ

超音波とは人間の耳には聞こえないほどの高い周波数の音波と定義されていますが，一般には20kHz以上の音波のことです．超音波は気体中では減衰しやすく，液体や固体中ではよく伝搬し，小さな振動で高い音圧と強いパワー密度をもつことから，超音波の応用製品には，超音波美容器，超音波画像診断装置，超音波洗浄器，超音波霧化器，歯科で使用されている超音波スケーラなど，多くの例があります．

超音波の発生には**圧電素子**が利用されています．水晶の圧電効果を発見したのはキューリー兄弟ですが，**圧電効果**によって超音波を発生させたのが**ランジュバン**という人で，超音波振動子のことをランジュバン型振動子とも呼んでいます．

最近の超音波振動子の多くは圧電効果の高い**PZTセラミックス**が利用されており，用途によって数十kHz〜数十MHzまでの振動子があります．

本書の第8章，第9章では1MHzのPZT超音波振動子の駆動アンプを設計していますが，MHz帯の超音波美容器では円盤型のPZT素子が使われ，振動板に接着して超音波振動を伝達しています．PZT素子の電気的特性は，水晶振動子と等価です（図8-2参照）．超音波振動面積を拡大するときは多くの素子を並列接続して対応します．

数十kHz帯の超音波振動子で，加工機や洗浄機，溶着機などの**強力超音波機器**と呼ばれるところには，**ボルト締めランジュバン・トランスジューサ BLT**（Bolted Langevin type Transducers）と呼ばれる振動子が使用されています．**写真7-A**に38kHz BLTにホーン（中央より右側）を取り付けた例の外観を示します．このBLTでは4枚のPZT素子をボルト締めしています．4枚の素子は2枚並列接続され，これに38kHzの電圧を与えると軸方向に振動します．

本書では超音波振動子の駆動用アンプとしてE級アンプを紹介していますが，E級アンプは大出力でもスイッチング損失を減少できるので，超音波振動子の駆動用には最適です．

[写真7-A] ボルト締めランジュバン・トランスジューサ BLTの一例

パワー MOS FETの高速スイッチング応用

# 第8章

## PZT駆動に最適
## 1MHz・5W E級ZVSアンプの設計

E級(ゼロ電圧スイッチング)ZVS回路の特徴を活かした応用として，本章ではPZT(チタン酸ジルコン酸鉛)超音波振動子を駆動する，出力5WのE級アンプを設計・試作します．

## 8-1 超音波振動子駆動用E級アンプの設計

● E級アンプの仕様と超音波振動子PZTの仕様

写真8-1は，試作したE級アンプでPZTを接着した振動板を駆動し，水をたらしたときのようすです．約1MHzで振動する振動板によって水が霧状に変化し，上に向かって勢いよく飛び出しているのがわかります．超音波美容機器(噴霧器)などに利用することができます．

写真8-2がE級アンプの負荷となる超音波振動子PZTです．設計するE級アンプの主な仕様は次のとおりです．

[写真8-1] E級ZVSアンプで超音波振動子PZTを接着した振動板を駆動し，水を垂らしたときのようす
霧状になった水が上に向かって勢いよく飛び出している

- スイッチング周波数$f_{SW}$：1MHz
- 出力電力$P_{out}$：5W
- 電源電圧$V_{DD}$：+12V
- 負荷抵抗$R_L$：10～25Ω（実際の負荷はPZT，テスト時は50Ωの純抵抗を使用）

写真8-3に試作した基板の外観を，図8-1に設計した回路を示します．

図8-2がPZTの等価回路です．PZTは回路記号もそうですが，水晶振動子と類似する電気的特性をもっています．直列共振時にはコイル$L_1$とコンデンサ$C_1$がないのと同じで，このときの等価回路は，抵抗$R_1$と並列コンデンサ$C_0$の並列回路で表せます．

図8-3に，使用したPZTのインピーダンス-周波数特性を示しますが，筆者が使用している特注品です．超音波振動子PZTはほとんどが用途に応じた特注品です．図(a)が無負荷…振動板+振動子単独状態でのインピーダンス周波数特性，図(b)がPZTに負荷が加わったとき…水に浸したときのインピーダンス特性です．図中に参考までに等価回路の定数を示しました．

使用したPZTは，水に浸すと直列共振周波数での抵抗$R_1$が約8.3Ωから約25Ωに増加します．$R_1$は負荷状態によって変動しますが，ここでは$R_1$の25Ωを負荷時のPZT抵抗値と考えて回路を設計します．

● 出力段にインピーダンス変換回路が必要

上記のとおり，出力電力$P_{out}$と電源電圧$V_{DD}$が決まっているため，回路から見た負荷抵抗$R_L$は第7章 式(7-6)から次のように決まります．

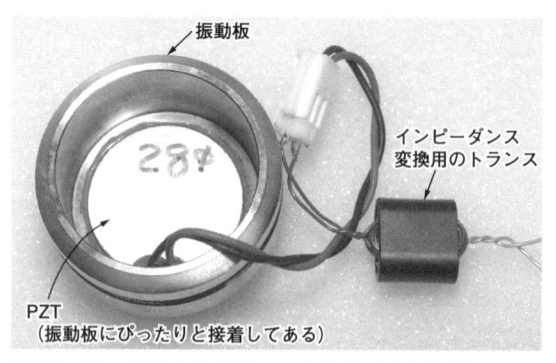

［写真8-2］超音波振動子PZTに振動板を取り付けた

[写真8-3] 試作した1MHz・5W E級アンプ基板の外観

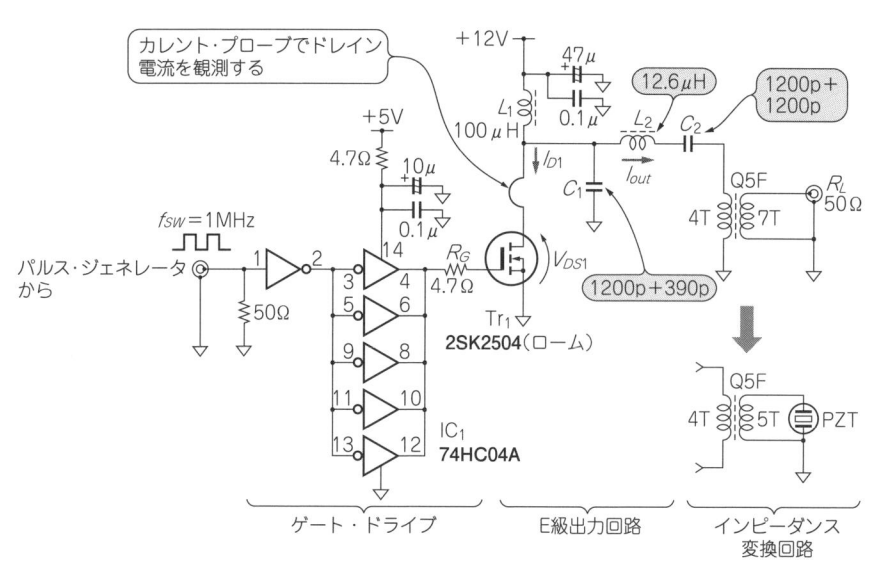

[図8-1] 設計したPZT駆動用1MHz・5W出力E級アンプ(効率＝92％)

8-1 超音波振動子駆動用E級アンプの設計

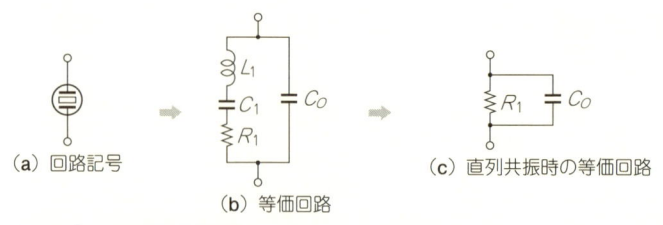

**[図8-2] PZTの等価回路**
水晶振動子と類似の等価回路になっている

(a) 回路記号
(b) 等価回路
(c) 直列共振時の等価回路

(a) 無負荷時の特性

等価回路の定数
$R_1$: 8.3193Ω   $C_1$: 53.086pF
$L_1$: 478.3μH   $C_0$: 1.4801nF

(b) 負荷時（水に浸したとき）の特性

等価回路の定数
$R_1$: 25.437Ω   $C_1$: 82.605pF
$L_1$: 308.15μH  $C_0$: 2.0375nF

**[図8-3] 使用したPZTのインピーダンス-周波数特性**
PZT超音波振動子は一般にカスタム設計商品である．1MHz駆動・5W出力という仕様

$$R_L = \frac{0.5768 V_{DD}^2}{P_{out}} = \frac{0.5768 \times 12^2}{5} = 16.61\,\Omega$$

　負荷抵抗$R_L$は，測定したPZT等価回路の$R_1$が約25Ωなので，第4章でも紹介したようにインピーダンス変換回路を付加して，先に計算した負荷抵抗と整合させる必要があります．E級アンプでは，実際の負荷抵抗が設計時に想定した負荷抵抗と異なると正しくゼロ電圧スイッチング(ZVS)動作しませんから，インピーダンス変換回路は重要です．

▶負荷が50Ωの場合

　一般に高周波アンプでは，負荷抵抗$R_L$は50Ωで設計します．負荷用ダミー抵抗器や測定器の入力インピーダンスが50Ωで統一されているからです．

　先の式で電源電圧＋12V，出力電力5Wから決まる負荷抵抗$R_L$は16.61Ωでしたから，50Ω負荷を駆動するにはインピーダンス変換が必要です．

　インピーダンス変換のためには，1：$n$の変換トランスを使用します．計算による負荷抵抗を$R_L$，実際の負荷抵抗を$R_L'$とすると，必要な変換トランスの巻き数比$n$は，

$$n = \sqrt{\frac{R_L'}{R_L}} = \sqrt{\frac{50}{16.61}} = 1.735$$

となります．

▶負荷が超音波振動子の場合

　ここで使用するPZTの負荷時の等価直列抵抗$R_1$を約25Ω(負荷状態により変動する)として，巻き数比$n$を求めると，

$$n = \sqrt{\frac{R_L'}{R_L}} = \sqrt{\frac{25}{16.61}} = 1.26$$

となります．よって1次を4回，2次を5回巻き($n=1.25$)とします．

▶インピーダンス変換トランス

　インピーダンス変換トランスは**写真8-4**に示す2ホール・コア，あるいはバルン・コア，通称メガネ・コアと呼ばれるものを使用しました．このコアは広帯域トランスとしてよく使用されるもので，TDK(株)の(Q5F-8×14…サイズが8×14(mm))を使用しました．代替品としてトミタ電機のRIBタイプ(D12A RIB 8×14×13)があります．

　材質は1MHz以上に適応するニッケル亜鉛(Ni-Zn)フェライトです．巻末Appendixにトミタ電機のRIBタイプを示します．線材にはAWG26($\phi$0.4)の耐熱より線を使用して，1次と2次の区別がわかるように，線材の色を変えます．ホル

(a) 巻き線していないとき

(b) 巻き線したようす

[写真8-4] インピーダンス変換用に使用した2ホール・コア
バルン・コア，メガネ・コアとも呼ばれている．無線通信機などで同相ノイズ除去用…バルン（あるいはバラン）として使用されることも多い

マール線ではなく，耐熱より線（ビニル電線）を使用しているのは，コアに直接巻き線する際，安全を保つためです．巻き数比は（負荷が50Ωの場合）1次が4回，2次を7回巻き（$n=1.75$）とします．

● 出力段パワーMOS FETの選択

パワーMOS FETは流れる電流と加わる電圧の最大値から検討して選びます．直流電源電流$I_{DC}$は第7章の式(7-10)から求めます．

$$I_{DC} = \frac{0.5768 V_{DD}}{R_L} = \frac{0.5768 \times 12}{16.61} \fallingdotseq 0.417 \text{A}$$

最大ドレイン-ソース間電圧$V_{DSmax}$は，式(7-8)から，

$$V_{DSmax} = 3.56 V_{DD} = 3.56 \times 12 \fallingdotseq 42.7 \text{V}_{peak}$$

となります．また，最大ドレイン電流$I_{Dmax}$は式(7-9a)から，

$$I_{Dmax} = 2.86 I_{DC} = 1.2 \text{A}_{peak}$$

以上の電圧と電流を満足するパワーMOS FETを選択します．ここでは，ローム（株）の2SK2504（$V_{DSS}=100$V，$I_D=5$A，$R_{DS(ON)}=0.25$Ω）を選びました．この素子は5Vロジック・レベルで使用できるため，ゲート・ドライブが簡単に済むという点を買いました．2SK2504の特性は巻末Appendixを参照してください．

E級アンプは変換効率がきわめて高く，しかも本器では出力電力が5Wと小さいので放熱器は使用せず，プリント基板の銅箔（20×20mm）を使って放熱することにしました．出力電力5Wのリニア・アンプでは考えられない方法です．

● DC電源供給用コイル$L_1$の設計

本回路のようなシングル出力のE級アンプでは，図8-1に示すように分離用チョーク・コイル$L_1$を介してパワーMOS FETに電源を供給します．ここでは第7章

の式(7-11)を使用して，

$$L_1 \geq \frac{43.57 R_L}{\omega} = \frac{43.57 \times 16.61}{6.28 \times 10^6} \fallingdotseq 115\,\mu\text{H}$$

$L_1$の値はおよそでかまいません．ただし，$I_{Dmax} = 1.2\text{A}_{peak}$においてインダクタンスが低下しないパワー・コイルを選定します．

ここでは$L_1$に，TDK(株)の固定コイル ELF – 1010SKI – 101Kを使用しました．DC抵抗は0.5Ωです．アキシャル・リード型の代替品としては太陽誘電(株)のLHLP12NB101K(100μH，1.6A，0.16Ω)，LHLP12NB151K(150μH，1.3A，0.24Ω)などがあります．113μHより少し小さくてもかまいませんが，できれば150μ～220μHとしてください．

● 直列共振用コイル$L_2$の設計

共振回路を設計するには，回路と負荷との整合係数$Q_L$を先に決定しなければなりません．ここでは(写真3-3などでの実験から)$Q_L = 5$とします．$Q_L$が決まると，式(7-12)から，

$$L_2 = \frac{Q_L R_L}{\omega} = \frac{5 \times 16.61}{6.28 \times 10^6} \fallingdotseq 13\,\mu\text{H}$$

となります．$L_2$の値は，$Q_L$に比例して大きくなります．また，共振周波数におけるコイル自身の$Q$も十分な大きさが必要です．

計算から$L_2 = 13\,\mu$Hとなりましたが，13μHを空芯コイルで実現するとなるとサイズが大きくなりすぎて実用になりません．現実にはコア材に巻き線します．コア材を選ぶときは，最大$Q$の周波数範囲が重要です．

巻末Appendixに，筆者がよく使用するマイクロメタル社の資料から引用したコア材の$Q$の周波数特性を示しました．共振用コイルには広い周波数範囲で$Q$の安定しているカーボニル鉄系トロイダル・コアを選んでいます．とくに1MHz付近で大きな$Q$が得られる材質#2を選定しました．コア・サイズは，出力電力(5W)を考慮して経験値からT80(外径0.80インチ)としました．

コイルを作るとき，インダクタンス値から巻き数$n$を求めるにはコア材の$A_L$値があると簡単です．これも巻末に示す，マイクロメタル社のコア材の$A_L$係数表を使用します．

$$n = \sqrt{\frac{X_L}{A_L}} = \sqrt{\frac{13 \times 10^3}{5.5}} = 48.61$$

よって，φ0.6のホルマール線を48回巻き線します．**写真8-5**にカーボニル鉄系

[写真8-5] 共振用コイル$L_2$用に検討したカーボニル鉄系トロイダル・コアの一例(マイクロメタル社)
T80とは外径が0.8インチ＝0.8×25.4＝20.3mmであることを示している．よってT106は外径26.9mmを，-#2はコアの材質を表す．$\mu=10$となっている

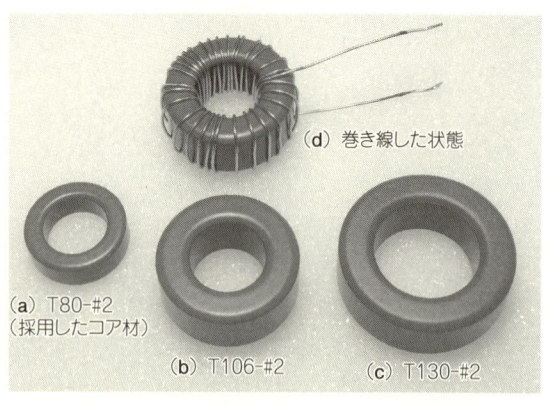

(a) T80-#2 (採用したコア材)
(b) T106-#2
(c) T130-#2
(d) 巻き線した状態

トロイダル・コアT80，T106，T130の外観を示します．

● $Tr_1$の並列コンデンサ$C_1$と直列共振コンデンサ$C_2$を求める
▶ 並列コンデンサ $C_1$

共振用並列コンデンサ$C_1$は第7章の式(7-13)から求めることができます．

$$C_1 = \frac{0.1836}{\omega R_L} = \frac{0.1836}{6.28 \times 10^6 \times 16.61} \fallingdotseq 1760\mathrm{pF}$$

となります．ただし，実際はスイッチング素子…パワー MOS FETの$C_{oss}$が並列になるので，2SK2504の出力容量$C_{oss}$(175pF)ぶんを差し引きますが，定数についてはあまりシビアではありません．最終的には実験で確認します．

▶ 直列コンデンサ $C_2$

直列共振コンデンサ$C_2$は式(7-14)で求めます．

$$C_2 = \frac{1}{\omega R_L (Q_L - 1.153)} = \frac{1}{6.28 \times 10^6 \times 16.61 \times (5 - 1.153)} \fallingdotseq 2492\mathrm{pF}$$

▶ $L_2$と$C_2$の直列共振回路の端子電圧

LC共振回路に流れる電流$I_{out}(I_R)$は式(7-9b)から，

$$I_{out} = I_R = 1.86 I_{DC} = 0.776$$

ですから，コイル$L_2$の両端に発生する電圧$V_{L2}$は，

$$V_{L2} = I_{out} \cdot \omega L_2 = 0.776 \times 6.28 \times 10^6 \times 13 \times 10^{-6} \fallingdotseq 63.35\mathrm{V}$$

と求まります．

コンデンサ$C_2$の両端に発生する端子電圧$V_{C2}$は，

$$V_{C2} = \frac{I_{out}}{\omega C_2} = \frac{0.776}{6.28 \times 10^6 \times 2492 \times 10^{-12}} \fallingdotseq 49.58\text{V}$$

です．この端子電圧は電源電圧$V_{DD}$より高い($Q_L$に比例)ので，部品の耐電圧に注意します．また損失の小さい($Q$の高い)コンデンサを選定します．ここでの$C_1$と$C_2$は，耐電圧100Vのディップ・マイカ・コンデンサを使用して低損失化を図りました．計算で得られた容量値はE系列に存在しないので，それぞれ2個並列接続して実現します．

### ● 各部品の電力損失の予測

本器の出力電力は1MHz・5Wです．そこで，5W出力時の各部品の損失を計算し，どの部品が一番損失が大きいかを確認しておきます．

結論から先に紹介しておくと，以下の計算結果から高効率化のためのポイントは，パワーMOS FETのオン抵抗とコイル$L_1$，$L_2$の$ESR$…等価直列抵抗分です．コンデンサは，低損失なフィルム・コンデンサやマイカ・コンデンサを選択すれば問題ないでしょう．

▶パワーMOS FETのオン抵抗$R_{DS(on)}$による損失$P_{C(ON)}$

式(7-17)で求めます．

$$P_{C(ON)} = R_{DS(on)} \cdot (1.54 I_{DC})^2$$
$$= 0.18 \times (1.54 \times 0.417)^2 \fallingdotseq 74\text{mW}$$

式から推測できるように，電源電圧$V_{DD}$を高く設計し回路に流れる電流を下げると，損失を小さくすることができます．

▶DC供給用のコイル$L_1$の損失$P_{L1}$

式(7-22)で求めます．

$$P_{L1} = r_{SL1} \cdot I_{DC}^2$$
$$= 0.5 \times 0.417 \times 0.417 \fallingdotseq 87\text{mW}$$

ここで，$L_1$の直流抵抗$r_{SL1}$は0.5Ωとしました．

▶並列コンデンサ$C_1$の損失$P_{C1}$

$C_1$に流れる電流$I_{C1}$は，

$$I_{C1} = 0.6 I_{DC}$$

ですから，

$$P_{L3} = r_{SC1} \cdot (0.6 I_{DC})^2$$
$$= 0.1 \times 0.25 \times 0.25 \fallingdotseq 6.25\text{mW}$$

ここでコンデンサの$ESR$ $r_{SC1}$は0.1Ωとしました．

▶ コイル $L_2$ の損失 $P_{L2}$

式(7-20)で求めます．

$$P_{L2} = r_{SL2} \cdot I_{out}^2$$
$$= 0.4 \times 0.776^2 \fallingdotseq 240 \text{mW}$$

$L_2$ の ESR $r_{SL2}$ は $0.4\Omega$ としました．効率を上げるにはスイッチング周波数において，$Q$ の高いコイルが必要なことがわかります．

▶ コンデンサ $C_2$ の損失 $P_{C2}$

式(7-25)で求めます．

$$P_{C2} = r_{SC2} \cdot I_{out}^2$$
$$= 0.1 \times 0.776^2 \fallingdotseq 60.2 \text{mW}$$

$C_2$ の ESR $r_{SC2}$ は $0.1\Omega$ としました．

▶ パワー MOS FET のターン OFF の損失 $P_{C(\text{OFF})}$

式(7-18)で求めます．

$$P_{C(\text{OFF})} = \frac{(\omega t_f)^2 P_{out}}{12} = \frac{(6.28 \times 10^6 \times 20 \times 10^{-9})^2 \times 5}{12} \fallingdotseq 6.573 \text{mW}$$

パワー MOS FET のターン OFF 損失を抑えるには，立ち下がり時間 $t_f$ および $t_{d(\text{OFF})}$ の短い素子を使うことが重要です．ここで使用した 2SK2504 の $t_f$ は 20ns です．

## 8-2　ゲート駆動回路の考察と動作の確認

● パワー MOS FET 駆動回路のいろいろ

パワー MOS FET を使用したシングル・アンプのための一般的なゲート駆動回路の構成を図8-4に示します．ただしE級アンプにおけるゲート駆動用PWM信号

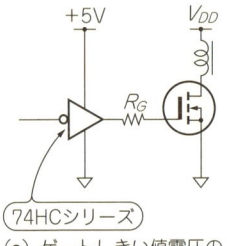

(a) ゲートしきい値電圧の低いパワーMOS FET を駆動するとき（本回路に採用）　74HCシリーズ

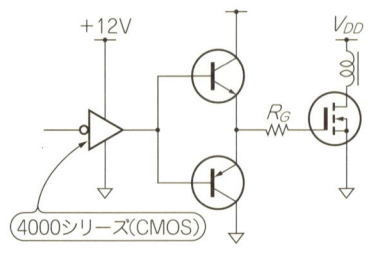

(b) ゲートしきい値電圧が高いパワー MOS FET を駆動するとき　4000シリーズ(CMOS)

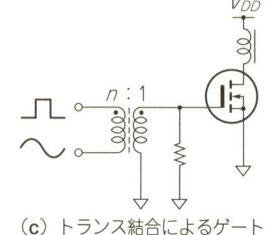

(c) トランス結合によるゲート駆動回路

[図8-4] パワー MOS FET シングルのときのゲート駆動回路例

のデューティ比最適値は0.5(50%)ですから，スイッチング周波数が1MHzのときON時間は500nsになります．

駆動回路には，メイン・スイッチであるパワーMOS FETの入力容量$C_{iss}$を高速に充放電できる能力が要求されます．

パワーMOS FETは，入力容量$C_{iss}$ができるだけ小さく，ゲートしきい値電圧の低いものを選べば，図(a)に示すような高速CMOSロジックIC(74HC04)を並列接続したシンプルな回路で駆動することができます．ここで採用した2SK2504は4V駆動が可能なパワーMOS FETで，$C_{iss}$は520pFです．

図(b)に示すのは，ゲートしきい値電圧が高い一般的なパワーMOS FETを駆動するときのドライブ回路です．パワーMOS FETの入力容量$C_{iss}$が大きい場合は，電流ブースタ回路を付加します．

図(c)は，トランス結合によるゲート駆動回路です．トランスの巻き数比を変更することで，最適なゲート電圧が得ることができます．

● 負荷容量1000pFを駆動できるようにする

74HCシリーズ汎用ロジックICは素子が安価に入手できるので，できれば上手く利用したいものです．しかし，ゲート1素子だけでの駆動では大きな静電容量をドライブすることはできません．ところが同一チップ内であればドライバを複数並列に接続して，出力インピーダンスを下げることで駆動能力を上げることができます．

ここで試作する1MHz・5WシングルE級アンプでは，**図8-1**に示したように，ゲート駆動回路は，TC74HC04AP(東芝)の6回路入りインバータを5回路並列にしています．残りの1回路は，入力レベルが"L"のとき，パワーMOS FETがONし

(a) $C_L$ = 0pF    (b) $C_L$ = 1000pF

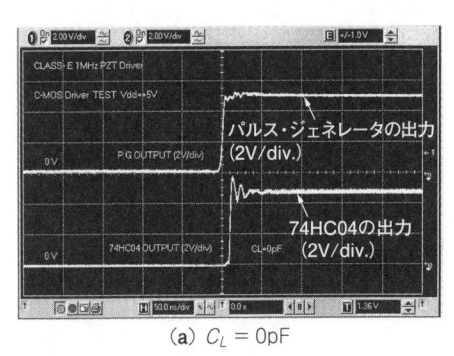

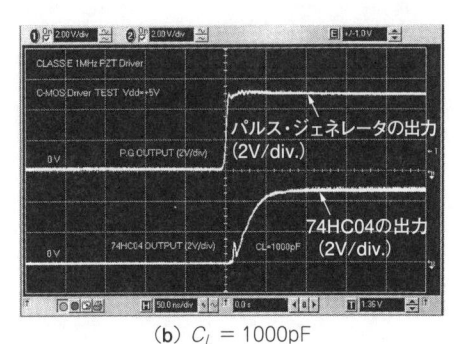

[写真8-6] TC74HC04APのインバータ5回路を並列に構成したゲート・ドライバの入力波形と出力波形(50ns/div.) 1MHzのスイッチングだと，このくらいのスピードで十分対応できる

8-2 ゲート駆動回路の考察と動作の確認 | 123

ないように反転しています．

　写真8-6に示すのは，TC74HC04APのインバータを5個並列接続し，1MHzの方形波を加えたときの入力波形と出力波形です．写真(a)に示す負荷容量$C_L=0$pFでは，きわめて高速に応答しています．

　写真(b)は，出力端子に1000pFのコンデンサを接続したときの入出力波形です．使用するパワーMOS FET 2SK2504の$C_{iss}$が520pFですから，余裕をみて1000pFでの駆動能力を確認しています．＋5Vまで立ち上がるのに約50ns要していますが，デューティ比50％でスイッチング周波数が1MHzのときON時間は500nsですから，ここでの目的には十分です．

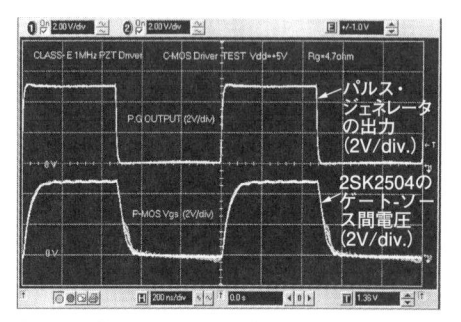

[写真8-7] 入力信号として接続したパルス・ジェネレータからの信号1MHzと2SK2504のゲート-ソース間電圧波形（200ns/div.）

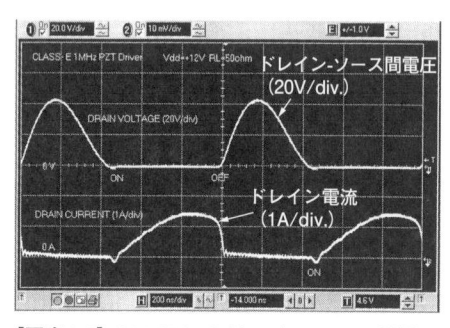

[写真8-8] 2SK2504のドレイン-ソース間電圧とドレイン電流（200ns/div.）
パワーMOS FETのOFF時の電圧波形と電流波形に重なりがなくE級特有の低損失スイッチングが実現できている

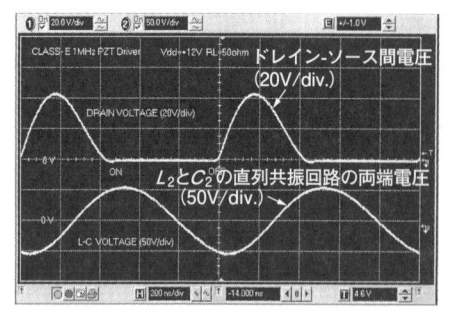

[写真8-9] $L_2$と$C_2$の直列共振回路の電圧波形（200ns/div.）
$L$-$C$間の電圧が100$V_{p-p}$を越えている．部品の耐電圧選定には注意が必要

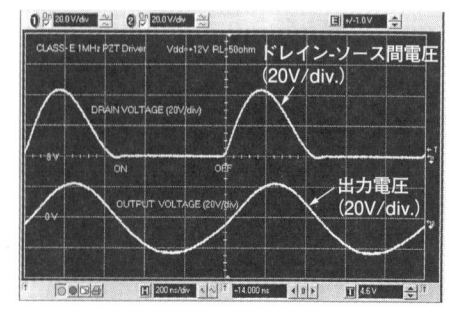

[写真8-10] 本回路の出力波形（50Ω負荷，200ns/div.）

なお，図8-1においてパワーMOS FETゲート入力に追加している抵抗$R_G$ = 4.7 Ωは，ピーク・ゲート入力電流を制限し，ノイズを低減する効果があります．

● E級アンプの動作と特性を確認する

写真8-7に示すのは，入力信号としてパルス・ジェネレータの出力信号1MHzを加えたときのパワーMOS FET 2SK2504のゲート-ソース間電圧です．スイッチング周波数は1MHz，デューティ比＝50％，電圧は$5V_{peak}$です．

写真8-8が，2SK2504のドレイン-ソース間電圧とドレイン電流を観測したものです．パワーMOSがOFFしたとき$V_{DS}$が正弦波状に上昇し，下降しているのがわかります．また，パワーMOSがONするとドレイン電流が流れ始め，正弦波のピークを過ぎてからOFFしているのがわかります．OFF時の電圧と電流波形には重なりがなく，低損失なスイッチングが実現できています．これがE級アンプの典型的な動作波形です．

なお，パワーMOS FETのドレイン電流は2SK2504のドレイン・ラインに小さなループを設け，そこを電流プローブで掴んで観測しました．写真8-9は$L_2$と$C_2$の直列共振回路の電圧波形です．$100V_{P-P}$を越えています．

▶出力波形とひずみ

写真8-10は，50Ω負荷時の出力端子の電圧波形です．波形を見ると若干ひずんでいます．

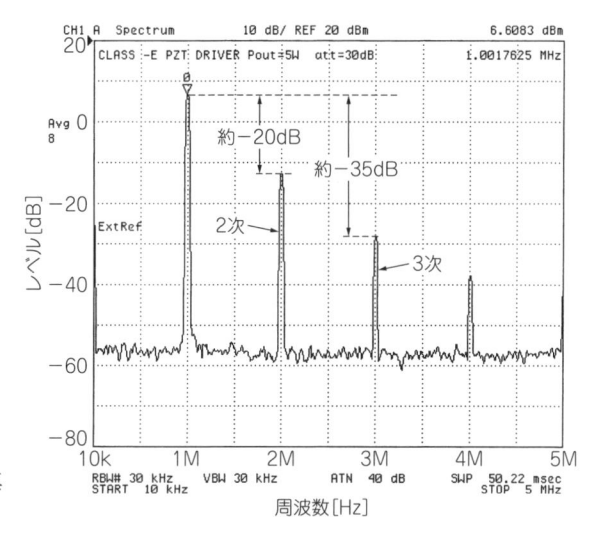

[図8-5] 本回路の出力波形（写真8-10)のスペクラム

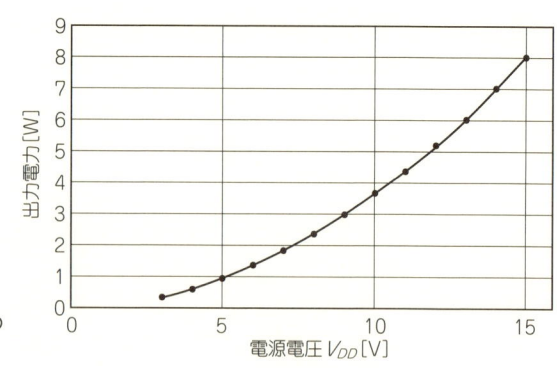

[図8-6] 電源電圧-出力電力特性
E級アンプの出力電力は供給電源電圧の2乗に比例する

図8-5に示すのが出力波形のスペクトラムです．2次高調波は約-20dB，3次高調波は-35dBです．しかし，ここでのアンプは波形を重視する用途ではなく，PZT超音波振動子を直列共振周波数で駆動するためのものなので，まったく問題ありません．

この高調波ひずみを小さくするため，設計時に負荷との整合係数$Q_L$を大きくするのは得策ではありません．出力にロー・パス・フィルタを付加するほうがよいでしょう．

▶電源電圧と出力電力の関係と変換効率

E級アンプの出力電力は，供給電源電圧の2乗に比例します．電源電圧を変化させたときの出力電力特性を図8-6に示します．周波数1MHz，負荷抵抗$R_L=50\Omega$，$V_{DD}=+12V$，出力電力5.2Wでの電源入力電流は0.47Aでした．ゲート駆動回路のドライブ電力を無視すると，

$$\eta = \frac{P_{out}}{P_{in}} \fallingdotseq 0.922$$

から，効率は92.2％と計算できます．とても効率の高い回路であることがわかります．

# 第9章

パワー MOS FETの高速スイッチング応用

大出力PZT駆動に適する
## 1MHz・300W出力 E級アンプの設計

前章ではE級アンプの特徴を活かした例として，1MHz・5W出力超音波振動子PZT駆動用アンプを設計しました．本章では出力をグレードアップして，1MHz・300W出力超音波振動子PZT用駆動アンプを設計します．MHz帯の超音波洗浄器は，シリコン・ウェハや液晶パネルにダメージを与えず表面に付着した微細なごみを除去できるという理由から，最近よく使用されるようになってきました．

## 9-1　大出力超音波駆動用E級アンプの設計

● PZTを駆動するには負荷特性の把握が重要

図9-1に設計・試作する超音波洗浄器のブロック図を示します．図9-2が超音波洗浄槽の構造です．簡単にするため30cmの(アナログ)レコード盤を水平に置き，手を使って回転させる構造にしました．全エリアをカバーするのは不経済なので，超音波振動子PZTは2枚だけ配置するようにします．

出力は，PZTの許容電力以下にする必要があります．2枚のPZTを使用するので，出力電力は300W(1枚当たり150W)を目標としました．

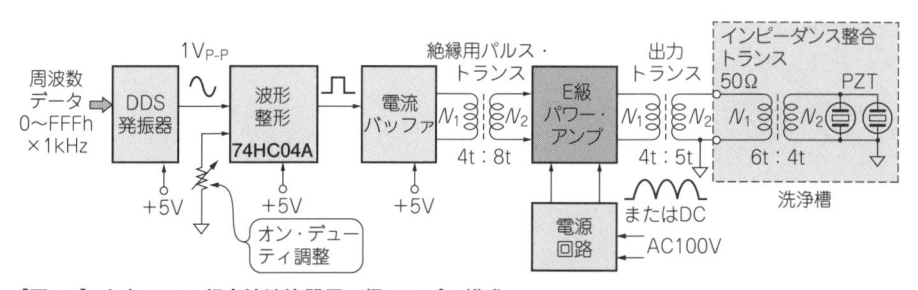

[図9-1] 出力300W 超音波洗浄器用E級アンプの構成

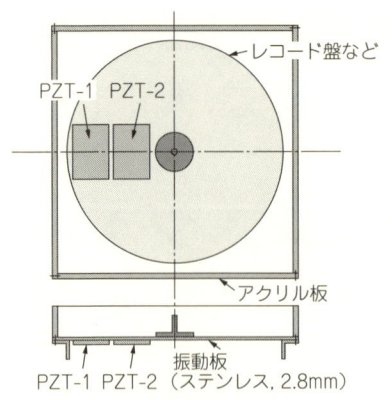

**[図9-2] 超音波洗浄器の構造**
アナログ・レコードの洗浄を意識したサイズとした

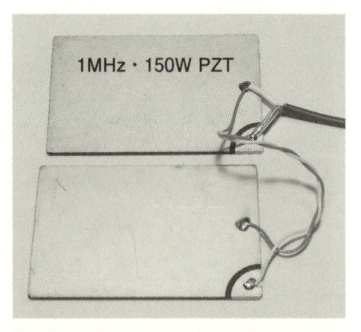

**[写真9-1] PZT超音波振動子の外観**
150W出力PZTのサイズは76.5×50 [mm]．2枚使用すると300W出力になる

　回路の簡略化を図るために，電源はACラインを直接整流する構成を採用しました．そのためE級アンプに使用するパワーMOS FETのゲートは，絶縁用パルス・トランスを使って駆動します．出力回路にも絶縁目的のインピーダンス変換トランスを挿入します．

　**写真9-1**が使用した超音波振動子PZTの外観です．PZTは一般にカスタム商品で，ここで使用するのは1MHz駆動の150W品です．

　本器もそうですが，E級アンプでは出力段にインピーダンス整合回路を設けるケースが多くなります．インピーダンス整合回路の設計については第4章で詳しく紹介していますが，設計にあたっては負荷の特性を良く理解しておくことが重要です．とくにPZTなどは線形特性ではないので，インピーダンス-周波数特性を事前に測定して，特性を十分に把握しておく必要があります．

　**図9-3**に示すのは，使用するPZTの**インピーダンス-周波数特性**です．洗浄槽に水を入れないときと水があるときのインピーダンスの違いを測定しました．ケーブル長さは1.5mです．並列共振周波数は988.75kHzで，水がないときのインピーダンス$Z$は52.6Ωとなっていますが，水を入れたときのインピーダンスは18.27Ωに下がっています．

● 発振回路はDDSを使用した周波数固定タイプ

　PZTに加える1MHzを生成する発振回路は，周波数安定度の良い水晶振動子を内蔵したDDS(Direct Digital Synthesizer)方式周波数シンセサイザを使って構成す

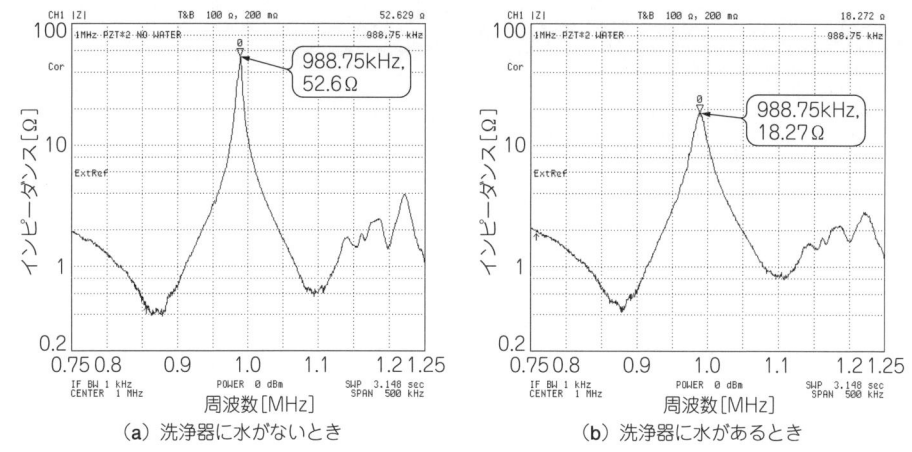

(a) 洗浄器に水がないとき　　　　　　　　　　(b) 洗浄器に水があるとき

[図9-3] 使用したPZTのインピーダンス-周波数特性

ることにしました．PZT振動子の特性にもよりますが，発振周波数の安定度は100ppm/℃以下の安定度が要求されます．*CR*発振や*LC*発振などでは，100ppm/℃以下の安定度確保は難しいでしょう．PLL回路を使用してPZTの共振周波数に追尾する方法もありますが，使用したPZTの共振周波数は比較的安定しているので，その必要はないと判断しました．

図9-4に示すDDS-12BSH（日本サーキット・デザイン社製）は，1kHzから4.095MHzまで，周波数ステップ1kHz（12ビット分解能）で可変できるDDSモジュールです．水晶発振器と同等な周波数安定度をもつDDSシンセサイザで，周波数分解能は1kHzですが，実用上は十分です．図9-5に発振回路とゲート駆動回路を示します．写真9-2が発振回路部の基板外観です．

シンセサイザの出力波形は約$1V_{P-P}$の正弦波ですから，波形整形して方形波に変換しています．また，OFF時間の長い素子を想定してデューティ比を可変できるよう，バイアス電圧（約$V_{DD}/2$）を半固定抵抗器で調整できるようにしておきます．

ゲート駆動回路は高速CMOSロジックICを並列接続して，出力電流を増やしていますが，数千pFという大きなパワーMOS FETの入力容量は駆動できません．そこで，CMOS ICの出力にさらにソース接地プッシュプル回路を追加しました．また，次段の絶縁パルス・トランス$T_1$に直流成分が供給されないよう，出力段はコンデンサ結合（$1\mu F \times 2$）としました．これは電源ラインのパスコンも兼ねています．

9-1 大出力超音波駆動用E級アンプの設計　　129

- 発振周波数範囲：1k～4.095MHz
- 設定データ範囲：001H～FFFH
- 周波数設定：CMOSレベル，12bitバイナリ，正論理
- 周波数分解能：1kHz
- 発振周波数精度：設定周波数の±0.01%以内
- 発振出力振幅：1Vp-p±0.1V以内
- 負荷インピーダンス：50Ω（外部で50Ω終端）
- スプリアス：-50dB以下
- 高調波ひずみ：2次以上の高調波が65dB以下
- 電源電圧：+5V±5%以内
- 電源電流：200mA以下
- 外形寸法：50×30×9mm
- 重量：50g以下

(a) 仕様

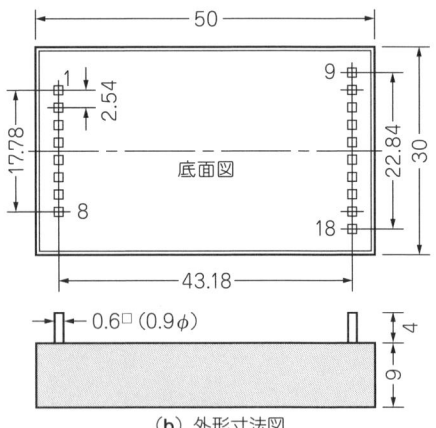

(b) 外形寸法図

| 端子番号 | 信号名称 | 備考 |
|---|---|---|
| 1～12 | $B_1$～$B_{12}$ | 16進，正論理 |
| 13 | RESET | Lでリセット |
| 14 | SINE-OUT | 正弦波出力 |
| 15 | COM | 出力コモン |
| 16 | 0V | 電源入力：0V |
| 17 | NC | 空き端子 |
| 18 | $+V_{CC}$ | 電源入力：+5V |

(c) 端子接続表

[図9-4] 高安定発振器として使用できるDDSモジュール DDS-12BSH

● **3000pF以上の容量負荷を高速ドライブするゲート駆動回路**

　第8章で設計した1MHz・5W E級アンプでは，使用するパワーMOS FETのゲートしきい値電圧が2.5Vということで，結果的に5V電源で動作する低$C_{iss}$のパワーMOS FETを使うことができました．そのためパワーMOS FETは（5V駆動の）ロジックICである74HC04で直接駆動することができました．しかし本器のように出力が数百Wという用途では，大きな定格のパワーMOS FETが必要になり，結果的に$C_{iss}$の大きなパワーMOS FETを使用することになります．$C_{iss}$の大きなパワーMOS FETを高周波で駆動することは簡単ではありません．

　ここでは，使用するパワーMOS FETの$C_{iss}$が3000～4000pFになると想定して，ゲート駆動回路を設計することにしました．出力段パワーMOS FETには，$V_{GS}$-$I_D$特性からゲート-ソース間電圧が7～8$V_{peak}$のものを選びます．ただし，ゲート電圧が8～10Vの一般的なパワーMOS FETに，±10V程度の駆動電圧を加えて$C_{iss}$を充放電すると，ゲート駆動電力が大きくなってしまいます．**図9-6**に示すゲ

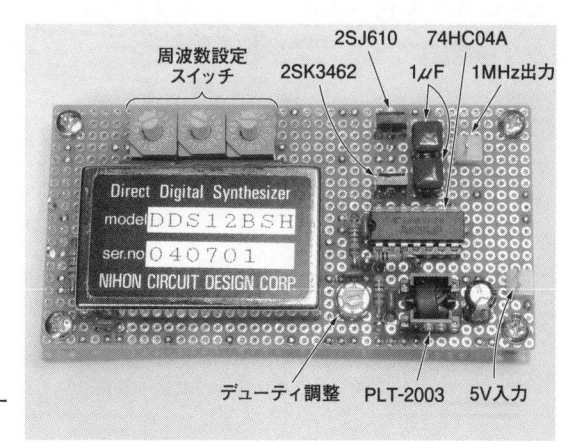

[写真9-2] DDSによる発振回路とゲート駆動回路を搭載した基板

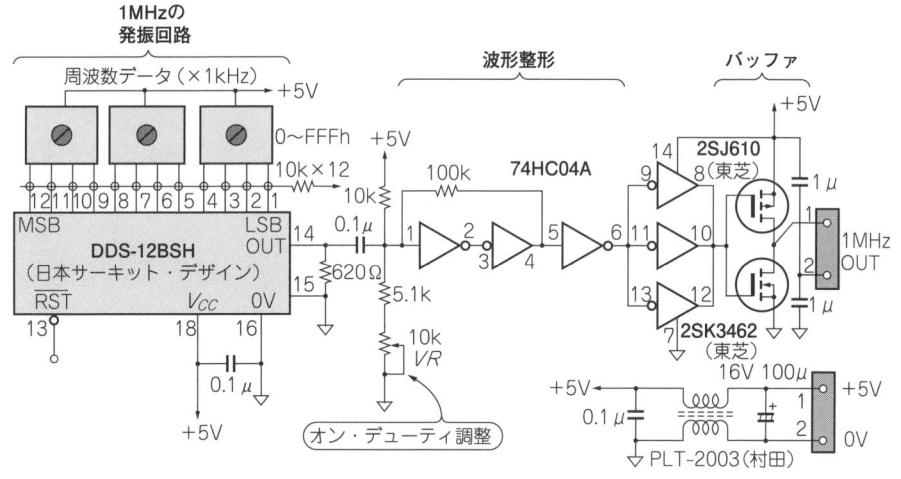

[図9-5] PZT駆動用発振回路とゲート駆動回路
ディジタル設定で高安定の1MHzを供給する

ート駆動回路は，このような大出力用パワーMOS FETを高速にドライブできるゲート駆動回路の一例です．

第8章で示した5W程度の駆動回路…ロジックIC 74HC04単体による駆動回路では大きな容量を駆動することはできません．ここではソース接地接続のPチャネルとNチャネルのパワーMOS FETによるバッファ回路で，0～5V間をフル・スイングさせています．このバッファは74HC04単体のインバータと回路的には等価です．ただしバッファ回路では，74HC04の出力電圧が，2.5Vを横切るときに同時

9-1 大出力超音波駆動用E級アンプの設計

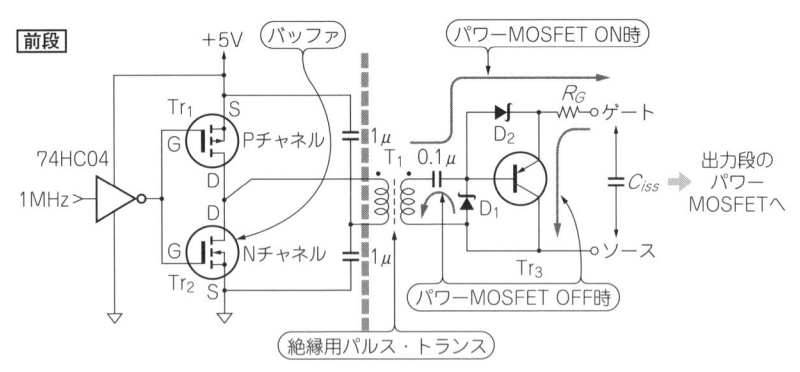

[図9-6] 数百Wの出力段パワーMOS FETを高速・確実に駆動する回路

ONしないような$V_{GS}$特性をもっている必要があります．

● 出力段は絶縁用パルス・トランスで昇圧して駆動

　本器では300Wという大出力を取り出す都合から，E級アンプの電源はACラインを直接整流した非絶縁電源140Vを使用することにしました．そのため，E級出力段パワーMOS FETは絶縁して駆動しなければなりません．しかしゲート駆動信号のデューティ比は50%なので，絶縁駆動はパルス・トランスを使うことで簡単に実現することができます．

　図9-7が，採用した駆動用パルス・トランス$T_1$周辺および出力段回路の構成です．ただし，ゲート駆動用パルス・トランスでは直流分を伝送できないため，図中に示すように，両極性の電圧波形を単極性に変換する**ダイオード・クランプ回路**を設けています．高速整流用ショットキ・ダイオードを使います．クランプ回路を使用すると，駆動用パルス・トランスの出力電圧が半分で済み，駆動電力を低減することができます．

　駆動用パルス・トランス$T_1$の巻き数比は1：2として，約$10V_{peak}$のゲート駆動電圧を生成します．駆動用パルス・トランス2次側の上側巻き線（ホット）が正のとき，ダイオード$D_2$が導通して，パワーMOS FETのゲート-ソース間を正電位にチャージします．駆動用パルス・トランスの漏れインダクタンスによって立ち上がり時間が遅くなりますが，E級アンプでは損失は増加しません．

　図9-7において，パワーMOS FETゲートの前段においたPNPトランジスタ（2SA1460）を使った放電回路も，ゲート駆動回路の重要ポイントです．駆動用パルス・トランス2次側巻き線の下側（コールド）が正になると，ダイオード$D_1$が導通

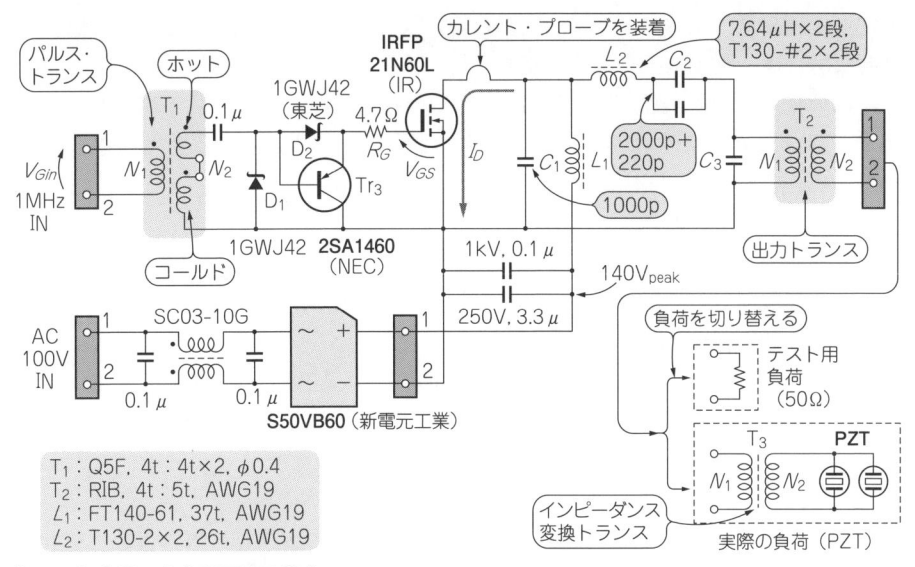

[図9-7] 本器の出力段回路の構成

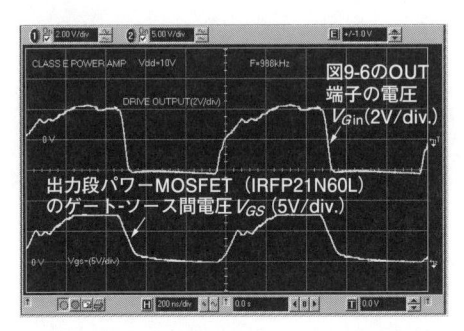

$T_1$: Q5F, 4t : 4t×2, $\phi$0.4
$T_2$: RIB, 4t : 5t, AWG19
$L_1$: FT140-61, 37t, AWG19
$L_2$: T130-2×2, 26t, AWG19

[写真9-3] 本器におけるパワー MOS FETゲートの駆動波形(200ns/div.)

します. トランジスタ$Tr_3$のエミッタ-コレクタ間も同時に導通するため, パワー MOS FETのゲート-ソース間の電位を高速に0にすることができます.

写真9-3に, 図9-7における駆動用パルス・トランス$T_1$の1次側の電圧波形とパワー MOS FETのゲート-ソース間電圧$V_{GS}$波形($V_{DD}$ = 10V)を示します.

● 300W出力のための電源電圧算出

第8章で設計したE級アンプは, 出力電力$P_{out}$が5Wと小さかったので, 出力段

9-1 大出力超音波駆動用E級アンプの設計

の電源電圧は低くてすみました．しかし，ここで紹介する数百Wという大出力が必要な場合は，電源電圧を高くします．

とはいえ，下記の条件で設計すると$LC$直列共振回路の端子電圧が高くなり，使用できるコンデンサの耐圧が制限されます．そこで共振回路と負荷との整合係数$Q_L=3$で設計することにします．

- ピーク出力電力 $P_{out}$ = 300W
- $Q_L$ = 3
- 電源電圧 $V_{DD}$ = 140$V_{DC}$
- 周波数 $f_{SW}$ = 1MHz

出力波形のひずみが大きくなりますが，負荷であるPZTが並列共振回路なので問題ありません．インピーダンス変換する前の負荷抵抗$R_L$は第7章，式(7-6)から，

$$R_L = \frac{0.5768 V_{DD}^2}{P_{out}} = \frac{0.5768 \times 140^2}{300} \fallingdotseq 37.68\,\Omega$$

回路動作テストのために，50Ω負荷と整合するためのトランスの巻き数比を計算すると，

$$\frac{N_1}{N_2} = \sqrt{\frac{R_L}{R_S}} = \sqrt{\frac{37.68}{50}} \fallingdotseq 0.868$$

トランスは使用するコアによって最大巻き数が制限されますが，$N_1$を4ターンとすると，

$$N_2 = \frac{N_1}{0.868} = 4.60 \text{ ターン}$$

となります．実際には4.6に近い5ターンとします．

トランスの1次側インピーダンス$R_S$は逆算すると，

$$R_S = R_L \times \left(\frac{N_1}{N_2}\right)^2 = 50 \times \left(\frac{4}{5}\right)^2 = 32\,\Omega$$

はじめに計算した負荷抵抗$R_L$は37.68Ωですが，ここでは$R_L$ = 32Ωで各定数を算出することになります．その結果，300W出力に必要な電源電圧$V_{DD}$は，式(7-10)を援用した次式から129Vと求めることができます．

$$V_{DD} = \sqrt{\frac{P_{out} R_L}{0.5768}} \quad\quad\quad\quad\quad\quad\quad\quad\quad\quad\quad\quad (9\text{-}1)$$

$$= \sqrt{\frac{300 \times 32}{0.5768}} = 129\text{V}$$

| 型 名 | 定格電流 [A] | インダクタンス [μH] | DC抵抗 [mΩ/line] | 温度上昇 [K] | 線径 [mmo] | 表示 | 重量 [g] |
|---|---|---|---|---|---|---|---|
| SC-02-06G | 2 | 0.6 | 50 | 40 | 0.5 | 206 | 6 |
| SC-02-10G | 2 | 1.0 | 50 | 40 | 0.5 | 210 | 7 |
| SC-02-20G | 2 | 2.0 | 70 | 40 | 0.5 | 220 | 8 |
| SC-02-30G | 2 | 3.0 | 85 | 40 | 0.5 | 230 | 9 |
| SC-03-06G | 3 | 0.6 | 30 | 40 | 0.6 | 306 | 7 |
| SC-03-10G | 3 | 1.0 | 35 | 40 | 0.6 | 310 | 8 |

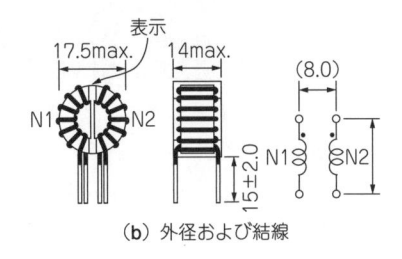

(a) 電気特性

(b) 外径および結線

**[図9-8] ACライン・フィルタの一例**（NECトーキン）
ACラインから直流をもらうことにしたので，ACラインにノイズが逆流しないようノイズ・フィルタは欠かすことができない

● 電源回路設計時のチェック・ポイント

　一般のスイッチング電源などでは，商用AC電源を直流に変換するためには容量の大きな平滑コンデンサが必要です．この大容量コンデンサがあることによって大きな突入電流が流れます．力率も低下することになります．しかし本器では平滑コンデンサは不要です．よって，突入電流の制限回路は省略することができます．

　ただし，スイッチング・ノイズがACラインに逆流するので，ノイズ・フィルタは必ず挿入します．ここではスイッチング周波数が1MHzということから，**図9-8**に示すようなノイズ・フィルタ…ライン・フィルタを使用することにしました．

　発振回路やゲート駆動回路用電源は，市販の100V入力，出力5V・0.3A以上の電源モジュールなどを使います．もちろんAC電源トランスを使用し，3端子レギュレータで安定化してもかまいません．

　なお，本器のようなスイッチング周波数固定のE級アンプの出力電力を可変したい場合は，電源電圧を可変にします．出力電圧可変型電源は，第6章で紹介したような可変電源を使用し，これに制御回路を付加すれば実現することができます．

## 9-2　1MHz・300W E級出力回路の設計

　出力段設計にひき続き，共振回路以降を詳細に設計します．回路図は**図9-7**を参照してください．計算の基本式は第7章から引用します．

● **LC共振回路の設計**

▶DC供給用コイル$L_1$
　式(7-11)から以下のように求めます．

$$L_1 = \frac{43.57 R_L}{\omega} = \frac{43.57 \times 32}{6.28 \times 10^6} \fallingdotseq 222\,\mu\mathrm{H}$$

$L_1$にはアミドン社のニッケル亜鉛系フェライトによるトロイダル・コア FT140-#61($\mu_i = 125$)と，巻き線としてAWG19($\phi\,0.9$)の耐熱より線を使います．FT140-#61の構成は巻末のAppendixを参照してください．$A_L$値が140nH(0.14$\mu$H)なので，222$\mu$Hにするための巻き数$n$は，

$$n = \sqrt{\frac{X_L}{A_L}} = \sqrt{\frac{222}{0.140}} \fallingdotseq 39.8\,\text{回}$$

と計算できます．$A_L$値はばらつくため実際には37回巻きとします．実測すると226$\mu$Hでした．

▶共振コンデンサ$C_1$

式(7-13)から以下のように求めます．

$$C_1 = \frac{0.1836}{\omega R_L} = \frac{0.1836}{6.28 \times 10^6 \times 32} \fallingdotseq 913\,\mathrm{pF}$$

この値からパワーMOS FETの出力容量($C_{oss}$)を差し引きます．後述のパワーMOS FETの耐圧計算結果から，913pFより大きい1000pFとします．コンデンサの耐圧はぎりぎりですが，500V耐圧(1kVなら安全)のディップ・マイカ・コンデンサ(双信電機の型名DM20～40)を使用しました．

▶直列共振コイル$L_2$

式(7-12)から以下のように求めます．

$$L_2 = \frac{Q_L R_L}{\omega} = \frac{3 \times 32}{6.28 \times 10^6} \fallingdotseq 15.28\,\mu\mathrm{H}$$

$L_2$は損失がもっとも気になる部品です．ここではマイクロメタル社のカーボニル鉄系トロイダル・コアT130-#2を2個重ねて，AWG19($\phi\,0.9$)の耐熱より線を巻き線します．巻末Appendixの表からT130-#2の$A_L$値は11nH/N$^2$なので，15.28$\mu$H=(7.64$\mu$H×2)を得るための1個のコア巻き数$n$は，

$$n = = \sqrt{\frac{X_L}{A_L}} = \sqrt{\frac{7.64}{0.011}} \fallingdotseq 26\,\text{回}$$

となります．

なお，$Q_L$を変更するとインダクタンスも変更する必要があるので，タップを設けてあります．写真9-4に共振コイル$L_2$の外観を示します．トロイダル・コアT130-#2を2個重ね，巻き線(電線)の被服を破ってはんだでタップを設けているところが特徴的です．

[写真9-4] 直列共振コイル$L_2$の外観
トロイダル・コアT130-#2を2個重ねて、26ターン巻き線している。電線の被服を破って、はんだでタップを設けている

▶ 直列共振コンデンサ$C_2$

式(7-14)から以下のように求めます。

$$C_2 = \frac{1}{\omega R_L (Q_L - 1.153)} = \frac{1}{6.28 \times 10^6 \times 32(3 - 1.153)}$$

$$\fallingdotseq 2.322\text{nF} = 2200 + 220\text{pF}$$

$LC$共振回路の両端には、$Q_L$に比例した電圧が発生します。$Q_L$を変更すると定数も変える必要があるので、コンデンサは数個を並列接続にして調整できるようにしておきます。$V_{DD}$を141Vとして、$C_2$の端子電圧$V_{C2}$を計算すると、式(7-16)を援用して、

$$V_{C2} = I_{out}\frac{1}{\omega C_2} = \frac{1.8621 \times 0.5678 V_{DD}}{R_L} \cdot \frac{1}{\omega C_2} \quad \cdots\cdots\cdots\cdots\cdots\cdots\cdots\cdots\cdots\cdots \text{(9-2)}$$

$$= \frac{1.0573 \times 141}{32 \times 6.28 \times 10^6 \times 2.322 \times 10^{-9}} \fallingdotseq 317\text{V}$$

となります。$Q_L$を下げることによって、$C_2$は500V耐圧のものを使用できます。

● パワーMOS FETの選定

この回路では商用AC電圧をそのまま整流して使うことにしたので、DC電源ラインの最大電圧$V_{DD}$は、$\sqrt{2} \times 100 \fallingdotseq 141$Vです。しかし、パワーMOS FETに加わる電圧と流れる電流のピーク値は式(7-8)と式(7-9)から以下のようになります。

$$V_{DS\text{max}} = 3.56 V_{DD} = 3.56 \times 141 \fallingdotseq 502\text{V}_{\text{peak}}$$

$$I_{D\text{max}} = \frac{2.86 \times 0.5768 V_{DD}}{R_L} = \frac{2.86 \times 0.5768 \times 141}{32} \fallingdotseq 7.268\text{A}_{\text{peak}}$$

よってパワーMOS FETは、耐圧が502V以上の品種を選択しますが、600V系パワーMOS FETでは、負荷オープン、ショート時に電圧マージンが不足します。しかし、コスト的には600VパワーMOS FETが圧倒的に有利です。そこでドレインのピーク電圧を少しでも抑える目的で、共振用コンデンサ$C_1$の値を変更し、ピ

ーク電圧を500V以下に抑えるようにします．

　また，スイッチング周波数は約1MHzで，ON時間とOFF時間は500nsですから，ターンOFF遅延時間$t_{d(off)}$と立ち下がり時間$t_f$の短い品種を選択します．

　結果，パワーMOS FETには600V系のIRFP21N60Lを選ぶことにしました．IRFP21N60Lの特性は巻末Appendixの表を参照してください．オン抵抗が低く（0.27Ω），立ち下がり時間が高速（10ns），ボディ・ダイオードのリカバリ時間が短い（160ns）など，ゼロ電圧スイッチング…ZVS回路に適した素子といえます．

　また，このIRFP21N60Lの$C_{oss}$は340pFとなっているので，共振コンデンサ$C_1$の値は計算で求めた913pFから，$C_{oss}$ 340pFを差し引いた573pFとなります．しかし実際には，この値より大きな1000pFを使用することで，ピーク電圧を500V以下に抑えました．

　パワーMOS FETは高耐圧な品種ほどオン抵抗$R_{DS(on)}$が高くなる傾向があり，スイッチON時の導通損失が増加しそうですが，本器では高い電源電圧で動作させており，回路に流れる電流を小さくできるので，損失は小さくなります．

● 三つのトランスを設計する
▶ゲート駆動用パルス・トランス$T_1$

　E級出力段に使用するパワーMOS FET IRFP21N60Lの入力容量$C_{iss}$は何と4000pFもあります．この$C_{iss}$を1MHzで駆動するとなると，相当のゲート駆動電力が必要になります．ゲート駆動電力$P_{CG}$[W]は式(7-26)から算出することができます．

$$P_{CG} = Q_g \cdot V_{GS} \cdot f_{SW}$$

これにIRFP21N60Lの特性表から，$Q_g$ = 150nC，$V_{GS}$ = 8V，$f_{SW}$ = 1MHzを代入すると，

$$P_{CG} = (150 \times 10^{-9}) \times 8 \times (1 \times 10^6) ≒ 1.2W$$

と求まります．この程度の電力ならば，ゲート駆動トランスは小型コアで済みます．

　500nsのパルスを伝送できれば良いので，必要なインダクタンスは，サグを10%，回路の抵抗$R_A$[Ω]を5Ωと仮定して計算します．パルス・トランスの2次インダクタンス$L_{S(T1)}$[H]は次式で算出します．

$$L_{S(T1)} = \frac{R_A \times 500 \times 10^{-9}}{\ln\left(\frac{100}{100-10}\right)} \quad\quad\quad\quad\quad\quad\quad (9\text{-}3)$$

[写真9-5] 巻き終えた出力トランス$T_2$の外観（$T_3$は巻き数が異なる）

$$= \frac{5 \times 500 \times 10^{-9}}{\ln 1.11} \fallingdotseq 23.7\,\mu H$$

コア材にはトミタ電機の小型2ホール・コアRID8×14×15H5を使用しました。2ホール・コアRID8の特性も巻末のAppendixに示します．このコアに1次側4回，2次側を4回+4回巻き（トリファイラ巻き）します．この8回巻きで，インダクタンス$L_S$は20.6 $\mu H$，1次側は1/2の4回巻きの5 $\mu H$になりました．

▶出力用インピーダンス変換トランス$T_2$

2ホール・コアRIB21×42×40-7×2（トミタ電機）を使用します．巻き終えたところを写真9-5に示します．50Ωラインでの2次インダクタンス$L_{S(T2)}$は，回路インピーダンス（50Ω）の10倍以上のリアクタンスが必要なので，最低値を次式から算出します．

$$L_{S(T2)} \geq \frac{10 \times 50}{\omega} = \frac{500}{6.28 \times 10^6} \fallingdotseq 79.58\,\mu H$$

5回巻きで125 $\mu H$のインダクタンスが得られます．AWG19（φ0.9）の耐熱より線を1次側に4回，2次側に5回巻いて，32Ω：50Ω変換とします．出力トランス$T_2$はインピーダンス変換トランスにもなっています．

▶PZT用インピーダンス変換トランス$T_3$

$T_3$の巻き数比は，水があるときのPZTインピーダンス-周波数特性の測定データ[図9-3(b)]から次のように算出できます．

$$\frac{N_1}{N_2} = \sqrt{\frac{R_L}{R_S}} = \sqrt{\frac{50}{18.27}} \fallingdotseq 1.33$$

この計算では巻き数$N_1$=4ターン，$N_2$=3ターンとなります．しかし，後述の実験結果から，6：4（=1.5：1）に巻き数比を変更しています．使用するトランスは$T_2$と同じく2ホール・コア RIB21×42×40-7×2（トミタ電機）です．

なお，図9-7からわかるように$T_2$と$T_3$は直列接続なので，ここにはむだがあります．$T_2$と$T_3$をPZT用の1個のインピーダンス変換トランス$T_{23}$にすることは可

[写真9-6] 1MHz・300W 出力E級アンプの試作基板

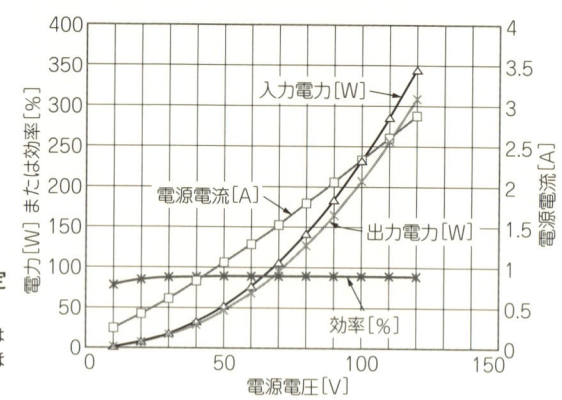

[図9-9] 電源電圧を変えながら測定した出力電力-変換効率特性
出力電力は$V_{DD}$の2乗に，電源電流は$V_{DD}$に比例する．変換効率は90％弱でほぼ一定

能です．このとき$T_{23}$の巻き数比は$N_1:N_2=2:1$とします．

## 9-3　1MHz・300W E級アンプの評価試験

● 出力電力-変換効率特性

　でき上がった試作回路を写真9-6に示します．まずは抵抗負荷で動作させることからはじめます．また動作試験のはじめはAC電源ではなく，直流安定化電源を使って回路に電源供給します．電流リミッタは2～3Aに設定します．

　最初は，電源電圧を数十Vに設定して，パワーMOS FETのゲート-ソース間電

圧$V_{GS}$が約8$V_{peak}$になっていることを確認します．

図9-9に電源電圧を変えながら測定した出力電力-変換効率特性を示します．出力電力は$V_{DD}$の2乗に比例，電源電流は$V_{DD}$に比例しています．変換効率は90％弱で一定です．E級アンプでは，負荷$R_L$および$LC$素子の共振周波数が設計値に近くないと，正しいZVS動作から外れて，スイッチON時の損失とノイズが増加し，変換効率が低下します．

本例のように負荷インピーダンス$R_L$が大きく変化する用途では，インピーダンス変換トランスを使用して，最適動作点に合わせることが重要です．

● E級動作の確認
▶ $V_{DD}$ = 100V, $R_L$ = 50Ω

写真9-7がPZTの代わりに抵抗負荷で動作させたときの，パワーMOS FETのドレイン-ソース間電圧$V_{DS}$とドレイン電流$I_D$の動作波形です．写真(a)に，$R_L$ =

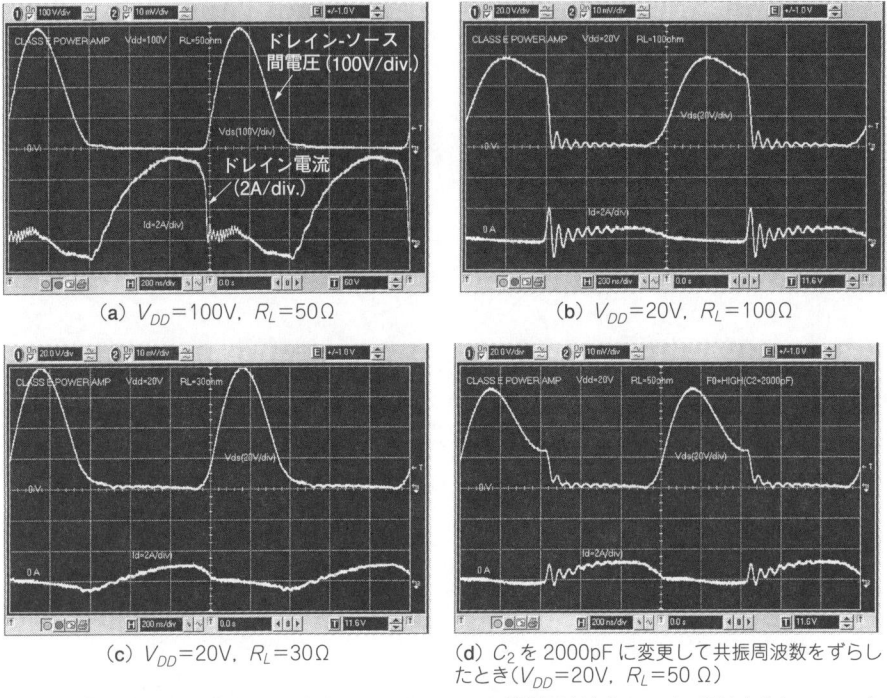

(a) $V_{DD}$=100V, $R_L$=50Ω

(b) $V_{DD}$=20V, $R_L$=100Ω

(c) $V_{DD}$=20V, $R_L$=30Ω

(d) $C_2$を2000pFに変更して共振周波数をずらしたとき（$V_{DD}$=20V, $R_L$=50Ω）

[写真9-7] 抵抗負荷で動作させたときのドレイン-ソース間電圧（上）とドレイン電流（下）（200ns/div.）

9-3 1MHz・300W E級アンプの評価試験 | 141

$50\,\Omega$, $V_{DD} = 100\mathrm{V}\,(P_{out} = 200\mathrm{W})$ のときの $V_{DS}$ と $I_D$ 波形を示します. $V_{DS}$ が0になってから, $I_D$ が流れ始めているのがわかります.

▶ $V_{DD} = 20\mathrm{V}$, $R_L = 100\,\Omega$

$V_{DD}$ を20Vに下げて, E級動作から外れたときの波形を確認します. 写真(b)に示すのは, $R_L$ の値が設計値より高い(100Ω)ときの動作波形です. スイッチONのタイミングにおいて, ドレイン電圧は0になっていません. ON時にドレイン電流が流れ, 電圧と電流波形の重なりが認められます.

▶ $V_{DD} = 20\mathrm{V}$, $R_L = 30\,\Omega$

写真(c)に示すのは $R_L$ が低い(30Ω)ときの動作波形です. ONする以前に $V_{DS}$ が0付近になっていますが, ZVS動作には近づいているので, 負荷インピーダンスが低いときは安全といえます.

▶ $C_2$ を2440pFから2000pFに変更

共振周波数が合っていないときの動作波形を写真(d)に示します. LC共振周波数が高いときの動作を観測するために, $C_2$ を2440pFから2000pFに変更しました. 共振周波数が高くなったので, 正弦半波の周期が短く, $V_{DS}$ が0にならないタイミングで $I_D$ がONしているのが観測できます.

● **負荷オープン/ショート時の動作**

パワーMOS FETの $V_{DS}$ の最大電圧にマージンがあれば, E級アンプの負荷をショートしても安全です. しかし, 負荷がオープンになったときは問題になりますから確認しておきましょう. **写真9-8**に負荷をオープン/ショートしたときのドレイン-ソース間電圧 $V_{DS}$ とドレイン電流 $I_D$ の動作波形を示します.

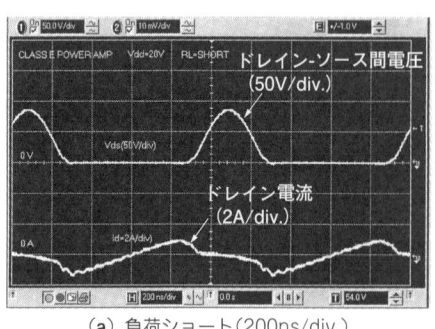

(a) 負荷ショート(200ns/div.)　　(b) 負荷オープン(100ns/div.)

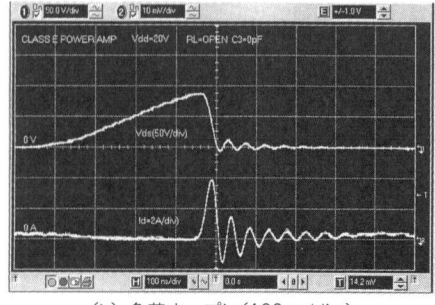

[写真9-8] **負荷をショートしたときとオープンにしたときのドレイン-ソース間電圧(上)とドレイン電流(下)波形**

▶負荷ショート動作

写真(a)に示すのが，$V_{DD} = 20$Vで負荷をショートしたときの$V_{DS}$と$I_D$の波形です．計算では$V_{DS}$のピーク電圧は，$V_{DD}$の3.562倍（71.24$V_{peak}$）になるはずですが，波形を見ると計算値より少し高くなっています．$I_D$を見ると0を中心に振動していますが，これはパワーMOS FETのボディ・ダイオードに電流が流れているからです．したがって，電源電流の平均値はほぼ0です．

▶負荷オープン動作

写真(b)に示すのが，負荷オープン時の波形です．パワーMOS FETがONしたときに，$V_{DS}$と$I_D$が完全に重なって，大きな電力を消費しています．これでは安全動作領域をオーバーして破損する可能性があります．大きな$I_D$が流れている時間はきわめて短く，また電源電流の平均値も小さいため，見逃してしまいそうです．

▶破壊対策後の負荷オープン動作

負荷オープン時の破壊を対策するには，E級アンプの出力端子，つまり整合トランスの入力側にコンデンサ$C_3$を並列接続します．

$C_3$を挿入して，出力端子を開放した状態を観測した波形を**写真9-9**に示します．$V_{DS}$と$I_D$の波形の重なりが小さくなっています．

$C_3$を追加することにより，$R_L$が低下して，出力電力が少し増加します．$C_3$（620pF）の1MHzでのリアクタンス$X_{C3}$は次式で計算します．

$$X_{C3} = \frac{1}{2\pi f_{C3}} = \frac{1}{6.28 \times 10^6 \times 620 \times 10^{-12}} \fallingdotseq 256\,\Omega$$

$C_3$のリアクタンスは，$R_L$の5～10倍程度になるようにします．$C_3$を挿入するこ

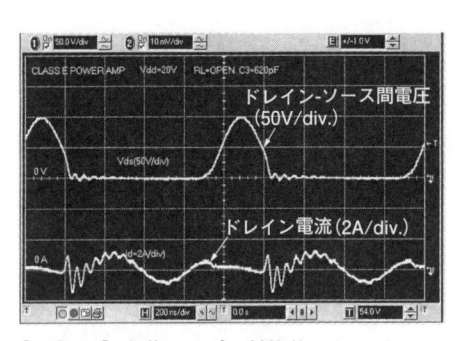

[写真9-9] 負荷オープン対策後のドレイン-ソース間電圧(上)とドレイン電流(下)波形(200ns/div.)
E級アンプの出力端子つまり整合トランスの入力側にコンデンサC3を並列接続した

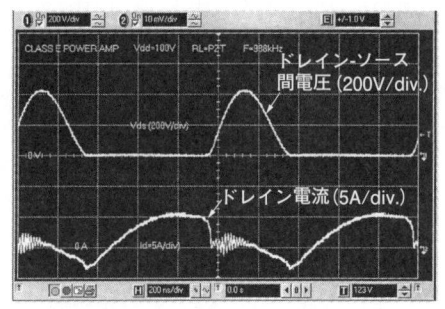

[写真9-10] PZTを接続したときのドレイン-ソース間電圧(上)とドレイン電流(下)波形 (200ns/div.)
$V_{DD}$=100V，$f$=988kHz

とにより，$R_L(32\Omega)$は次のように低下します．

$$R_{La} = \frac{R_L}{1+\left(\dfrac{R_L}{X_{C3}}\right)^2} \quad\cdots\cdots\cdots\cdots\cdots\cdots\cdots\cdots\cdots\cdots\cdots\cdots\cdots\cdots\cdots\cdots\cdots\cdots\cdots\cdots (9\text{-}4)$$

$$= \frac{32}{1.015} \fallingdotseq 31.5\,\Omega$$

式(9-4)の導出方法は章末のコラムを参照してください．

● **PZTを接続して動作させる**

　実際の負荷は，抵抗ではなくリアクタンス$X_C$や$X_L$を含む超音波振動子PZTです．PZTのインピーダンス特性は，加える電圧，温度，水位などによって変化しますから，実際にPZTを接続して波形を確認する必要があります．

　写真9-10に示すのが$V_{DD}$ = 100V，駆動周波数988kHzで，洗浄器に水を入れたときの$V_{DS}$と$I_D$の波形です．

　試作器には，$T_3$とPZTを接続しています．$T_3$の巻き数を$N_1$ = 4ターン，$N_2$ = 3ターン（1.333：1）としてインピーダンスを測定すると図9-10のようなインピーダンス-周波数特性になりました．$T_3$の入力側から見たインピーダンスは50Ωに近づいています．

　PZTの測定電圧が0dBmと低いため，このような結果が得られましたが，大きな電圧で駆動するとインピーダンスは下がる傾向があります．そこで実際には，

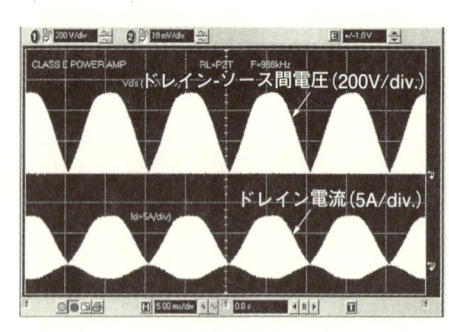

[写真9-11] AC電源を供給して最終動作を確認した（5ms/div.）

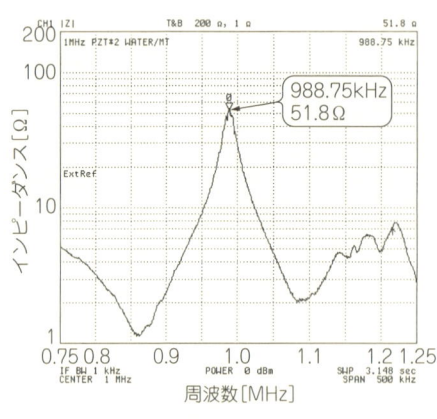

[図9-10] 超音波洗浄器の洗浄槽に水があるときのPZTのインピーダンス-周波数特性

$T_3$の巻き数比を$N_1 = 6$ターン，$N_2 = 4$ターン(1.5：1)に変更することにしました．

● ACラインを整流した電源を供給して最終動作の確認

100VのACラインを整流した電源をE級アンプに供給し，PZTを駆動します．オシロスコープのグラウンドは，ACラインの一端に接続されていますから，各測定器には絶縁トランスを設置して感電を防止します．

写真9-11に$V_{DS}$と$I_D$波形を示します．この波形はACライン同期でトリガしています．

予想どおりの波形で，PZTに加わる電圧波形は，$V_{DS}$波形を折り返したAM変調波形(振幅変調)です．$V_{DS}$のピーク電圧は500Vに抑えられています．$I_D$のピーク電流は約7.5$A_{peak}$となっており，設計値より少し大きめです．

---

### Column

#### 並列インピーダンス-直列インピーダンスの変換方法

図9-A(a)に示す並列回路とインピーダンスが等しい直列回路[図9-A(b)]の定数を求める方法を紹介します．

並列回路のインピーダンス$Z_{par}$は次式のようになります．

$$Z_{par} = \frac{R_1}{1+s^2} + j\frac{s^2}{1+s^2}X_1$$

ただし，$s = \dfrac{R_1}{X_1}$

この並列回路とインピーダンスが等しい，直列回路の定数は次式で求まります．

$$R_2 = \frac{R_1}{1+s^2} + \frac{s}{1+s^2}X_1$$

$$X_2 = \frac{s^2}{1+s^2}X_1 = \frac{s}{1+s^2}R_1$$

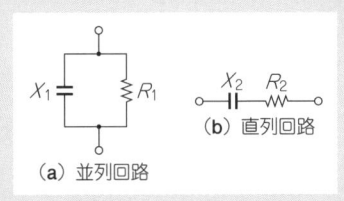

[図9-A] 並列-直列変換の方法
(a) 並列回路
(b) 直列回路

## Column

### 共振回路用の高耐圧コンデンサについて

本書で紹介するZVS回路およびE級アンプにおいては，LC共振回路が重要な役割をはたし，高効率スイッチング回路を実現してくれます．しかし，唯一といえる欠点があります．LC共振によってコンデンサおよびパワーMOS FETに，電源電圧の3.5倍強の電圧が加わるということです．パワーMOS FETは，スイッチング電源のワールド・ワイド対応の影響もあって高耐圧化が進んでいますが，($Q$の高い)高周波対応の高耐圧コンデンサとなると種類が限られています．

pFオーダのコンデンサとしては，マイカ・コンデンサしかありません．これは双信電機，あるいは(有)松崎電機製作所のモールド(ケース型)マイカ・コンデンサ，あるいはディップ・マイカ・コンデンサです．表9-Aに双信電機のマイカ・コンデンサのダイジェストを示します．

容量が少し大きいところでは，メタライズド・ポリプロピレン・コンデンサになります．これらは神栄キャパシタ(株)，あるいは日本ケミコン(株)などから市販されています．表9-Bにメタライズド・ポリプロピレン・コンデンサのダイジェストを示します．

マイカ・コンデンサもポリプロピレン・コンデンサも地味ですが，非常に重要なキーパーツであると言えます．

[表9-A] 高耐圧マイカ・コンデンサ(双信電機)の一例
いずれのシリーズも精度等で細かく種類が分かれている．詳細は個別データシートで確認していただきたい

| モールド・マイカ | 容量 | 定格電圧[WV] |
|---|---|---|
| CM15シリーズ | 1p～560pF | 300 / 500 |
| CML2シリーズ | 560p～7500p<br>560p～6800p<br>560p～3300p<br>330p～510p | 300<br>500<br>1000<br>1500 |
| CM20シリーズ | 1p～300p | 1500 |

| ディップ・マイカ | 容量 | 定格電圧[WV] |
|---|---|---|
| DM05タイプ | 1p～120pF | 300 |
| DM10タイプ | 1p～240pF | 500 |
| DM15タイプ | 1p～750pF | 500 |
| DM19タイプ | 10p～5100pF | 500 |
| DM20タイプ | 1000p～10000pF | 500 |
| DM30タイプ | 1000p～22000pF | 500 |
| DM42タイプ | 16000p～51000pF | 500 |

[表9-B] 高耐圧メタライズド・ポリプロピレン・コンデンサの一例

| シリーズ名 | 容量 | 定格電圧[V] |
|---|---|---|
| FLSシリーズ | 0.01μ～0.1μF | 800～1800 |
| FKSシリーズ | 0.00022μ～0.0075μF | 1800 |
| FGSMシリーズ | 0.01μ～4.7μF | 250～630 |
| DHSMシリーズ | 0.047μ～10μF | 250～400 |

(a) 神栄キャパシタ

| シリーズ名 | 容量 | 定格電圧[V] |
|---|---|---|
| TACE | 0.47μ～22μF | 250～1000 |
| TACD | 0.033μ～22μF | 250～1000 |
| TACC | 1.0μ～18μF | 450～1000 |
| TACB | 0.033μ～22μF | 250～800 |
| HACE | 0.18μ～1.5μF | 630～2000 |
| HACD | 0.0033μ～1.5μF | 630～4000 |
| HACB | 0.001μ～1.2μF | 630～4000 |

(b) 日本ケミコン

パワー MOS FETの高速スイッチング応用

# 第10章
# 3.5MHz・150W プッシュプルE級アンプの設計

本章では3.5MHz・150WのE級アンプを設計します．
プッシュプルE級アンプの解析や設計手順を紹介した文献は
あまりありません．
ここでは第8章で紹介した基本的なシングルE級アンプをベースに，
プッシュプル出力に発展させます．

## 10-1　プッシュプル出力のメリット

● なぜプッシュプル出力回路にするのか

　第8章で紹介したように，E級アンプの基本であるシングル・スイッチングは回路構成がシンプルであることが特徴です．しかし，シングル・スイッチング回路は第8章，第9章の実験から，以下の問題点をあげることができます．E級アンプを本格実用するには，これらを解決しておく必要があります．

- 大きな出力電力を得ようとすると，負荷抵抗$R_L$を低くする必要がある
- シングル出力では，出力段パワー MOS FETのドレイン電圧が最大で$V_{DD}$の3.56倍になる．そのため電源電圧を高くして大きな電力を出力するには，3.56$V_{DD}$以上の耐圧をもつパワー MOS FETを選定する必要がある．高耐圧パワー MOS FETは一般にオン抵抗が高い．
- 負荷との整合係数$Q_L$を小さく設計すると出力波形のひずみが大きくなる．そのため出力段にロー・パス・フィルタを用意する必要があり，部品点数が増える．
- 波形ひずみを小さくするために整合係数$Q_L$を大きく設計すると，帯域幅が狭くなり，LC共振回路の定数設定がシビアになる．
- $Q_L$を大きく設計すると，共振回路の$L_2$および$C_2$の端子電圧が高くなる．結果として$L_2$の損失が大きくなり，$C_2$の耐圧も高くする必要がある．($L_2$, $C_2$については第7章，図7-1を参照)

　しかし，出力回路をプッシュプル構成にすると一般には偶数次のひずみが抑圧さ

れ，低い電源電圧で大きな出力電力を得ることができます．また，共振回路では$Q_L$を小さく設計することができ，結果として周波数帯域を広くすることが可能になります．

● 設計するプッシュプルE級アンプの主な仕様

図10-1に示すのは，E級アンプをアマチュア無線のCW(電信)トランシーバのブースタ・アンプとして応用する例です．入力となるトランシーバ出力をダイオードで整流して，送信/受信(Tx/Rx)切り替えリレーをON/OFFします．つまり，送信時はE級アンプを接続し，受信時にはE級アンプをバイパスします．E級アンプは入力信号がないときには電源電流が流れないので，電源の切り替えは不要です．

設計・試作するE級アンプの主な仕様は，

周波数 $f_{SW}$ = 3.5MHz
出力 $P_{out}$ = 150W
回路側から見た負荷抵抗 $R_{La}$ = 12.5Ω
負荷抵抗 $R_L$ = 50Ω
電源電圧 $V_{DD}$ = 0〜50V

とします．写真10-1に示すのは試作したプッシュプルE級アンプの外観です．試作後に実測した出力電力は156Wでした．図10-2に全回路図を示します．

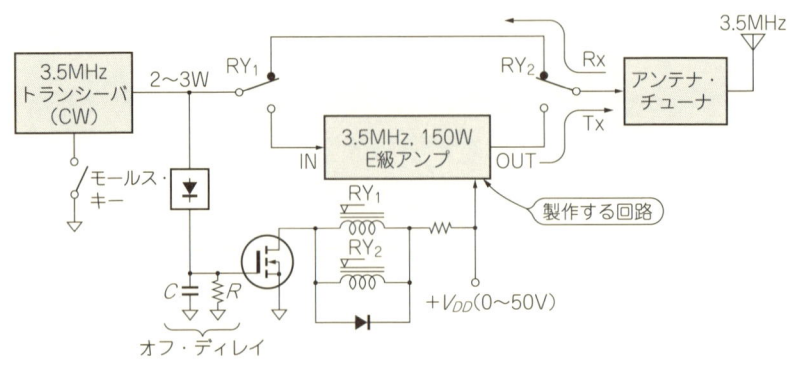

[図10-1] 試作する3.5MHz・150W E級アンプのCW(電信)用ブースタへの応用例

[写真10-1] 試作した3.5MHz・150W プッシュプルE級アンプの実装基板

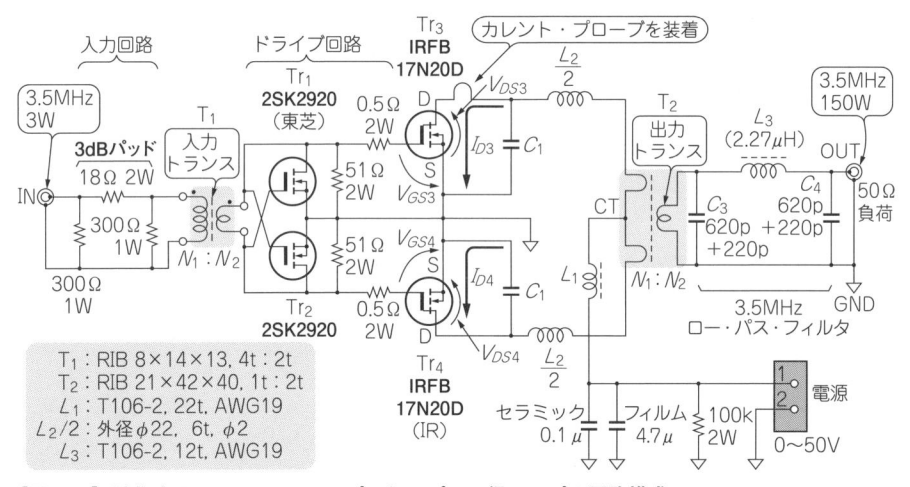

[図10-2] 試作する3.5MHz・150W プッシュプルE級アンプの回路構成

## 10-2　プッシュプルE級アンプ設計のあらまし

● シングル出力→プッシュプル出力への回路変換

図10-3に示すのは，シングルE級アンプの基本回路をプッシュプル回路化したときの基本形です．

DC電流供給用インダクタ$L_1$は1個とし，コンデンサ$C_2$を省略するため，式(7-14)の，

$$C_2 = \frac{1}{\omega R_L (Q_L - 1.153)}$$

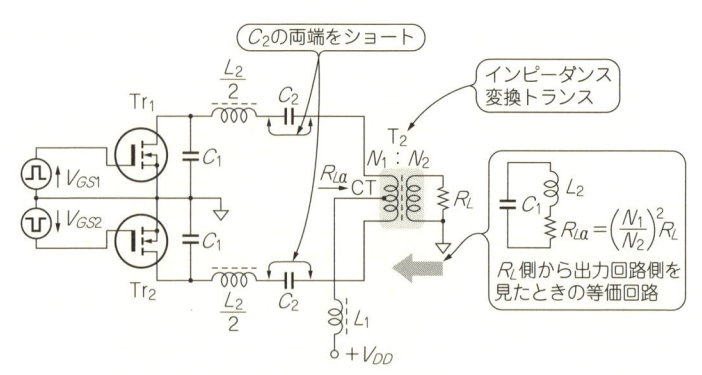

[図10-3] プッシュプルE級出力回路の基本形

から，$Q_L$を1.153（他の文献では1.8以下）[7]に近づけて設計します．こうすることにより$C_2$の静電容量は無限大となり，$C_2$を削除することができます．

センタ・タップ(CT)付き出力トランス$T_2$は，プッシュプル出力（逆位相）の合成とインピーダンス変換を兼ねています．この回路の等価回路はパワーMOS FET（$Tr_1$，$Tr_2$）のいずれかがONするので，$C_1$と$LR$直列回路が並列接続した等価回路になります．

この回路における負荷との整合係数$Q_L$は，

$$Q_L = \frac{\omega L_2}{R_{La}} \quad \cdots\cdots\cdots\cdots\cdots\cdots\cdots\cdots\cdots\cdots\cdots\cdots\cdots\cdots\cdots (10\text{-}1)$$

特性インピーダンス$Z_0$は次のとおりです．

$$Z_0 = \sqrt{\frac{L_2}{C_1}}$$

● 直列共振用インダクタ$L_2$をアレンジする

図10-4に示すのは，$L_2$を1個で済ませるための回路例です．こうするとしかし，トランス$T_2$の1次側に加わる電圧が高くなる欠点があります．$L_2$は負荷抵抗$R_L$と直列接続されているので，回路側から見た負荷抵抗$R_{La}$は，$X_2 = 2\pi f_{SW} L_2$とすれば，

$$R_{La} = \left(\frac{N_1}{N_2}\right)^2 \sqrt{R_L{}^2 + X_2{}^2} \quad \cdots\cdots\cdots\cdots\cdots\cdots\cdots\cdots\cdots\cdots\cdots (10\text{-}2)$$

となります．

図10-5に示すのは，センタ・タップ付きのトランスを使い，トランスをインダクタとしても動作させる回路です．図10-4に示した直列共振用インダクタ$L_2$も省

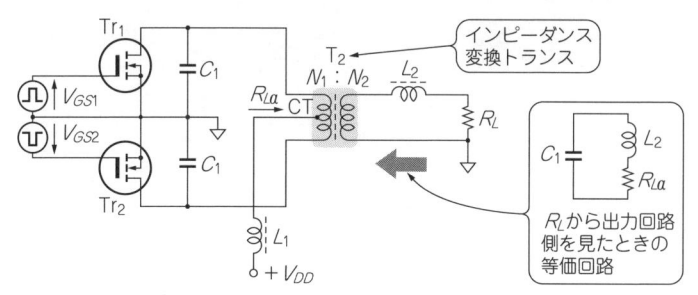

[図10-4] 図10-3における$L_2$を1個で済ませるための出力回路

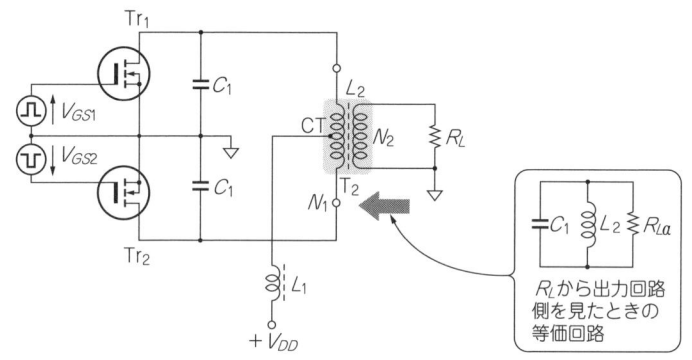

[図10-5] センタ・タップ付きのトランスを使い，トランスをインダクタとしても機能させるプッシュプル出力回路の構成例

略することができます．ただし$L_2$の両端電圧が高いので，コイルに生じる損失には注意します．

**図10-5**に示す等価回路は$C_1$，$L_2$と見かけの負荷抵抗$R_{La}$の並列回路で表されます．この回路における負荷との整合係数$Q_L$は式(10-1)の逆になって，

$$Q_L = \frac{R_{La}}{\omega L_2} = \omega C_1 R_{La} \quad \cdots\cdots\cdots\cdots\cdots\cdots\cdots\cdots\cdots\cdots\cdots\cdots\cdots\cdots\cdots\cdots\cdots\cdots (10\text{-}3)$$

● プッシュプルE級アンプのドライブ回路設計

E級アンプは通常，デューティ比を0.5(50％)で動作させます．そのため，出力段を受けもつパワーMOS FETのゲート・ドライブには絶縁トランスを使用することができます．

**図10-6**に示すのは，絶縁トランスを使用した基本的なゲート・ドライブ回路です．この例ではトランス$T_1$の2次側にはセンタ・タップを設けず，ゲート抵抗$R_{G1}$

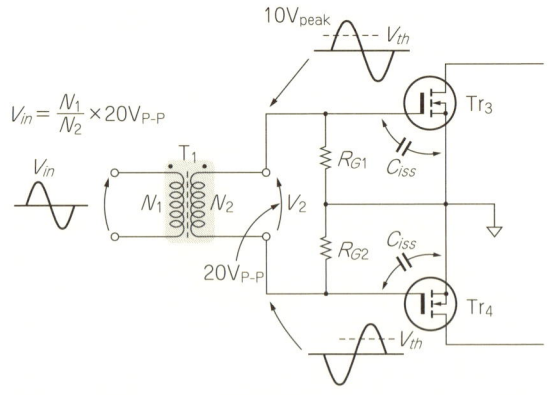

[図10-6] 絶縁トランスを使用するプッシュプル出力回路のゲート・ドライブ回路例

と$R_{G2}$で中間電位を発生させています．このような回路でパワー MOS FET をドライブするには，次のような考慮が必要です．

E級アンプに使用するパワー MOS FET においては，すでに第7章でターン OFF 時間$t_f$が重要であると示していますが，$t_f$はゲート-ソース間に挿入するゲート抵抗$R_G$とパワー MOS FET 自身の入力容量$C_{iss}$に依存します．$R_G$と$C_{iss}$の時定数を短くするには，$C_{iss}$の小さなパワー MOS FET を選択し，$R_G$をできる限り低い抵抗値とします．$R_G$で消費する電力も無視できません．

たとえばトランス$T_1$の2次電圧$V_2$を$20V_{P-P}$（$7.1V_{RMS}$），$R_{G1} = R_{G2} = 12.5\Omega$とすると，$R_G$で消費する電力$P_{drg}$は，

$$P_{drg} = \frac{V_2^2}{R_G} \quad\quad\quad\quad\quad\quad\quad\quad\quad\quad\quad\quad\quad\quad\quad\quad (10\text{-}4)$$

$$= \frac{7.1^2}{25} \fallingdotseq 2W$$

ですが，これに$C_{iss}$を充放電するためのゲート・ドライブ電力が加わります．

● ターン OFF 時間$t_f$を高速化するドライブ回路

図10-7に示すのは，E級アンプにおける出力段パワー MOS FET のゲート駆動に適した回路方式です．この回路は，パワー MOS FET ターン OFF 時のスイッチング損失の低減に効果があります．図10-7におけるゲート抵抗$R_{G1}$，$R_{G2}$は，直流的なハイ・インピーダンス状態を回避するための抵抗で，ここで消費される電力はかなり小さくなっています．

入力トランス$T_1$の2次側$N_2$のドライブ電圧$V_2$はパワーMOS FET($Tr_1$と$Tr_2$)でクランプされるので，図10-6に示した回路の1/2ですみます．たとえば使用するパワーMOS FETのゲートON電圧$V_{GSon} = 8V_{peak}$，$Q_g = 33nC$とすると，周波数3.5MHzでのゲート駆動電力$P_{dg}$は，

$$P_{dg} = 2V_{GSon}\,Q_g\,f_{sw} \quad\cdots\cdots\cdots\cdots\cdots\cdots\cdots\cdots\cdots\cdots\cdots\cdots\cdots (10\text{-}5)$$
$$= 2 \times 8 \times 33 \times 10^{-9} \times 3.5 \times 10^6 = 1.85W$$

です．

図10-8に，図10-7のゲート・ドライブ回路における二つの動作モードを示します．

図(a)が，駆動トランス$N_2$側の電圧$V_2$が正になったときの動作です．$Tr_1$がOFF，$Tr_2$がONするとボディ・ダイオード$BD_2$が短絡され，上側$Tr_3$のゲート-ソース間がONします．このとき下側$Tr_4$のゲート-ソース間は高速にOFFされます．

図(b)は$N_2$側の電圧$V_2$が負になったときの動作で，図(a)の動作と逆となり，$Tr_3$を高速にOFFします．

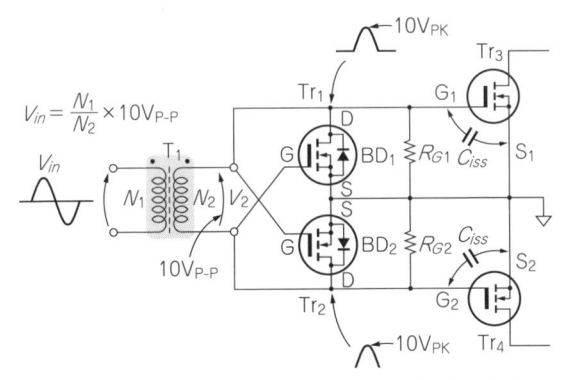

[図10-7] パワーMOS FETのスイッチング・ターンOFFを高速化したゲート・ドライブ回路

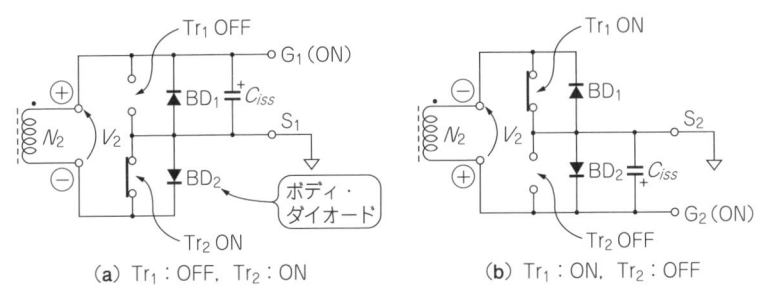

[図10-8] 図10-7における回路の動作モード

(a) $Tr_1$：OFF，$Tr_2$：ON
(b) $Tr_1$：ON，$Tr_2$：OFF

## 10-3　3.5MHz・150W プッシュプルE級アンプの定数設計

### ● パワーMOS FETの選択

　本章では3.5MHz…高周波(HF)帯のスイッチング・パワー・アンプを設計します．しかし，高周波帯で使えるパワーMOS FETの品種はあまり多くありませんし，あったとしても高価です．

　ここではスイッチング電源用に使われているパワーMOS FETのなかから，高速スイッチングが可能なインターナショナル・レクティファイアー社(IR社)のIRFB17N20Dを選択しました．巻末AppendixにIRFB17N20Dの主な電気的特性を示します．

　使用したIRFB17N20Dは，入力容量$C_{iss}$が小さいのが特徴です．スイッチング特性やゲート・チャージなどにも注目してください．最大ドレイン電圧$V_{DSS}$は200Vなので，電源電圧$V_{DD}$は200V/3.56＝56.1V以下で使用します．放熱板は250×120mm，板厚4mmのアルミ板で十分です．

### ● 入力およびゲート・ドライブ回路

　本回路の入力電力は3.5MHzで2～3W程度必要です．入力側に抵抗減衰器(パッドと呼ぶ)で約3dB減衰させます．パッドはリニア・アンプなどでは入力開放時の発振防止に使われますが，ここでは入力トランス$T_1$の1次側インピーダンスが容量性になるので，入力側での反射を小さくする目的で挿入します．入力トランス$T_1$は信号レベルを調整する働きも行っています．約1/2にレベルを落として$20V_{p-p}$としています．コアには2ホール・トランス(D12A) RIB 8×14×13を使用しています．

　入力における減衰器としてはほかに，第4章，図4-16に示したように直列インダクタを接続し，容量成分をキャンセルする方法も多く使われています．

　ゲート・ドライブ回路は図10-7で説明したとおり，E級動作に適した構成となります．詳細は省略します．$R_{G1}=R_{G2}=51\Omega$のゲート-ソース間抵抗はもっと高い値でもかまいませんが$R_G$は安定動作をさせるため，ドライブ電力の許す範囲で低い値とします．

### ● 電源供給コイル$L_1$，直列共振用コイル$L_2$

　電源供給のためのコイル$L_1$のインダクタンスはおよその値(回路動作インピーダ

ンスの10倍以上)でよく,

$$L_1 \geqq \frac{10R_{La}}{2\pi f_{sw}} \quad \cdots\cdots\cdots\cdots\cdots\cdots\cdots\cdots\cdots\cdots\cdots\cdots\cdots\cdots\cdots\cdots\cdots\cdots\cdots\cdots\cdots (10\text{-}6)$$

$$= \frac{10 \times 12.5}{2\pi \times 3.5 \times 10^6} = 5.6\,\mu\mathrm{H}$$

とします.コアにはカーボニル鉄系トロイダル・コア T106-#2(マイクロメタル社)を使い,巻き数$N$は,次式から,

$$N = \sqrt{\frac{L_1}{A_L}} \quad \cdots\cdots\cdots\cdots\cdots\cdots\cdots\cdots\cdots\cdots\cdots\cdots\cdots\cdots\cdots\cdots\cdots\cdots\cdots\cdots\cdots (10\text{-}7)$$

$$= \sqrt{\frac{5.6\,\mu\mathrm{H}}{13.5\mathrm{nH}}} = 20.36\,\text{回}$$

ですが,最大電流が約4Aになるので AWG19 ワイヤ($\phi$ 0.9)を最大巻き数の22回巻きます.

直列共振用コイル$L_2$は$C_2$を省略するため,$Q_L = 1.8$として計算すると,

$$L_2 \geqq \frac{Q_L \cdot R_{La}}{2\pi f_{sw}} \quad \cdots\cdots\cdots\cdots\cdots\cdots\cdots\cdots\cdots\cdots\cdots\cdots\cdots\cdots\cdots\cdots\cdots\cdots (10\text{-}8)$$

$$= \frac{1.8 \times 12.5}{2\pi \times 3.5 \times 10^6} = 1.023\,\mu\mathrm{H} \fallingdotseq 1\,\mu\mathrm{H}$$

となります.

ここで図10-2に示した$L_2/2$コイルは,$L_2$の半分の0.5$\mu$Hとなり,$\mathrm{Tr}_3$と$\mathrm{Tr}_4$にそれぞれ直列に接続します.インダクタンスは0.5$\mu$Hと小さいため,空芯コイルで

[写真10-2] 直列共振コイル$L_2$と出力トランス$T_2$

実現できます．外形を$\phi 22$として外径2mmのホルマール線を6回巻きます．これを**写真10-2**に示します．

● **$Tr_3$，$Tr_4$の並列コンデンサ$C_1$，$C_2$**

プッシュプルE級アンプは，スイッチング周波数と$C_1$，$L_2$による共振周波数$f_0$が等しいという特徴をもっています．そして，並列コンデンサ$C_1$は簡単に算出できます．$C_2$は$C_1$と同じ値になります．

$$C_1 = \frac{1}{(2\pi f_{sw})^2 L_2} = \frac{1}{(2\pi \times 3.5 \times 10^6)^2 \times 1.023 \times 10^{-6}} = 2021 \text{pF}$$

または，

$$C_1 = \frac{1}{2\pi f_{sw} Q_L R_{La}} = \frac{1}{2\pi \times 3.5 \times 10^6 \times 1.8 \times 1.25} = 2021 \text{pF}$$

で求めることができます．

LC共振回路の特性インピーダンス$Z_0$は，

$$Z_0 = \sqrt{\frac{L_2}{C_1}} = \sqrt{\frac{1.023 \times 10^{-6}}{2021 \times 10^{-12}}} = 22.498 \, \Omega$$

となります．これは見かけの負荷抵抗$R_{La} = 12.5 \Omega$を$Q_L = 1.8$倍した値です．

実装するコンデンサの値は，式で求めた値からパワーMOS FETの出力容量$C_{oss}$を差し引きます．しかし，データシートに掲載されている$C_{oss}$の値は，ドレイン-ソース間電圧$V_{DS}$を規定したときの値で，ZVS回路においては現実的ではありません．ここで使用するIRFB17N20Dの$C_{oss}$は1340pF@$V_{DS}=25$Vで，この値は$V_{DS}$に大きく依存して変化します．

最終的に選んだ$C_1$の値は，ドレイン電圧波形を観測して1000pFとしました．耐圧500Vのディップ・マイカ・コンデンサです．

● **出力トランス$T_2$の設計**

電源電圧の制約から，出力トランス$T_2$でインピーダンス変換を行います．トランスでは見かけの負荷抵抗$R_{La}(12.5 \Omega)$を，実負荷抵抗$R_L(50 \Omega)$に変換します．巻き数比は1：2です．コアにはトミタ電機の2ホール(通称メガネ)コアD12A RIB21×42×40を使用しました．コアの形状および特性は巻末Appendixに示します．

具体的な$T_2$は**写真10-2**に示したように，両側をプリント基板で挟み込み，$\phi 6$の銅パイプを2本使って連結しました．巻き線はこの銅パイプに通します．参考のため，一般的なトロイダル・コアやスリーブ・コアを使用したパイプ・トランスの

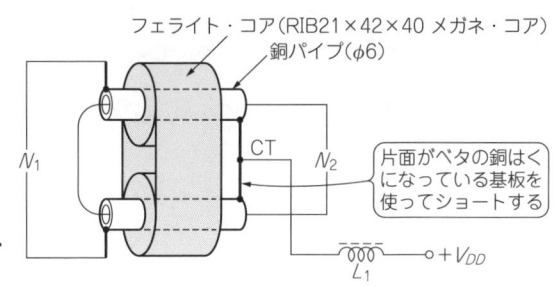

[図10-9] 出力トランス$T_2$…パイプ・トランスの構造

構造を図10-9に示します．パイプが0.5回×2，2次巻き線が1回巻きです．

● 負荷オープン対策用のLPF

E級アンプでは負荷をオープンにすると，パワー MOS FETのドレイン電圧波形が第9章，写真9-7(b)で示したように，ランプ状になります．したがって，スイッチON時には大きなドレイン電流$I_D$が流れて安全動作領域をオーバし，素子が破壊することがあります．

本来プッシュプル方式E級アンプの波形ひずみは小さいので，ロー・パス・フィルタ(LPF)は不要です．しかし，ここでは負荷の安定化，高調波をさらに抑圧する目的でLPFを追加しました．

回路はもっともシンプルな定K型のπ型LPFで，特性インピーダンス$Z_0$は50Ωです．通過帯域3.5MHzでのLPFを構成する$L_3$の値は次のとおりです．

$$L_3 = \frac{Z_0}{2\pi f} \quad \cdots\cdots\cdots\cdots\cdots\cdots\cdots\cdots\cdots\cdots\cdots\cdots\cdots\cdots\cdots\cdots\cdots\cdots\cdots\cdots\cdots\cdots\cdots \quad (10\text{-}9)$$

$$= \frac{50}{6.28 \times 3.5 \times 10^6} \fallingdotseq 2.27\mu\text{H}$$

$L_3$に使用するコアはマイクロメタル社のカーボニル鉄系トロイダル・コア T106-#2で，巻き数$N$は，

$$N = \sqrt{\frac{2.27\mu\text{H}}{13.5\text{nH}}} = 12.9 \text{回}$$

となります．12回巻きで実測するとちょうど$2.27\mu\text{H}$でした．

LPFを構成する$C_3$の値は次のとおりです．

$$C_3 = \frac{1}{2\pi f Z_0} \quad \cdots\cdots\cdots\cdots\cdots\cdots\cdots\cdots\cdots\cdots\cdots\cdots\cdots\cdots\cdots\cdots\cdots\cdots\cdots\cdots\cdots \quad (10\text{-}10)$$

$$= \frac{50}{6.28 \times 3.5 \times 10^6 \times 50} \fallingdotseq \div 909.4\text{pF}$$

最終的に$C_3$は，620pFと220pFを並列接続して840pFとしました．$C_4$も同様です．

## 10-4　試作したプッシュプルE級アンプの特性評価

● 出力パワーMOS FETのゲート-ソース間電圧波形

▶電源電圧＝0Vのとき

　まず本回路の出力に負荷抵抗50Ωを接続します．最初は電源$V_{DD}$を与えないでゲート・ドライブ波形を観測します．

　写真10-3に示すのは，電力3Wでゲート駆動したときの各ゲート-ソース間電圧($V_{GS3}$と$V_{GS4}$)の波形です．正弦波です．入力電力が低いと，パワーMOS FETのスレッショルド電圧$V_{th}$に達しないので，完全なスイッチングができません．必ずゲート・ドライブ波形を観測することが必要です．

▶電源電圧＝35Vのとき

　ゲート駆動電力3Wのまま電源$V_{DD}$を35Vまで上げます．

　写真10-4に示すのは出力電力$P_{out}$＝80W($R_L$＝50Ω，$V_{DD}$＝35V)での各ドレイン電圧波形($V_{DS3}$と$V_{DS4}$)を観測したものです．ちょうど半波整流波形のように見えます．この波形を出力トランスで**プッシュプル合成**すると，きれいな正弦波が得られることになります．

▶電源電圧＝50Vのとき

　入力電力3Wのまま電源$V_{DD}$を規定の50Vまで上げます．写真10-5に示すのは，正式な電源電圧50VでのパワーMOS FET($Tr_3$)のドレイン電圧波形$V_{DS3}$とドレイン電流$I_{D3}$の観測です．ZVS…ゼロ電圧スイッチング動作を示していることがわかります．出力電力は156Wです．波形が若干乱れていますが，これはカレント・プローブのためにクランプ線を挿入した影響です．テスト後にはクランプ線を解除しています．

　写真10-6に示すのは，最大出力電力における出力波形です．プッシュプル回路を採用した結果，きれいな正弦波になっています．

● 100W出力，50Ω負荷での高調波スペクトラム

　出力に50Ωダミー抵抗器を接続し，電源電圧を規定より下げて100W出力状態にします．この状態でスペクトラム・アナライザを使って出力波形を観測した結果を

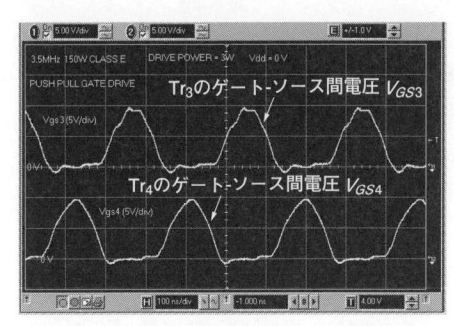

[写真10-3] $V_{DD}=0$V時のTr$_3$およびTr$_4$のゲート-ソース間電圧波形(5V/div., 100ns/div.)

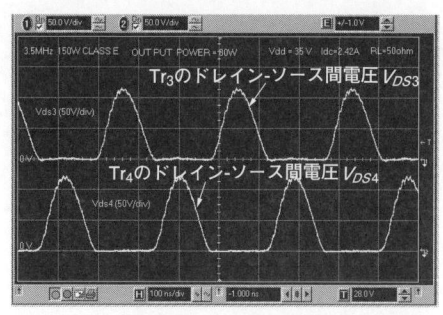

[写真10-4] $V_{DD}=35$V時のTr$_3$およびTr$_4$のゲート-ソース間電圧波形(5V/div., 100ns/div.)

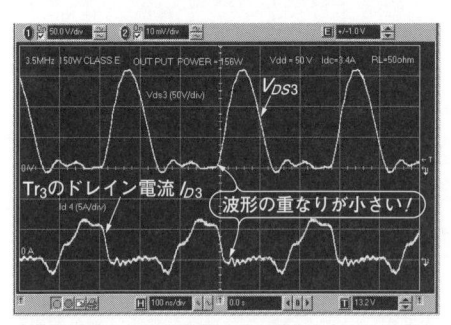

[写真10-5] $V_{DD}=50$V時のTr$_3$のドレイン電圧とドレイン電流波形(50V/div., 5A/div., 100ns/div.)

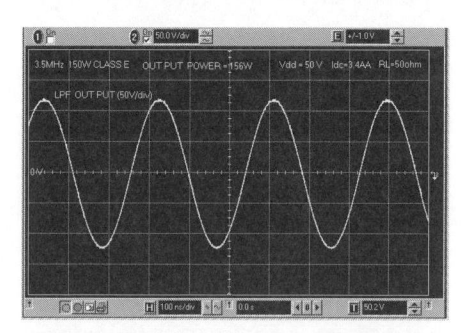

[写真10-6] $V_{DD}=50$V時の出力電圧波形(50V/div., 100ns/div.)

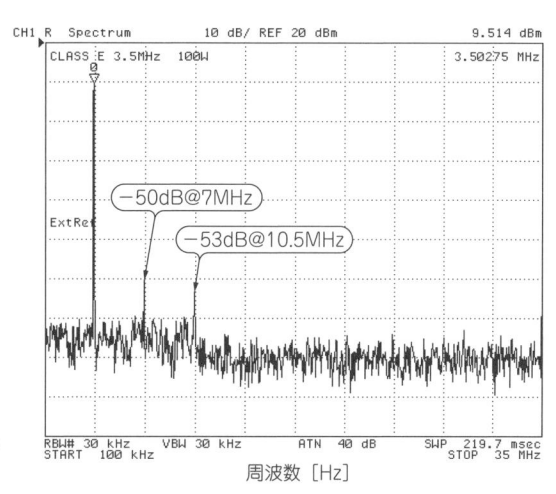

[図10-10] 試作したE級アンプの100W出力時の高調波スペクトラム

10-4 試作したプッシュプルE級アンプの特性評価 | 159

図10-10に示します.
2次高調波(7MHz)が-50dBm, 3次高調波(10.5MHz)が-53dBmでした.
製作したプッシュプルE級アンプの波形ひずみが小さいため, 2次高調波が少なくなっています. また, このアンプでは負荷の安定化と高調波を抑圧する目的で出力段にLPFを追加してあるため, 3次高調波も少なくなっています.

● 負荷の開放および短絡テスト
▶負荷の開放テスト
写真10-7に示すのは, 出力電力156W, $V_{DD}=50V$, $R_L=50\Omega$で動作させた状態で, 負荷50Ωのダミー抵抗器を外した…負荷開放時の波形を観測したものです. ドレイン電圧波形$V_{DS3}$のピーク電圧は180V程度と200V近くまで上がっており,

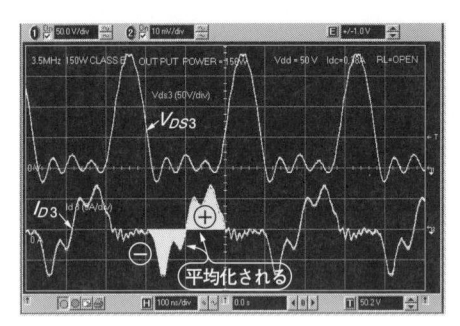

[写真10-7] 負荷を開放したときのドレイン電圧$V_{DS3}$とドレイン電流$I_{D3}$(50V/div., 5A/div., 100ns/div.)

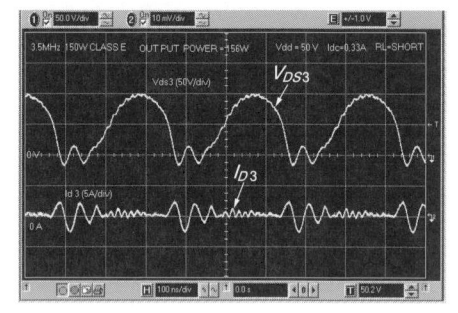

[写真10-8] 負荷を短絡したときのドレイン電圧$V_{DS3}$とドレイン電流$I_{D3}$(50V/div., 5A/div., 100ns/div.)

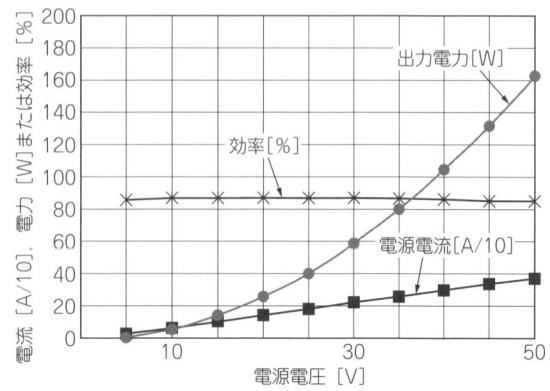

[図10-11] 電源電圧対出力電力と効率
電源電圧50Vで出力電力は163W, 電力変換効率は85.5〜87.6%となった

耐圧200Vぎりぎりになっています．ドレイン電流$I_{D1}$は，パワーMOS FETに内蔵されたボディ・ダイオードによりマイナス方向にも流れており，直流の平均電源電流は3.4Aから0.38Aに低下しています．

▶ 負荷短絡テスト

次は負荷短絡のテストを行います．**写真10-8**は負荷を短絡したときの，ドレイン電圧$V_{DS3}$とドレイン電流$I_{D3}$波形です．ドレイン電圧のピークは約$100V_{peak}$，ドレイン電流はかなり小さくなっています．

以上のように，E級アンプでは負荷短絡においてもきわめて安全な動作をします．

● 電源電圧対出力電力，効率$\eta$

ドレイン電圧$V_{DD}$を変化させたときの出力電力と電力変換効率$\eta$，電源電流を測定した結果を**図10-11**に示します．

電力変換効率$\eta$は85.5〜87.6％の範囲にあり，ほぼ一定値です．電源電圧50Vでは3.81Aの電流が流れているので，入力電力は190.5Wです．このときの出力電力を計測すると163Wを示しているので，入力と出力の電力効率$\eta$は85.5％となります．

---

Column

**トロイダル・コアを使ったパイプ・トランスの製作**

広帯域トランスを実現する一つの方法として，筆者は「パイプ・トランス」と呼ぶものを使用しています．銅パイプを使用していることからそう呼んでいます．第10章ではメガネ・コアを使用した図10-9がパイプ・トランスになっています．第11章ではトロイダル・コアを使用したパイプ・トランスが登場します．**図10-A**にパイプ・トランスの構成を示します．

パイプ・トランスのしくみ

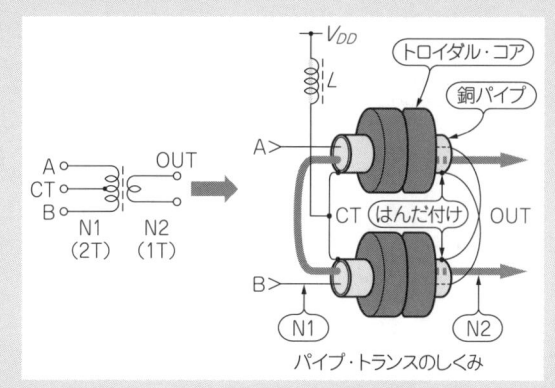

[図10-A] トロイダル・コアを使ったパイプ・トランスの構成

巻き線はN1：N2＝2：1を想定しています．銅パイプの目的は，0.5ターンのコイルとトロイダル・コアの固定に使用します．2次側N2のパイプから電線を貫通させると2：1のトランスが実現できます．インピーダンス整合条件に応じて巻き数比を決定します．数十MHz以上の周波数ではパイプのみのインダクタンスでの動作が可能です．このときのセンタ・タップは2次側から取ります．

**写真10-A**が製作例の外観です．**写真10-B**に**写真10-A**を構成するときのパイプ・トランスの材料を示します．トロイダル・コアのT130-#6を6個使用します．銅パイプはT160の内径より若干小さい19φ，長さ41mmはコア3個分の厚さ＋プリント基板の厚さ＋αを加算します．

プリント基板は銅パイプをはんだ付けするとき広がるのを防止するためにレジスト処理しておきます．また，写真の左側のプリント基板は1次側センタ・タップを作るため，右側のプリント基板は巻き数比拡張のためにパターンをカットしています．

はんだ付けは大型のはんだごてを使用します．使用する電線は，耐熱電線かテフロン同軸の外被を使用しています．

[写真10-A] パイプ・トランスの外観

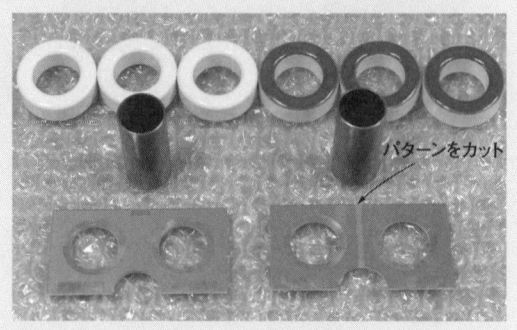

[写真10-B] パイプ・トランスの材料

パワーMOS FETの高速スイッチング応用

## 第11章
# 13.56MHz E級 150W/500W 高周波電源の設計

E級アンプはゼロ電圧スイッチング…ZVSが基本になっており，
高周波領域においても低損失パワー・スイッチング回路が実現できます．
ここでは13.56MHzという高周波化に挑戦し，
前半ではシングル・スイッチによる150W出力，後半にはプッシュプルによる
500W出力のE級アンプを設計・試作します．
13.56MHzは工業用に割り当てられた周波数で，高周波電源などで
広く使われています．

## 11-1　シングル150W 高周波電源のあらまし

### ● 13.56MHz 高周波電源とは

　13.56MHz[注11-1]高周波電源は出力電力50W程度から数kWまでの製品が市販されており，超音波洗浄，誘導加熱，高周波プラズマなどの産業用高周波電源として利用されています．

　図11-1に示すのは，定電力制御方式13.56MHz高周波電源の構成例です．以下に設計・試作するE級アンプの主な仕様を示します．

　　出力周波数 $f$ = 13.56MHz
　　出力電力 $P_{out}$ = 150W
　　負荷抵抗 $R_L$ = 50Ω
　　電源電圧 $V_{DD}$ = 120Vmax

　図11-2に，設計した13.56MHz・150W 高周波電源の回路構成を示します．**写真11-1**が製作したプリント基板の外観です．

---

注11-1：13.56MHzというのは通信用の無線電波との混信を防ぐために，工業，科学，医療…ISM(Industrial Scientific and Medical)用途にとくに設けられている周波数です．この周波数であれば，最大放射限度値に制限がありません．その他の周波数では，妨害電圧の限度値が規定されています(規定値以下では使用可能)．
　なお，国際電気通信連合(ITU：International Telecommunication Union))が指定している**ISM基本周波数**としては，ほかに6.78MHz，27.12MHz，40.68MHz…があります．これ以外の周波数での妨害電圧限度値は，周波数5〜30MHzの範囲で「60dB($\mu$V)」となっています．

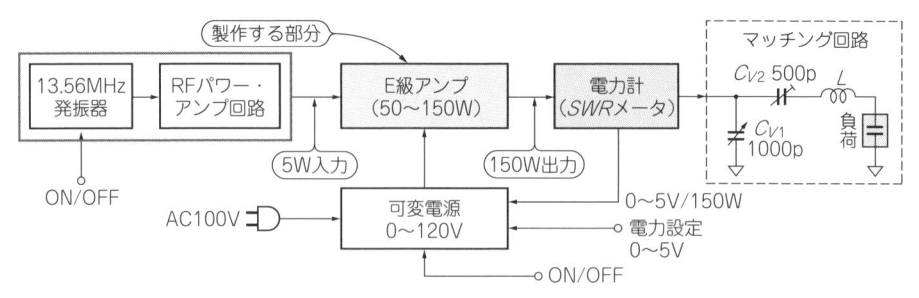

[図11-1] **定電力制御 高周波電源の構成**
入力信号は13.56MHzのRF信号，出力は150W

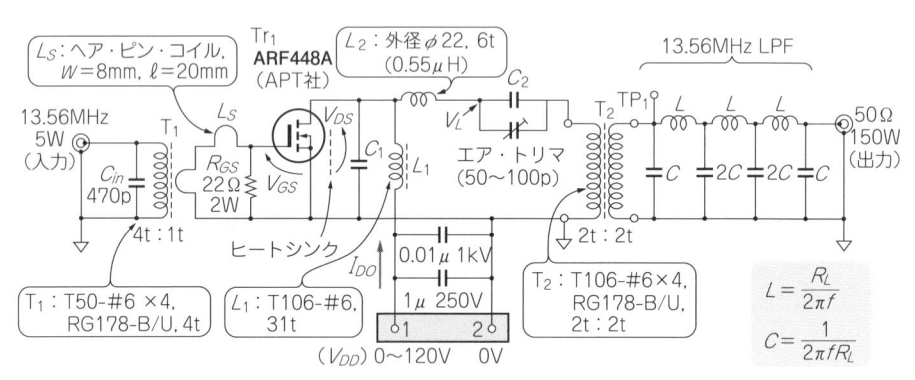

[図11-2] **設計した13.56MHz・150W E級アンプの構成**

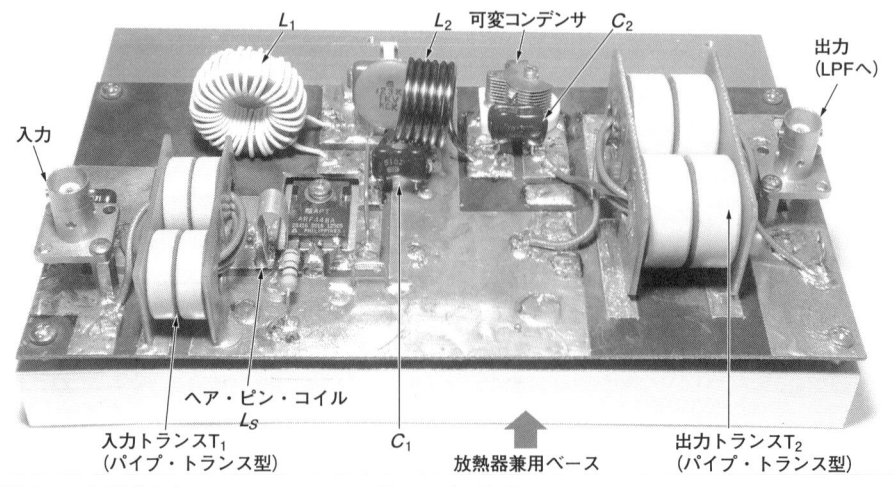

$$L = \frac{R_L}{2\pi f}$$

$$C = \frac{1}{2\pi f R_L}$$

[写真11-1] **試作した13.56MHz・150W E級アンプの外観**

● **13.56MHz(10W出力)発振&ドライブ回路の構成**

　高周波電源ということで，信号源には周波数13.56MHzの水晶振動子による安定した発振器を用意します．図11-3に150W/500W E級アンプのドライブに使用できる10W出力の発振&ドライブ回路の構成を示します．出力段はプッシュプルE級アンプ構成にしています．

　発振回路はCMOSインバータを使用したオーソドックスな回路です．13.56MHzの水晶振動子は一般的に入手可能です．発振出力のON/OFFが行えるようゲート回路もつけています．出力がプッシュプル方式なので，OFF時にパワー MOS FETのドレイン電流が0になるよう構成しています．

　13.56MHzのような高周波におけるパワー MOS FETの入力インピーダンスはきわめて低くなるので，出力段には低ゲート・チャージのパワー MOS FETを選ぶ必要があり，ここではロームの2SK2887(200V・3A，$C_{iss}$ = 230pF)を使用しました．また，13.56MHz動作のパワー MOS FETをドライブするには普通のトランジスタを使用するのは難しく，ここでは高速ロジックICのCMOSインバータを並列接続

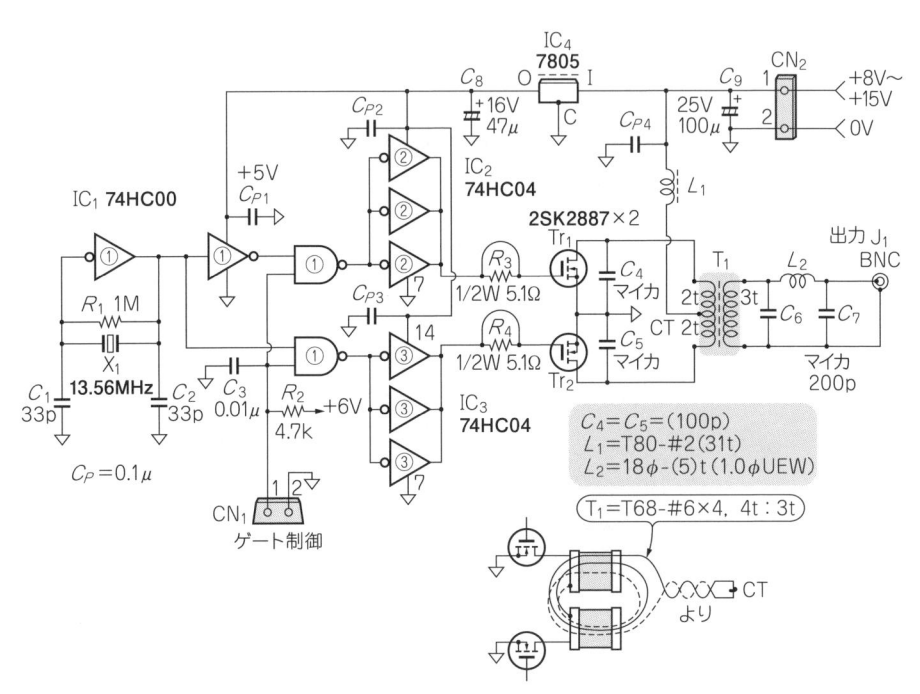

[図11-3] 水晶発振器出力を10W出力まで増幅するためのRFアンプ回路

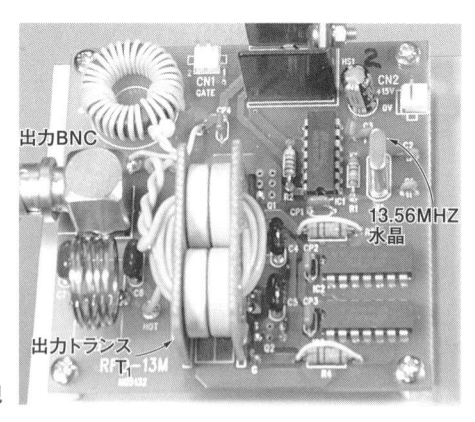

[写真11-2] 13.56MHz・10W E級アンプの外観

して実現しています.
　出力回路は偶数次の高調波ひずみを小さくするためにプッシュプル方式です.
　写真11-2に，製作した13.56MHz・10W E級アンプの実際を示します.

● 定電力制御のためには可変電源と*SWR*電力計を使う

　出力を一定電力に制御するために，電源回路は出力電圧を可変できるようにします．これは誤差増幅器を使用して，検出した出力電力が設定電力と等しくなるように出力電圧を制御します．電圧可変電源の構成については，第6章で紹介した電源などを参考にしてください．

　定電力出力とするためには出力電力の監視が必要です．ここでは反射電力を計ることのできる*SWR*(Standing Wave Ratio)電力計を，出力と負荷の間に挿入します．そして，*SWR*電力計を見ながら出力と負荷のマッチングをとります．写真11-3に示すのが，手軽に使用できる*SWR*電力計の一例です．

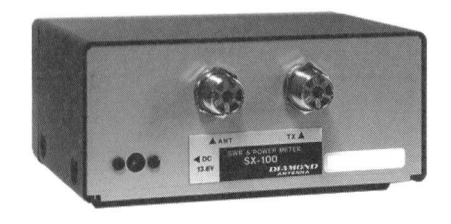

[写真11-3][14] *SWR*電力計の一例 SX-100(第一電波工業(株))
本来はアマチュア無線機とアンテナの間に接続して，1.6M～60MHzの送信電力，反射電力，*SWR*などのチェックに使用するセット．本器の調整などにも使用できる．

通常は出力電力を低く設定して電源を入れ，SWR電力計で反射電力を見ます．ここで負荷のマッチング用バリコン($C_{V1}$, $C_{V2}$)を可変して，反射電力を最小にします．それから規定の出力電力に設定します．

はじめに，入力整合回路でパワー MOS FETの入力インピーダンスと整合させます．試作する回路は150W出力(50Ω負荷)なので，出力段はシングル・スイッチ方式でも十分です．インピーダンス変換の必要がないので，出力トランス$T_2$の巻き数比は1：1です．

出力トランス$T_2$は負荷との整合係数$Q_L$を低く設計したので，出力信号に含まれるひずみは少なくありません．そのため出力段には3段ロー・パス・フィルタ(LPF)を直列に付加して，低ひずみの出力を得るようにしています．

● 13.56MHzでスイッチング特性の良いパワー MOS FETを選ぶ

高周波スイッチング回路ではスイッチング周波数が高くなるほど，さまざまな問題が生じてきます．

入力周波数13.56MHzの1周期は73.74nsです．E級アンプではデューティ比50%…入力周波数の1/2周期でスイッチをON/OFFすることになるので，ON時間はわずか36.87nsとなります．このことから，使用できるパワー MOS FETは限られてきます．いわゆる高周波パワー・アンプ用を選択することになります．しかし国内メーカや一般になじみのあるメーカからは，適応できるデバイスがなかったので，ここでは海外メーカですが，Microsemi Power Products Group(旧APT…Advanced Power Technology)社のARF448Aを選択しました．巻末AppendixにARF448Aの特性を示します．

大容量パワー MOS FETのゲート-ソース間には大きな静電容量があります．入力容量$C_{iss}$が数百pF～数千pFあるので，スイッチング周波数が高くなるほどゲート・ドライブは難しくなります．第10章に示したゲート・ドライブ電力を求める式(10-4)から，ここでのゲート・ドライブ電力は約5W必要になります．

● 共振用コイル$L_2$の損失を小さくする

高周波で，しかも出力電力$P_{out}$が大きくなると，ZVS…ゼロ電圧スイッチング動作のための共振用コイル$L_2$の端子電圧が高くなります．このために$L_2$には，コイル単体の$Q$が大きなものを必要とします．

$L_2$の端子電圧$V_L$は，コイルのリアクタンス($X_L = \omega L_2$)に流れる電流$I$を乗じた値です．出力電流$I_{out}$は出力電力と負荷抵抗$R_L$によって自動的に決まり，回路にお

ける負荷との整合係数$Q_L$を下げて設計する必要があります．$L_2$は，

$$L_2 = \frac{Q_L R_L}{\omega}$$

$L_2$の損失電力$P_{dl}$は，

$$P_{dl} = P_{out}\left(\frac{Q_L}{Q}\right)$$

から計算することができます．

パワーMOS FETのゲート・ドライブ回路は，インピーダンス変換トランスを使用した正弦波駆動と考えて設計します．

## 11-2　入力段…整合回路の設計

● 入力整合回路の考え方

13.56MHzの（発振器からの）信号を受け入れる入力段と出力パワーMOS FETとの間には，絶縁とインピーダンス整合（マッチング）を兼ねたトランスによる入力整合回路を設けます．入力整合回路の構成を図11-4に示します．

使用するパワーMOS FET ARF448の入力容量$C_{iss}$は巻末Appendixのデータより1400pF(typ)です．13.56MHzでドライブするとリアクタンス$X_C$は，

$$X_C = \frac{1}{\omega C} = \frac{10^{12}}{6.28 \times 13.56 \times 10^6 \times 1400}$$
$$= 8.38\,\Omega$$

になります．

表11-1に，ARF448Aにおける入出力インピーダンスの周波数特性を示しますが，13.56MHzでドライブすると，ゲート入力インピーダンス$Z_{in}$はゲート・シャン

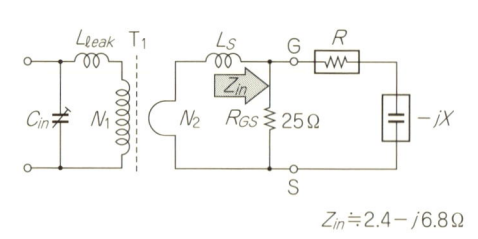

[図11-4] 高周波パワー・アンプの入力整合回路の考え方

$Z_{in} \approx 2.4 - j6.8\,\Omega$

[表11-1] 使用したパワーMOS FET ARF448Aにおける入出力インピーダンスの周波数特性

| 周波数<br>[MHz] | $Z_{in}[\Omega]$ | $Z_{CL}[\Omega]$ |
|---|---|---|
| 2.0 | 20.90 − j9.2 | 56.00 − j06.0 |
| 13.5 | 2.40 − j6.8 | 37.00 − j26.0 |
| 27.0 | 0.57 − j2.6 | 18.00 − j25.0 |
| 40.0 | 0.31 − j0.5 | 9.90 − j19.2 |
| 65.0 | 0.44 + j1.9 | 4.35 − j11.4 |

ト抵抗$R_{GS}$が25Ωのとき,
$$Z_{in} = R \pm jX = 2.4 - j6.8\,\Omega$$
と記載されています。このデータからパワーMOS FET ARF448Aの入力は,2.4Ωの抵抗と$j6.8\,\Omega$相当のコンデンサ,
$$C_X = \frac{1}{2\pi fX} = \frac{1}{6.28 \times 13.56 \times 10^6 \times 6.8} = 1726\text{pF}$$
のコンデンサが直列接続された回路と等価であることがわかります。2.4Ωの入力抵抗にゲートONに必要なドライブ電圧を与えるには,ARF448Aのしきい値電圧$V_{GS(th)}$が5Vであることからドライブ電圧を7V程度とすると,
$$P_D = \frac{\left(\frac{1}{2}V_{GS}\right)^2}{R_{in}} = \frac{3.5^2}{2.4} \fallingdotseq 5.1\text{W}$$
約5.1W程度の入力電力が必要となります。

● 入力インピーダンス50Ωを実現する入力トランス$T_1$

写真11-4に,入力トランス$T_1$周辺でポイントとなる**パイプ・トランス**と**ヘア・ピン構造のインダクタンス**…通称**ヘア・ピン・コイル**を拡大して示します。

▶入力トランス$T_1$はパイプ・トランスに

E級アンプの入力インピーダンスは一般性を考えて,50Ωになるように入力トランス$T_1$を設計します。入力インピーダンスがきわめて低いため,トランス1次巻き線数$N_1$は,$N_2$を1回巻きとすると,
$$N_1 = \sqrt{\frac{R_L}{R_S}} = \sqrt{\frac{50}{2.4}} \fallingdotseq 4.56\text{回}$$
となります。ここでは切り下げて4回巻きとします。

入力トランスはマイクロメタル社のトロイダル・コア T50-#6を4個使用したパイプ・トランスに,線径1.8mmのテフロン同軸線RG178-B/U(フジクラ電線)を4回巻きとしました。先に示した**写真11-1**の左側が製作した入力トランスです。

▶直列インダクタ$L_S$でリアクタンス成分をキャンセルする

ゲート入力インピーダンス$Z_{in}$のリアクタンス成分($-j6.8\,\Omega$)をキャンセルするために,直列インダクタ$L_S$を追加します。

$-j6.8\,\Omega$は$+jX_L$でキャンセルすることができます。$X_L$相当のインダクタ$L_S$の定数は,

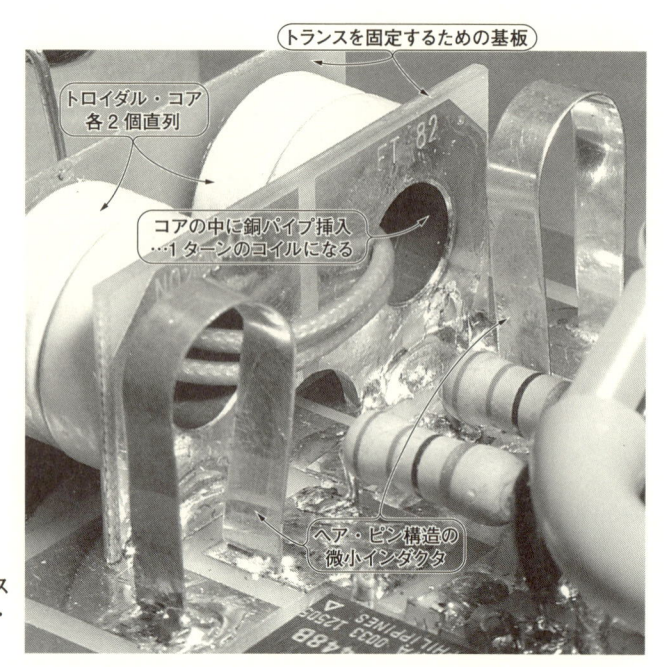

[写真11-4] 入力トランス（パイプ・トランス）とヘア・ピン構造のインダクタ

画像中の注釈:
- トランスを固定するための基板
- トロイダル・コア 各2個直列
- コアの中に銅パイプ挿入 …1ターンのコイルになる
- ヘア・ピン構造の微小インダクタ

$$L_S = \frac{jX_C}{2\pi f} \quad \cdots \cdots \cdots \cdots \cdots \cdots \cdots \cdots \cdots \cdots \cdots \cdots \cdots \cdots \cdots \cdots \cdots \cdots \cdots \cdots \cdots \cdots \cdots \cdots \cdots \cdots \cdots \cdots \cdots \cdots \cdots \cdots \cdots \cdots \cdots \cdots \cdots \cdots \cdots \cdots \cdots \cdots \cdots (11\text{-}1)$$

$$= \frac{6.8}{6.28 \times 13.56 \times 10^6} \fallingdotseq 79.81\text{nH}$$

となります．

　入力インピーダンスは出力電力$P_{out}$と電源電圧$V_{DD}$によって変化するので，実験によって決定します．微小なインダクタンスなので，（パターンの条件による）幅8mm，長さ20mmの銅板を使用したヘア・ピン構造としました．ただ，正確にインダクタンスを測定したり，製作することはできません．

● 入力トランス$T_1$の1次側コンデンサ$C_{in}$で整合させる

　入力トランス$T_1$は$N_1=4$，$N_2=1$としたことから，巻き数比は4：1と大きくなっています．このようなトランスは1次側から見ると，相対的に大きな漏れインダクタンスによって誘導性に見えてしまいます．したがって$T_1$の1次側には並列コンデンサ$C_{in}$を付加して，入力を整合させる必要があります．

　このとき，$C_{in}$の値はSWR電力計を使って見つけます．入力インピーダンスの値

は一般にはネットワーク・アナライザを使用して測定しますが，（ネットワーク・アナライザの）RF-OUT は出力レベルが小さいので，規定電力での動作中の入力インピーダンスを測れません．

そこで入力に SWR 電力計を挿入して，反射，SWR 値が最小となるよう入力コンデンサ $C_{in}$ を 400p ～ 500pF の範囲で調整します．

## 11-3　シングル150W 出力段の設計

● スイッチング素子には高周波用パワー MOS FET ARF448A を使う

電源電圧 $V_{DD}$ を計算するには式(7-5)を援用します．パワー MOS FET の耐圧から逆算して，$P_{out}=150\text{W}$，$R_L=50\Omega$ では次のようになります．

$$V_{DD} = \sqrt{\frac{P_{out} \cdot R_L}{0.57}} \quad \cdots\cdots\cdots\cdots\cdots\cdots\cdots\cdots\cdots\cdots\cdots\cdots\cdots (11\text{-}2)$$

$$= \sqrt{\frac{150 \times 50}{0.57}} \fallingdotseq 114\text{V}$$

ドレイン - ソース間電圧の最大 $V_{DS(\text{peak})}$ は，

$$V_{DS(\text{peak})} = 3.562 V_{DD} \quad \cdots\cdots\cdots\cdots\cdots\cdots\cdots\cdots\cdots\cdots\cdots\cdots\cdots (11\text{-}3)$$

$$\fallingdotseq 427\text{V}$$

となります．

パワー MOS FET の耐圧マージンを少しでも稼ぐため，ドレイン - ソース間に接続したコンデンサ $C_1$ の値は設計値より大きくして，ピーク電圧を抑えます．

なお，パワー MOS FET の損失にはスイッチング損失と導通損失があります．E 級アンプではスイッチング損失はかなり小さくできますが，オン抵抗による導通損失を減らすためには，スイッチング素子の耐圧が許す限り高い電圧で動作させ，ドレイン電流 $I_D$ を小さく設計します．

ドレイン電流のピーク $I_{D(\text{peak})}$ は，

$$I_{D(\text{peak})} = 2.862 \times 0.57 \times \frac{V_{DD}}{R_L} \quad \cdots\cdots\cdots\cdots\cdots\cdots\cdots\cdots\cdots\cdots\cdots (11\text{-}4)$$

$$\fallingdotseq 3.72\text{A}_{\text{peak}}$$

と求まります．

使用するパワー MOS FET（ARF448A）の主な電気的特性は巻末 Appendix を参照してください．とくにスイッチング特性に注目してください．

写真 11-5 に示すのは ARF448A と ARF448B（どちらも N チャネル）の外観です．

[写真11-5] 高周波パワー MOS FET ARF448Aの外観

プッシュプル回路への応用を考慮して，ゲートとドレイン電極のレイアウトが対称の素子(-Aと-B)が準備されています．また高周波回路ではソース接地回路が多く採用されているので，放熱用タブがソース電極になっています．

放熱器には$130 \times 21 \times 200$mm(LSIクーラー(株)，21F130，$L=200$mm)を使います．熱抵抗は約$0.66℃/W$で，自然空冷です．**写真11-1**ではプリント基板のベース(土台)がこの放熱器になっています．

● 共振用コイル$L_2$の定数

共振用コイル$L_2$は負荷との整合係数$Q_L$をいくらに設定するかで決まります．ここでは$Q_L=2$程度を想定しました．

$$L_2 = \frac{Q_L R_L}{\omega} \qquad (11\text{-}5)$$

$$= \frac{2 \times 50}{6.28 \times 13.56 \times 10^6} \fallingdotseq 1.173 \, \mu H$$

かなり小さいインダクタです．しかも13.56MHzで使用するような高周波トランスでは，漏れインダクタンスが無視できないので，ここでは$L_2$の中に含めてしまいます．

**図11-5**に示すのは出力回路部分を抜き出したものです．$L_2$は，出力トランス$T_2$の1次インダクタンス$L_P$を差し引きます．したがって手順としては，出力トランスを先に製作してから最終的な値は決定します．

共振周波数の調整は，出力トランス$T_2$の1次インダクタンス$L_P$を決定して，$L_2$のインダクタンスを加算した値が，先に計算した$1.173\mu H$に近づくようにします．

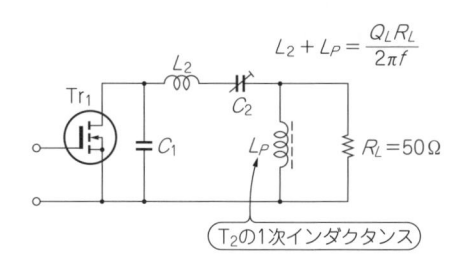

[図11-5] 出力回路部分を取り出すと
出力トランス$T_2$をインダクタとして利用する手

最終的に$L_2$は0.55μH程度の値となります．これは$\phi$18のパイプに2mmのホルマール線を6回巻いた空芯コイルで作ります．仕上がり外径は約$\phi$22です．

● コンデンサ$C_1$と$C_2$の定数

パワーMOS FETのドレイン-ソース間に接続するコンデンサ$C_1$は式(7-13)から，

$$C_1 = \frac{0.1836}{\omega R_L} \quad \cdots\cdots\cdots (11\text{-}6)$$

$$= \frac{0.1836}{6.28 \times 13.56 \times 10^6 \times 50} \fallingdotseq 43.1 \text{pF}$$

と，計算されます．実際には$V_{DS}$のピーク電圧を抑えるため，51pFとしました．

一方，$L_2$と直列に接続される$C_2$は式(7-14)から，

$$C_2 = \frac{1}{\omega R_L (Q_L - 1.153)} \quad \cdots\cdots\cdots (11\text{-}7)$$

$$= \frac{1}{6.28 \times 13.56 \times 10^6 \times 50 (2 - 1.153)} \fallingdotseq 277 \text{pF}$$

$L_2$と$C_2$の値は$Q_L$が変化すると変更しなければなりません．しかし，$L_2$のインダクタンスには精度を期待できないので，$C_2$の一部を可変コンデンサにします．共振用コイル$L_2$と直列の$C_2$は2個で構成し，200pFと50p～100pFのトリマ・コンデンサを並列接続します．

● 電源供給用インダクタ$L_1$の定数

$L_1$はパワーMOS FETに電源を供給するためのもので，計算値$L_2$の10倍程度のインダクタンスで良いので，10μHを目標とします．

$L_1$にはマイクロメタル社のトロイダル・コアT106-#6に，外径$\phi$1.2の耐熱より線を31回巻いて作ります．実測するとインダクタンスは13.85μHでした．

● 出力トランス$T_2$

　$T_2$はトランスではなく，インダクタとして機能させます．損失を小さくするためには，大きな$Q$を必要とします．巻き数比は1：1とします．等価的に$L_2$と負荷抵抗$R_L$が並列接続されたことになります．

　$T_2$にはトロイダル・コアT106-#6を4個使用したパイプ・トランスに，巻き線として外径1.8mmのテフロン同軸線RG178-B/U（フジクラ電線）を2回巻き，0.413$\mu$Hのインダクタンスを得ます．$Q$は100以上確保できます．

● 出力に定$K$型LPFを挿入してひずみを抑える

　共振回路と負荷との整合係数を$Q_L=2$で設計した理由は，$LC$共振回路の素子変動の影響を受けにくくすることと，共振用コイル$L_2$や出力トランス$T_2$の損失を少しでも低減したいからです．

　しかし$Q_L$を低く設計すると，今度は出力波形の高調波ひずみが大きくなるので，出力段にはLPF（ロー・パス・フィルタ）を付加して対処します．

　LPFにはいろいろな形式がありますが，ここでは図11-6に示すような一般的な定$K$型（$\pi$型とも）と呼ばれる$LC$フィルタを使用することにしました．

　製作したLPFの外観を写真11-6に示します．中央のインダクタの向きを90°にしたのは，電磁的な結合を減らすためです．

[図11-6] 出力段に使用する$LC$ LPF
同じ回路を3段組み合わせた定$K$型（$\pi$型）と呼ばれる．$C$には220pFのディップ・マイカ・コンデンサを使用．$L$は空芯コイル0.551$\mu$H

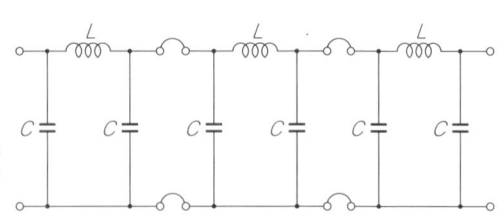

[写真11-6] 製作したLPFの外観
三つのコイルは隣り同士との角度が90°になるよう配置する

フィルタを構成するインダクタ$L$とコンデンサ$C$のリアクタンスを，負荷抵抗$R_L$と等しい$50\,\Omega$になるよう定数設計します．

$$L = \frac{R_L}{\omega} \quad\cdots\cdots\cdots\cdots\cdots\cdots\cdots\cdots\cdots\cdots\cdots\cdots\cdots\cdots\cdots\cdots\cdots\cdots\cdots\cdots\cdots\cdots\cdots\cdots \text{(11-8)}$$

$$= \frac{50}{6.28 \times 13.56 \times 10^6} \fallingdotseq 0.586\,\mu\mathrm{H}$$

$$C = \frac{1}{\omega R_L} \quad\cdots\cdots\cdots\cdots\cdots\cdots\cdots\cdots\cdots\cdots\cdots\cdots\cdots\cdots\cdots\cdots\cdots\cdots\cdots\cdots\cdots \text{(11-9)}$$

$$= \frac{1}{6.28 \times 13.56 \times 10^6 \times 50} \fallingdotseq 234\,\mathrm{pF}$$

よって，コンデンサには標準系列から220pFを選びます．1段目と2段目および2段目と3段目の接続点では，コンデンサが2個並列になります．つまり220pFを2個並列とします．なお，出力電圧$V_{out}$が，$P_{out} = 150\mathrm{W}$，$R_L = 50\,\Omega$のとき，

$$V_{out} = \sqrt{P_{out} R_L} = \sqrt{150 \times 50} \fallingdotseq 86.6\,\mathrm{V_{RMS}}$$

ですから，コンデンサには余裕をみて，耐圧500V，220pFのディップ・マイカを合計6個使用します．

インダクタ$L$は，$\phi 18$のパイプに2mmのホルマール線（仕上がり外径約$\phi 22$）を6回巻きます．インダクタンスは$0.551\,\mu\mathrm{H}$でした．$Q_L = 1$で動作するので発熱はありません．

## 11-4　試作したシングル150Wの動作と評価

● 基本動作の確認

設計・試作した13.56MHz E級アンプの動作を確認するには，負荷として出力端子に$50\,\Omega$のダミー・ロードを接続します．入力信号としては周波数13.56MHz，出力電力10Wのドライブ用またはE級アンプを接続します．

写真11-7に示すのは，出力電力$P_{out} = 150\mathrm{W}$時のパワーMOS FET ARF448Aのドレイン-ソース間電圧$V_{DS}$とゲート・ドライブ電圧$V_{GS}$波形です．下側の$V_{GS}$波形には高周波信号が少し重畳しています．これは測定に使用したオシロスコープのグラウンドの干渉が原因と思われます．

写真11-8の下側に示す波形は，出力トランス$T_2$の1次側電圧です．ここでは整合係数を$Q_L = 2$といった低い回路の$Q$で設計したので，波形は正弦波状にはならず，かなりひずんでいることがわかります．

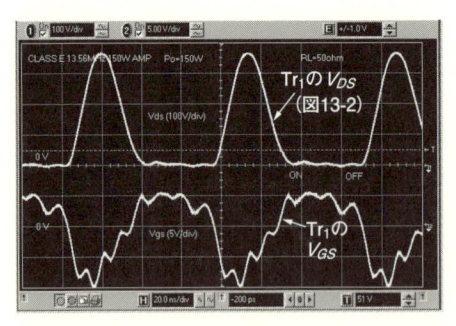

[写真11-7] 出力150W時のドレイン-ソース間電圧$V_{DS}$とゲート・ドライブ電圧$V_{GS}$の波形（上，$V_{DS}$：100V/div.，下，$V_{GS}$：5V/div.，20ns/div.）

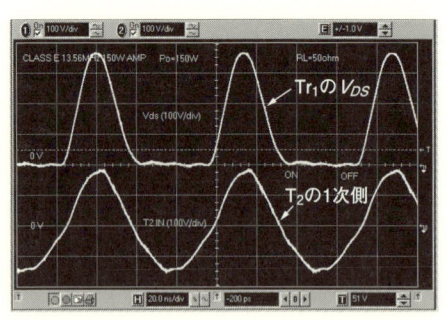

[写真11-8] $V_{DS}$と出力トランス$T_2$（1次側$T_{21N}$）のひずんだ電圧波形（上，$V_{DS}$：100V/div.，下，$T_{21N}$：100V/div.，20ns/div.）

● 直列共振回路$L_2$と$C_2$のチューニング

　動作周波数が高くなるにしたがい，トランスの漏れインダクタンスや配線回路の微小インダクタンス，浮遊容量などの影響により，計算値どおりに動作しなくなります．また，共振用コイル$L_2$の値も設計できません．

　そこで，調整用として直列共振コンデンサ$C_2$は半固定型エア・バリコンを並列に接続しました．バリコンを使っていろいろな部分で生じている誤差を吸収し，正しいE級動作になるように調整します．具体的には，ARF448Aの$V_{DS}$波形から共振周波数で動作しているかどうかを推測します．

(a) 正しくZVS動作しているとき

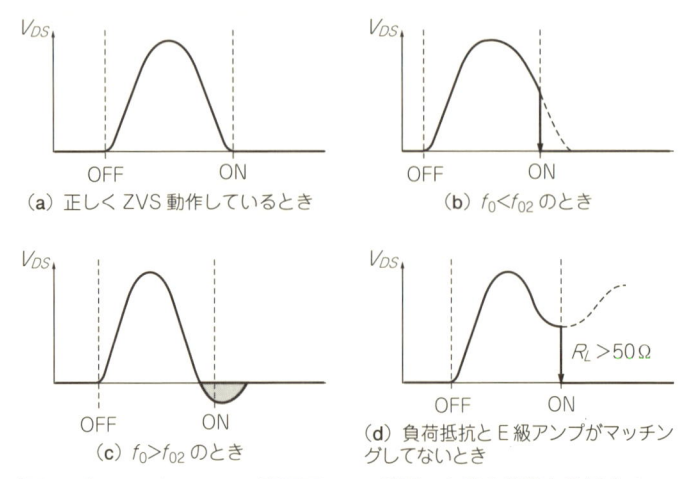

(b) $f_0 < f_{02}$のとき

(c) $f_0 > f_{02}$のとき

(d) 負荷抵抗とE級アンプがマッチングしてないとき　$R_L > 50\Omega$

[図11-7] ドレイン-ソース間電圧$V_{DS}$の波形から動作状態を推測する

図11-7にドレイン-ソース間電圧$V_{DS}$の波形と，そのときの動作状態の推測を示します．

▶正しいE級動作をしているときの$V_{DS}$波形

図(a)に示すのは，正しいE級動作をしているときのドレイン-ソース間電圧の波形です．パワーMOS FETがONからOFFすると，$V_{DS}$は半波正弦波状に変化します．正しい$V_{DS}$波形はONするタイミングで，ほぼ0Vになっています．

▶$C_2$が増加して直列共振周波数より低いときの$V_{DS}$波形

図(b)に示すのは，$L_2$，$C_1$，$C_2$と出力トランスの1次インダクタンスを含む直列共振周波数$f_{02}$(第8章)より周波数を低く(コンデンサ$C_2$の容量は増加)したときの波形です．

この場合は，$V_{DS}$が0Vになる前にパワーMOS FETがスイッチONします．このようにコンデンサ$C_1$の端子電圧($V_{DS}$と同じ)が高いと，スイッチON時の損失が増加します．ONしたときは**写真11-9**に示すように，$V_{DS}$波形にリンギングが認められるので，動作を判別できます．

▶$C_2$が小さく直列共振周波数より高いときの$V_{DS}$波形

図(c)に示すのは，コンデンサ$C_2$の容量を小さくしたときの波形です．この場合はパワーMOS FETがスイッチONする前に$V_{DS}$が0Vに達しています．網で示した期間はパワーMOS FETのボディ・ダイオードに電流が流れています．このときは出力電力$P_{out}$が上昇，電源電流$I_{DC}$もかなり増加します．

このように$C_2$の容量を小さくしたときは，電源電圧$V_{DD}=60$Vでは43Wから100Wの出力になります．また，電流は0.8Aから2Aに増加しています．**写真11-10**に示すのは，このときの$V_{DS}$と$V_{GS}$の波形です．

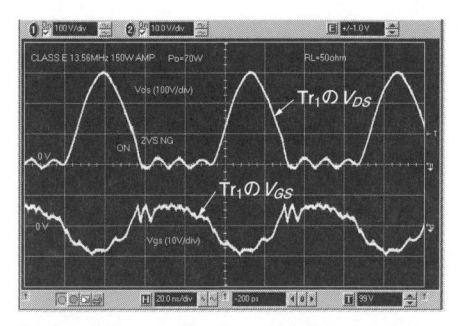

[**写真11-9**] コンデンサ$C_2$の容量を大きくすると$V_{DS}$にリンギングが乗る(上，$V_{DS}$：100V/div.，下，$V_{GS}$：10V/div.，20ns/div.)

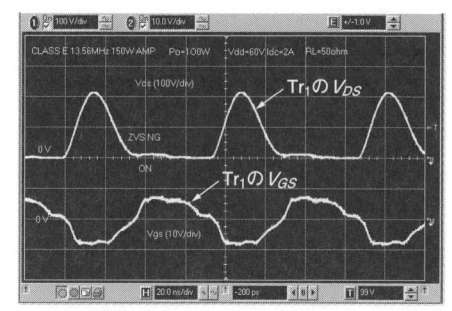

[**写真11-10**] コンデンサ$C_2$の容量を小さくしたときの$V_{DS}$と$V_{GS}$の変形(上，$V_{DS}$：100V/div.，下，$V_{GS}$：10V/div.，20ns/div.)

▶負荷抵抗$R_L$と整合していないときの$V_{DS}$波形

図(d)に示すのは，負荷抵抗$R_L$と整合していないときの波形です．

## ● LPFによるひずみ除去効果を見る

紹介したE級アンプでは回路と負荷との整合係数$Q_L$を低く設計したので，高周波出力波形は当然ひずみます．このひずみはLPFで取り除くという設計方針にしました．製作したLPFでの効果を見てみましょう．

**写真**11-11に示すのは150W出力時のLPFの入力(上)と出力波形(下)です．LPFの入力にあるテスト端子$TP_1$での入力波形ひずみは，付加したLPF出力で観測するときれいに取り除かれています．

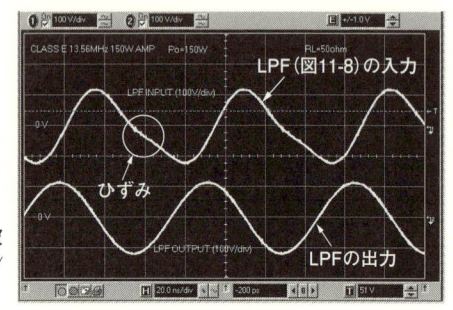

[写真11-11] 定格150W出力時のLPFの入力波形($TP_1$)と出力波形(上：100V/div.，下：100V/div.，20ns/div.)

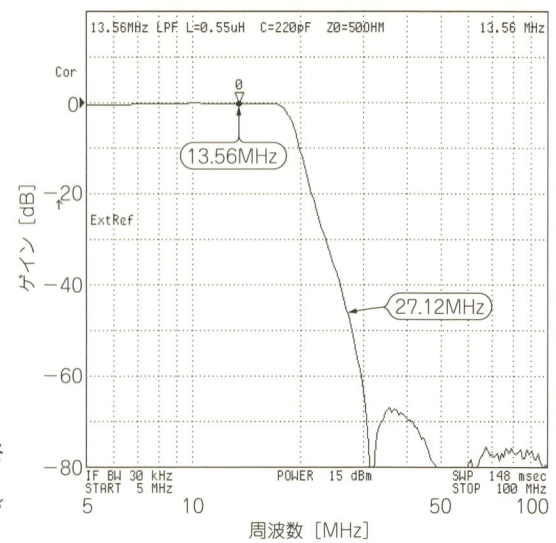

[図11-8] LPFの入出力を50Ωで終端したときのゲイン-周波数特性
LPFの効果で2次高調波や3次高調波がかなり減衰されている

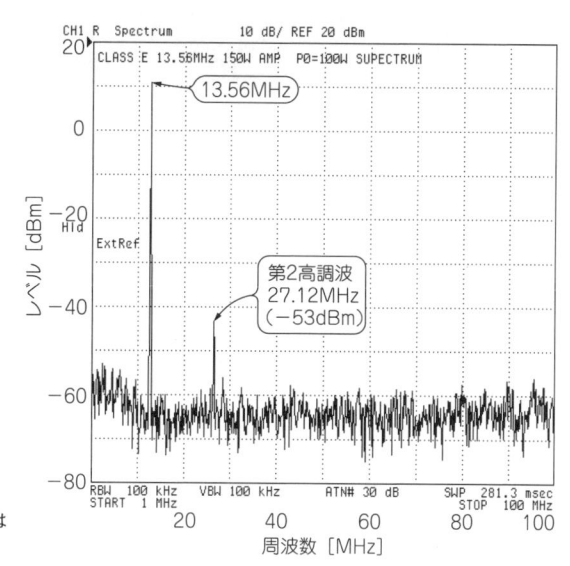

[図11-9] 100W出力時の出力特性
LPFの出力を測定した．2次高調波は−53dBになっている

図11-8に示すのは，LPFの入力と出力端子を特性インピーダンス50Ωで終端したときのゲイン周波数特性です．2次高調波となる27.12MHzや3次高調波の40.68MHzでかなりの減衰量が得られます．

スペクトラム・アナライザで観測したものが図11-9です．出力電力100WでLPF出力を見ています．2次高調波の27.12MHzの減衰量は−53dBでした．3倍の高調波40.68MHzは観測できませんでした．

● 電源変動テスト…電圧が低いとき不思議な挙動
電源電圧$V_{DD}$を10Vから120Vまで10Vステップで可変して計測してみました．図11-10に示すのは電源電圧を可変させたときの出力電力$P_{out}$，電源電流$I_{DC}$，効率$\eta$などの測定結果です．ところが，電源電圧$V_{DD}$が低い30V付近で変な現象が現れています．ドレイン電圧と電流の積である電力と出力電力の比を示すドレイン効率$\eta$が100%近くになってしまいます．

パワーMOS FETの電極間容量が$V_{DD}$が低いときに増加します．電源電圧$V_{DD}$が低い30V付近までは入力電力$P_{in}$(5W)が，ドレイン出力に漏れています．

電源電圧$V_{DD}$を可変して使用する場合は低い電圧を避けて約40Vから開始させ，120V範囲で動作させます．出力電力は20Wから188Wの範囲で動作させることになります．

11-4 試作したシングル150Wの動作と評価

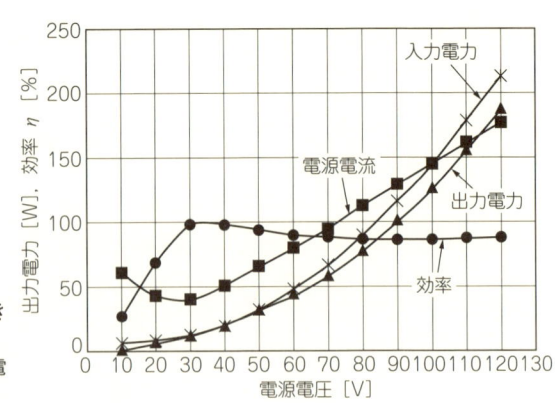

[図11-10] 電源電圧を可変したときの出力特性
電源電圧 $V_{DD}$ ＝40V以上において電源電流も効率も妥当な変化を示している

### ● $L_2$と$T_2$の$Q$を上げるのが高効率化のポイント

　トータルとして90％以上の効率が得られてないのは，共振用コイル$L_2$と，出力トランス$T_2$の損失の影響です．いかにして$Q$の大きなコイルを実現するかが，高周波E級アンプを高効率化するポイントであるということがよくわかりました．
　製作したE級アンプが狙いどおりに動作しているかどうかは，次のようにして確認します．
　定格出力で動作させ，おおよそ10分から20分後に次の項目を検討します．
- 放熱器が温度上昇していればスイッチング損失
- インダクタの温度が上昇していれば$Q$の大小
- トランス用コア材の温度が上昇していればコアの良否

電源電圧と電流の入力電力$P_{DC}$と出力電力$P_{out}$の比が80％以下なら動作点を再確認します．

## 11-5　プッシュプル500W E級アンプの設計

### ● シングル150Wからプッシュプル500W出力へ

　前述した13.56MHz・150W 高周波電源の設計・試作をふまえて，次にプッシュプル方式を採用してパワー・アップし，500Wを狙ってみましょう．
　設計・試作するE級アンプの主な仕様を下記に示します．
- 出力周波数 13.56MHz
- 出力電力 500W

- 負荷抵抗 50Ω
- 電源電圧 120Vmax

プッシュプル出力にすると，シングル・スイッチ出力と比較してLC共振回路のQを小さくすることができ，共振コイルの損失も少なくなります．

図11-11に示すのが，試作するE級アンプ部の回路構成です．写真11-12にプリント基板の外観を示します．

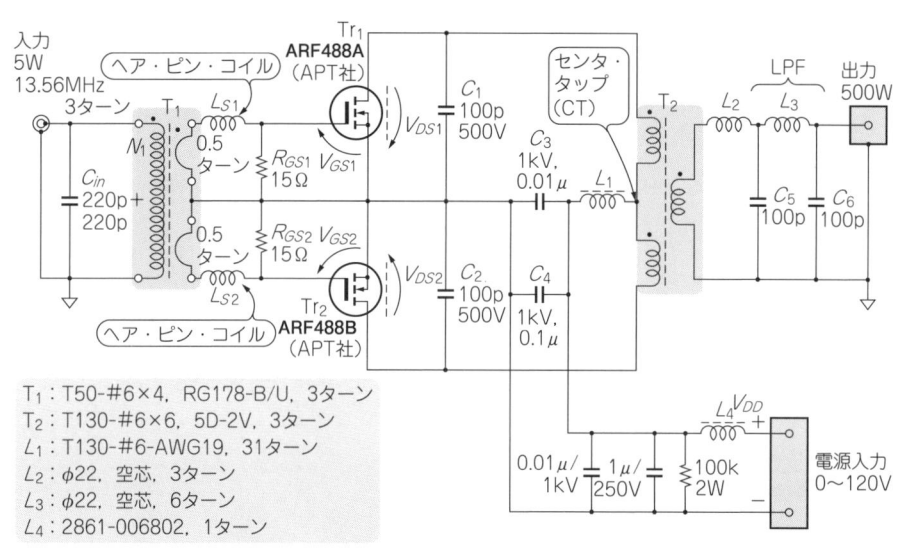

$T_1$：T50-#6×4，RG178-B/U，3ターン
$T_2$：T130-#6×6，5D-2V，3ターン
$L_1$：T130-#6-AWG19，31ターン
$L_2$：φ22，空芯，3ターン
$L_3$：φ22，空芯，6ターン
$L_4$：2861-006802，1ターン

[図11-11] 設計した13.56MHz・500W プッシュプルE級アンプの構成

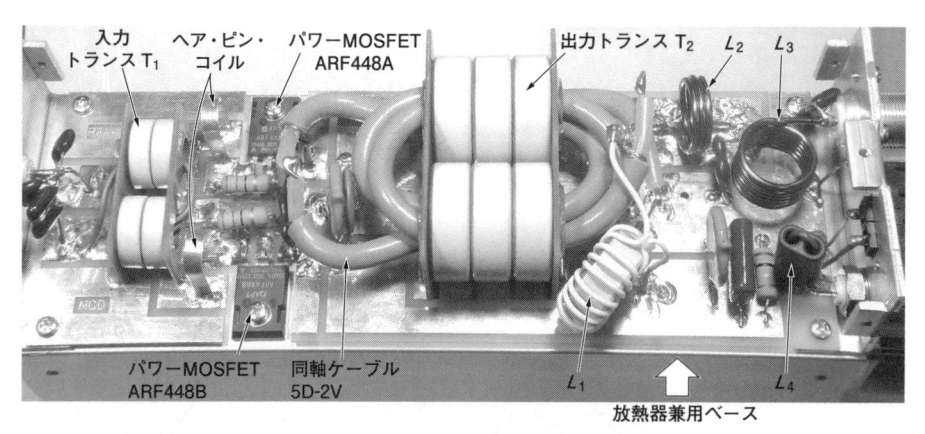

[写真11-12] 試作した13.56MHz・500W プッシュプルE級アンプ基板

11-5 プッシュプル 500W E級アンプの設計 | 181

● 入力段の設計

▶入力トランスの設計

　図11-12に示すのは，プッシュプル化に対応するための入力回路です．設計するときの基本的な考え方は，**11-2節**で説明しているとおりです．つまり，使用する電源電圧の範囲内で最小の反射となるように，定数を決定します．

　入力トランスの1次側巻き数は，まず入力トランス$T_1$の2次側からパワーMOS FETを見たときのインピーダンスの抵抗分$R_{in}$を求め，1次側の巻き数を計算します．

　仮に$R_{in}=2.4\Omega$とします．ということはプッシュプル入力回路なので，$R_{in}=4.8\Omega$として計算します．

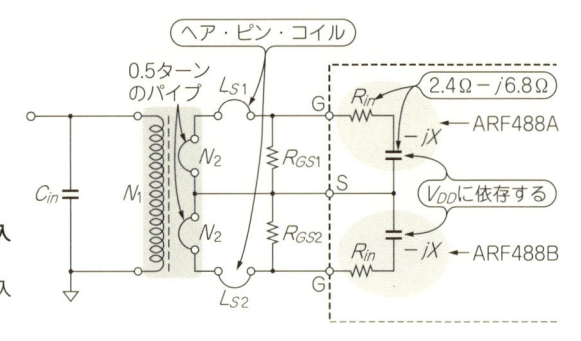

[図11-12] プッシュプルになった入力回路の等価回路
ゲート駆動回路＋パワーMOS FETの入力等価回路

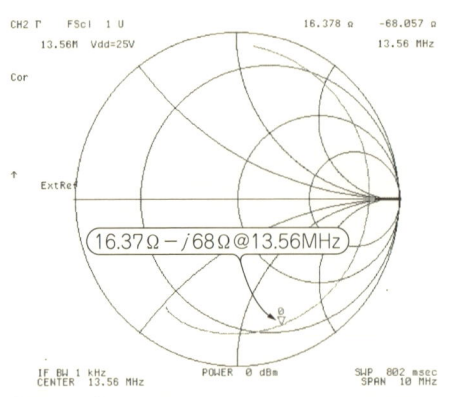

[図11-13] 13.56MHzにおけるARF448Aの入力回路のインピーダンス周波数特性（電源電圧=25V）

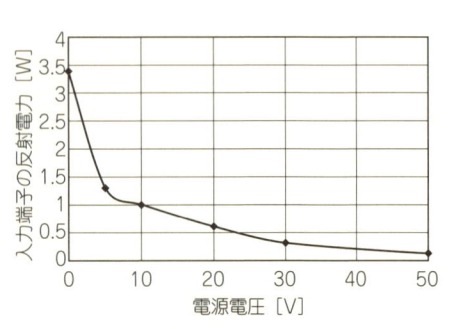

[図11-14] 電源電圧を0～50Vまで変化したときの入力部の反射電力特性（入力電力は5W）

$$N_1 = \sqrt{\frac{50}{4.8}} \fallingdotseq 3.22 \text{回}$$

が得られるので，切り下げて3回巻きとします．

2次側は，1回巻き（パイプで0.5ターン×2）なので，巻き数比を細かく設定できません．

▶漏れインダクタンスをキャンセルするコンデンサの追加

　入力トランス$T_1$の1次巻き線と2次巻き線を別々に巻くと，結合度が悪くなります．相対的に漏れインダクタンスも大きく，高周波では無視できなくなるため，入力端子と並列にコンデンサ$C_{in}$を接続して，このインダクタンス分をキャンセルします．

　$C_{in}$の値は，実際に回路を製作して測定し，入力の反射が最小となる定数とします．およその値は，周波数13.56MHzで400～500pF程度です．

▶入力端子から見たインピーダンス周波数特性

　パワーMOS FETの入力インピーダンスは，ドレイン-ソース間に加わる電圧，つまり電源電圧に依存します．

　図11-13に示すのは，$V_{DD}=25$Vのときの入力端子から見たインピーダンスの周波数特性です．パワーMOS FETはスイッチング動作していません．

　図11-14に示すのは，電源電圧を0～50Vまで変化させたときの入力部の反射電力です．入力端子間に$SWR$電力計を挿入して，5Wの電力を加えて測定しました．

　電源電圧が高く出力電力が大きくなるほど，入力反射電力が小さくなる定数設定になっています．ヘア・ピン・コイル$L_{S1}$と$L_{S2}$は，シングル・スイッチのときと同じものを使いました．

● パワーMOS FETの選択…最大出力は656W

　パワーMOS FETにはAPT社のパワーMOS FET ARF448AとARF448Bをプッシュプルで使いました．

　アンプに供給できる電源電圧の最大値は，これらのスイッチング素子の耐圧で制限されて120Vになります．

　$V_{DD}=120$V，$R_L=50\Omega$のときの出力電力$P_{out}$は，次のようになります．

$$P_{out} = \frac{0.57(2V_{DD})^2}{R_L} \quad\quad\quad\quad\quad\quad\quad\quad\quad\quad\quad\quad\quad (11\text{-}10)$$

$$= \frac{2.28V_{DD}^2}{R_L} \fallingdotseq 656.6\text{W}$$

ただし，実用的な数値としてはパワーMOS FETのオン抵抗などの損失を考慮して，10％ほど差し引く必要があります．

## ● コイル類のインダクタンス

図11-15に示すのは，プッシュプル出力段の等価回路です．それぞれの定数を検討してみます．

▶ 出力トランス$T_2$のインダクタンス$L_t$

$T_2$は共振用の出力トランスです．そのインダクタンス$L_t$は高周波になるほど小さく，微妙な調整はできません．また負荷との整合係数$Q_L$は，プッシュプル回路なので第10章でも述べたように，低めに設計します．

$L_t$は，LC並列共振回路の特性インピーダンス$Z_0$を$R_L$の2倍の100Ωとして設計すると，次のような値になります．

$$L_t = \frac{Z_0}{\omega} \quad \cdots\cdots\cdots\cdots\cdots\cdots\cdots\cdots\cdots\cdots\cdots\cdots\cdots\cdots\cdots (11\text{-}11)$$

$$= \frac{100}{6.28 \times 13.56 \times 10^6} \fallingdotseq 1.173 \, \mu H$$

$L_t$は後述のように同軸ケーブル3回巻きで出力トランス$T_2$で実現します．

▶ 電源供給用インダクタ$L_1$

$L_1$は電源供給用で，図11-2と同じものを使います．

▶ 共振用コイル$L_2$

$L_2$は負荷抵抗$R_L$と直列に接続するコイルです．インダクタンスの大きさによって，プッシュプル回路から負荷側を見たときのインピーダンスが変化します．

$L_2$は，負荷抵抗$R_L$と負荷との整合係数$Q_L$によって次のように決まります．

$$Z_0 = \sqrt{\frac{L_t}{C_1}}$$

$$Q_L = \frac{R_L}{\omega L_2}$$

$$f_0 = \frac{1}{2\pi\sqrt{L_t C_1}}$$

$$R_{La} = \frac{R_L}{1 + \left(\frac{R_L}{X_{C5}}\right)^2}$$

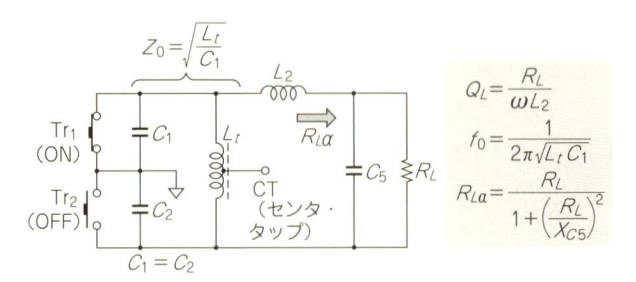

[図11-15] プッシュプルE級アンプにおける出力段の等価回路
$Q_L$は共振回路と負荷との整合係数，$R_{La}$は回路側から見える出力抵抗$R_L$を示している

$$L_2 = \frac{(R_L/Q_L)}{\omega} = \frac{50/2}{2\pi f} = \frac{25}{6.28 \times 13.56 \times 10^6} \fallingdotseq 0.293\,\mu\text{H}$$

$L_2$ は小さいほど出力電力は増加します.

最終的に $L_2$ は，$\phi 18$ のパイプに $\phi 2$ のホルマール線をきつく巻き付けて作ります．外径は約 $\phi 22$，3回巻きで，$0.18\,\mu\text{H}$ の空芯コイルとしました．

● 出力フィルタ回路

E級アンプのような高周波スイッチング・アンプでは，高調波ひずみを小さくする目的で，出力にはLPFを付加します．特定の高調波だけ減衰させるには，LC並列共振回路を出力端子と直列にトラップ回路として挿入することもあります．または，LC直列共振回路を出力端子と並列にトラップ回路として挿入することもあります．

しかし，ここでは同軸ケーブルを使った出力トランスにしているので，インピーダンス整合のための変換ができません．そこでシングル・スイッチのときと同じく π型フィルタ(定K型フィルタ)を挿入します．

**11-2節**で説明したとおり，π型フィルタ回路のコイル $L_3$ のインダクタンスは，周波数と負荷抵抗から決定します．$L_3$ の値は次のように求まります.

$$L_3 = \frac{R_L}{\omega} = \frac{50}{2\pi f} = \frac{50}{6.28 \times 13.56 \times 10^6} \fallingdotseq 0.551\,\mu\text{H}$$

$L_3$ は $L_2$ と同様に，外径約 $\phi 22$ の空芯コイルとします．6回巻きで $0.551\,\mu\text{H}$ です．空芯コイルを作るときは，最初に10回ほど巻いてみて，必要に応じて切断しながら調整していきます．なお，巻き数3回のときのインダクタンスの実測値は $0.183\,\mu\text{H}$，4回のとき $0.3\,\mu\text{H}$，5回のとき $0.42\,\mu\text{H}$ でした．

$C_5$ と $C_6$ の値は，計算では,

$$C_5 = C_6 = \frac{1}{\omega R_L} = \frac{1}{6.28 \times 13.56 \times 10^6 \times 50} \fallingdotseq 234\text{pF}$$

となりますが，実験の結果，それぞれ100pFにしました．$C_5$ を大きくすると，負荷インピーダンスが下がり，出力電力と電源電流が増加します.

100pF を $R_L$ と並列接続したときの負荷抵抗値 $R_{La}$ は，式(9-4)から次のようになります．

$$R_{La} = \frac{R_L}{1+\left(\frac{R_L}{X_C}\right)^2} = \frac{50}{1+(50 \div [6.28 \times 13.56 \times 10^6 \times 100 \times 10^{-12}])^2} \fallingdotseq 42.32\,\Omega$$

| 11-6 | プッシュプル用高効率出力トランスの製作 |

● 出力トランスの損失を小さくする

13.56MHzという高周波になると,トランスや共振用コイルの発熱も大きく,これらが変換効率を低下させています.ここでは同軸ケーブルを使用した変換比1：1の低損失トランスを作ってみます.

フェライト・コアを使った高周波トランスは,コア材の選定や出力電力に応じたコア・サイズの決定が重要です.巻き線材の損失を小さくする目的で,外径の太い線材を使用しても,表皮効果の影響で高周波での等価直列抵抗を小さくできません.

● 出力トランスの漏れインダクタンスを小さくする

トランスの漏れインダクタンスは,第4章,図4-6でも示しているように線を撚りあわせて巻くバイファイラ巻きにすると小さくできます.信号伝送目的のトランスでは,漏れインダクタンスは挿入損失の原因になります.

**写真11-13**に示すのは,損失を比較するために製作した二つの出力トランスです.マイクロメタル社のトロイダル・コア T130-#6を3個直列したものを2段構成にしています.

写真(a)は,1次巻き線と2次巻き線を別々に巻いた一般的なものです.線材は一般的なAWG-19で,それぞれ3回巻きです.周波数13.56MHzにおいて,1次と2次インダクタンスは$1.12\,\mu H$,$Q_0=202$,漏れインダクタンスは$0.265\,\mu H$でした.

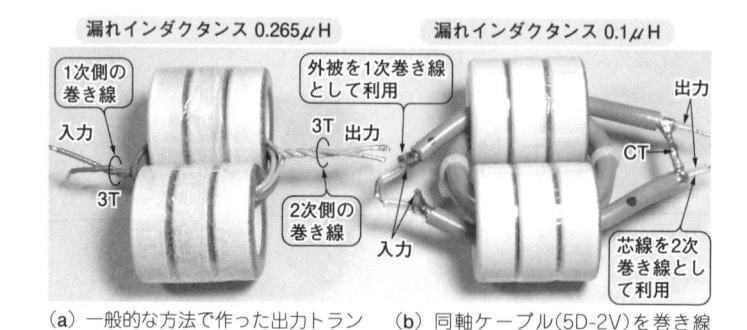

(a) 一般的な方法で作った出力トランス．1次-2次巻き線が別々の巻き線になっている

(b) 同軸ケーブル(5D-2V)を巻き線とした出力トランス．同軸の外被を1次巻き線,芯線を2次巻き線とした

[写真11-13] 特性を検討するために試作した二つの出力トランス
トロイダル・コアT130-#6を3個直列-2段で使用している

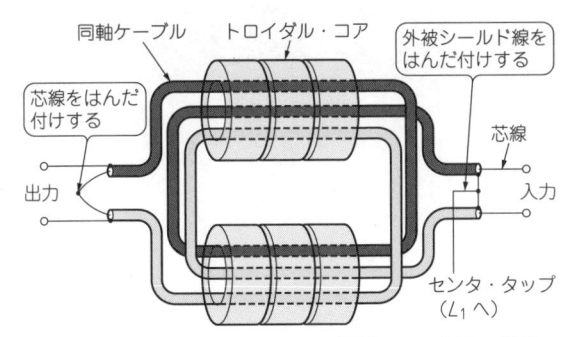

[図11-16] 使用した出力トランス(写真11-13(b))の構造
2本の同軸ケーブルをトロイダル・コアに巻きつけている

　写真(b)は，損失を減らすための5D-2V同軸ケーブルを使用した出力トランスです．ここで初めて採用した方法です．1次巻き線には同軸ケーブルの外被(網線)を，2次巻き線には同軸ケーブルの芯線を使用しました．

　結線の方法を図11-16に示します．巻き数は1.5回を2回路，つまり3回行っています．1次インダクタンスは$0.95\,\mu H$，$Q_0 = 300$，2次インダクタンスは$1.07\,\mu H$，$Q_0 = 165$です．漏れインダクタンス$L_1$は$0.1\,\mu H$に激減しています．この方法は，1次と2次の結合が改善されて漏れインダクタンスが小さくなりますが，バイファイラ巻きと同様に巻き数比は自由に決めることはできません．今回のような用途には適用できます．

● 入出力間のゲインと位相の周波数特性を確認

　試作した二つの出力トランスの入出力を$50\Omega$で終端し，5M～50MHzにおける挿入損失の周波数特性を調べてみます．

　図11-17に示すのが，トランスのゲインと位相の周波数特性です．採用しなかった写真11-13(a)のトランスでは，挿入損失は2.13dB，周波数特性の平たん性が少し悪くなっています．

　写真11-13(b)のトランスは，13.56MHzを中心にして良好な周波数特性を示しています．挿入損失も1.17dBに改善されています．40M～50MHzの間にある大きなディップは，測定に使用したネットワーク・アナライザの入出力のいずれかに同相ノイズ除去のためのバランを挿入していないことの影響と思われます．

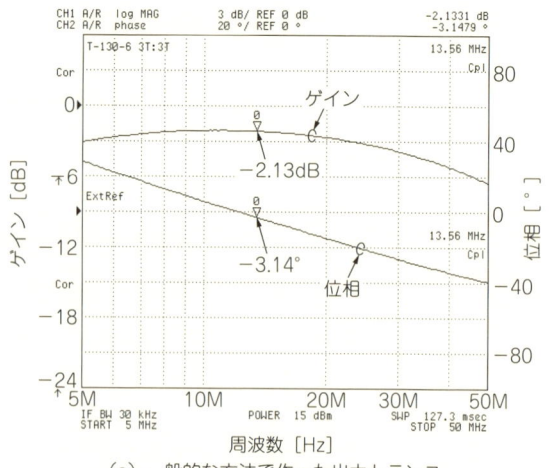

[図11-17] 試作した二つの出力トランスのゲインと位相-周波数特性
同軸ケーブルを使用した写真11-12(b)のほうが挿入損失が小さいことがわかる

(a) 一般的な方法で作った出力トランス

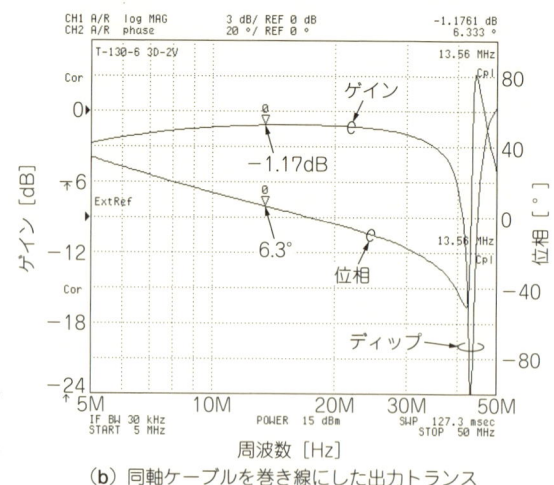

(b) 同軸ケーブルを巻き線にした出力トランス

## 11-7　試作したプッシュプル500Wの動作と評価

● 出力段パワー MOS FET周辺の動作波形

　図11-3で示した13.56MHzの高周波信号発生器と5W程度を出力できる高周波パワー・アンプを用意し，本回路の出力に50Ωのダミー・ロードを接続します．はじめは試作した回路や素子を破壊から防ぐため，電源には0Vから可変でき，電流

制限機能の付いたものを使います．$V_{DD}=0V$のときはパワー MOS FETの入力インピーダンスがきわめて低いので，ゲート-ソース間電圧$V_{GS}$は低下しています．

▶パワー MOS FETのゲート-ソース間電圧波形

**写真11-14**に示すのは，$V_{DD}=25V$における$Tr_1$と$Tr_2$のゲート-ソース間電圧波形です．ARF448を駆動するには，$+5V_{peak}$以上の駆動電圧が必要です．

$V_{GS1}$と$V_{GS2}$の駆動波形の位相差は180°ですが，これがプッシュプル方式の駆動波形です．

▶出力400WのときのパワーMOS FETのドレイン-ソース間電圧波形

**写真11-15**に示すのは，電源電圧を上げて出力を400Wにしたときの，$Tr_1$と$Tr_2$のドレイン-ソース間電圧波形です．$Tr_2$のソース-ドレイン間電圧波形$V_{DS2}$の波形を注意深く見ると，0V付近にひずみが出ています．

ドレイン電流を観測しようと思い，プリント基板のパターンをカットして測定用クランプ（プローブ）を付加したところ，プリント基板パターンのインダクタンスとカレント・プローブの入力インピーダンスの影響で波形がかなり乱れました．

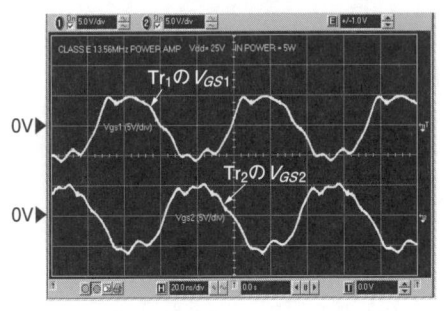

[写真11-14] 出力段パワー MOS FET $Tr_1/Tr_2$のゲート-ソース間電圧波形（$V_{GS1}$：5V/div.，$V_{GS2}$：5V/div.，20ns/div.，$V_{DD}=25V$）

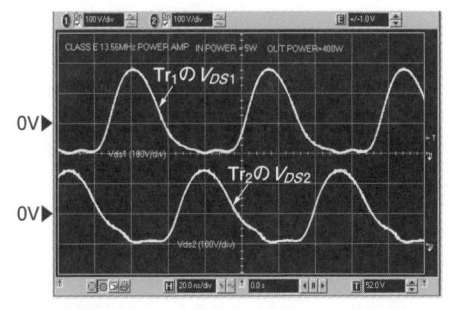

[写真11-15] 出力電力400WのときのパワーMOS FETのドレイン-ソース間電圧波形（$V_{DS1}$：100V/div.，$V_{DS2}$：100V/div.，20ns/div.）

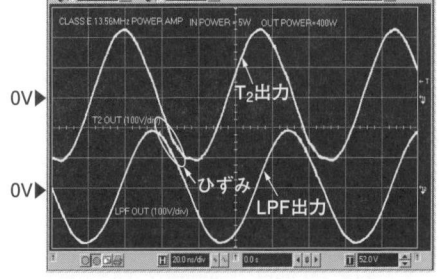

[写真11-16] 出力電力400Wのときの出力トランス$T_2$の出力波形とLPFの出力波形（$T_2$出力：100V/div.，LPF出力：100V/div.，20ns/div.）

11-7 試作したプッシュプル500Wの動作と評価

写真11-16に示すのは，出力トランス$T_2$の出力波形とLPFの出力波形です．$T_2$出力では負側の波形が少しひずんでいますが，LPFを通るとひずみが除去されてきれいな正弦波になっています．

● 試作したE級アンプの出力特性など
▶出力信号のひずみ

図11-18に示すのは，出力電力100Wのときの出力の高調波スペクトラムです．

負荷との整合係数$Q_L$を低く設計したこと，出力LPFを簡素化したπ型1段タイプにしたため，2次高調波や3次高調波ひずみがあります．低ひずみ化するにはフィルタの段数を増やす必要があります．

▶電源電流と効率

図11-19に示すのは，抵抗負荷において電源電圧を10Vから120Vまで，10Vステップで可変して測定したときの電源電流と効率の関係です．

出力電力は電源電圧の2乗，電源電流は電源電圧に比例して増加しています．電源電圧を120V以上にすると出力電力はさらに増加しますが，パワーMOS FETが破壊する可能性があるので，実用においては120V以上にならないよう電圧制限機能が必要です．

▶入力電力：出力電力特性

パワーMOS FETはゲート-ソース間電圧を高くすると，オン抵抗が減少して出

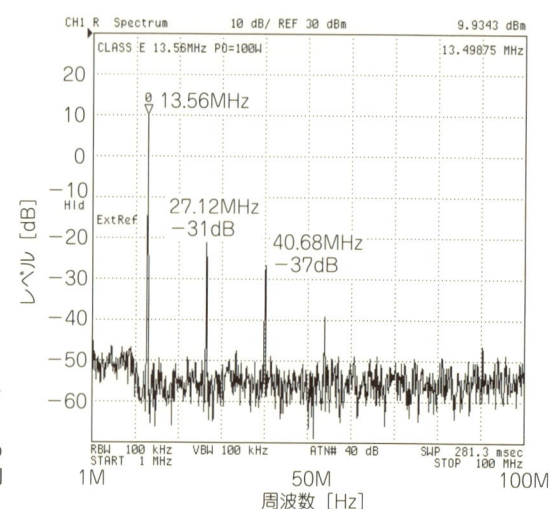

[図11-18] 出力信号の高調波スペクトラム（出力電力100W）
負荷との整合係数$Q_L$が低く，π型1段の簡易的なLPFを採用したので，2次高調波や3次高調波が発生している

力電力は増加しますが，変換効率はあまり良くなりません．**図11-20**に示すのは，パワーMOS FETのスイッチングに必要な入力電力を3.5Wから10Wまで変化させたときの，出力電力と変換効率です．電源電圧56.28V，駆動電力5W，出力電力100Wを基準にして測定しました．駆動電力を5Wから10Wに増やすと出力電力は118Wに，電源電流は2.13Aから2.48Aに増加しています．

▶入力周波数変動の影響

入力する信号は基本的には13.56MHzですが，この信号の周波数を変化させながら効率の変化を測定しました．プッシュプル方式で，しかも低負荷$Q_L$なので，周波数が多少変化してもE級動作が維持されるはずです．

周波数13.56MHz，出力電力100W，駆動電力5Wを基準にして，入力周波数を

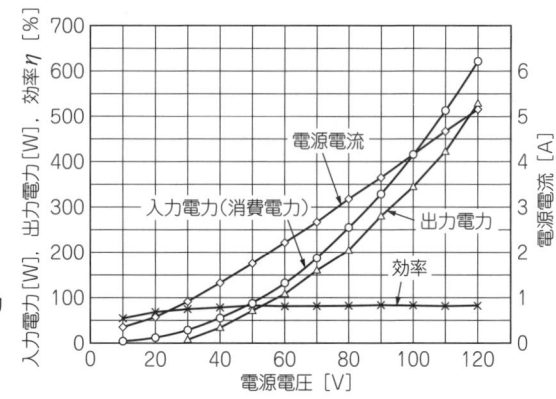

**[図11-19]** 電源電圧を可変しながら測定した入出力電力と電源電圧，効率の関係
定格電源電圧の120Vでは出力530W．電源電流5.2A，効率85%であった

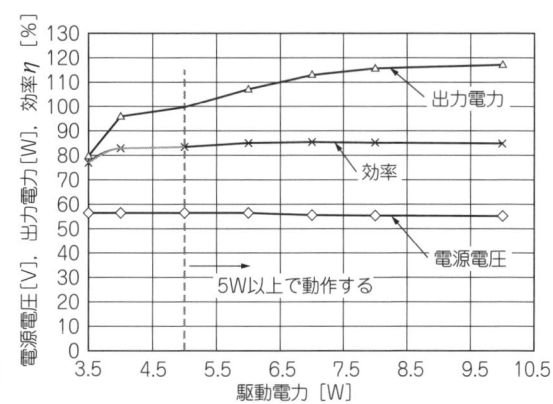

**[図11-20]** 入力の駆動電力を変化させながら測定した出力電力と効率
入力電力を大きくしても効率はあまり変化しない

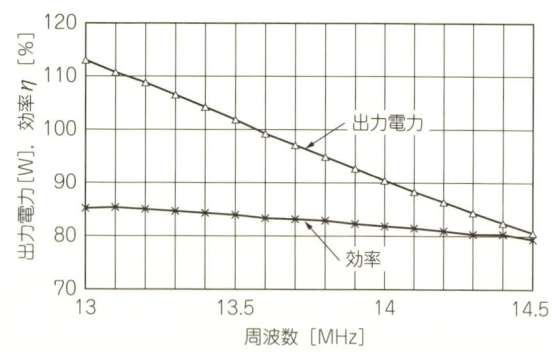

[図11-21] 入力周波数を変化させながら測定した出力電力と効率
周波数が高くなると出力電力も効率も低下している

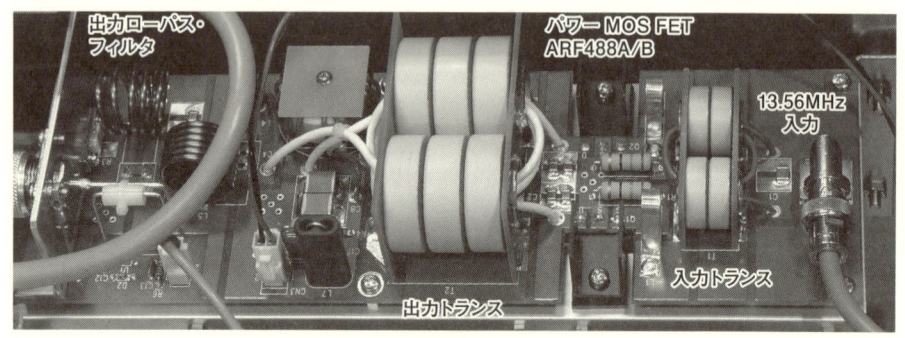

[写真11-17] 完成した13.56MHzプッシュプル500W出力電源回路基板

　13MHzから14.5MHzまで変化させたときの効率の変化を図11-21に示します．周波数が高くなるほど，出力電力と効率が低下します．13.56MHz以外で使用する場合は，共振回路の定数を調整し直す必要があるということです．
　**写真**11-17に，完成した13.56MHzプッシュプル500W出力電源回路基板を示します．コンデンサなどをチップ部品に置き換えることで，すっきりしたプリント基板になりました．

## Appendix1
# 本書で使用しているパワーMOS FETについて

　市場には内外各社から多くのパワーMOS FETが登場しています．特性も日々向上しています．そのため製品開発においては，新部品の情報とその選択が非常に重要です．しかしながら一方で，多くの新製品はコンシューマ(民生)市場を向いています．製品ライフの長い産業用に使用したりすると，市場の変動によって部品の入手が困難になり，痛い目にあうケースも少なくありません．部品とくに新しい半導体の選択には，慎重すぎるほどの注意が必要です．

　本書で使用しているパワーMOS FETは，主にZVS…ゼロ電圧スイッチング，そしてE級アンプに使用することを前提にしています．このような用途にパワーMOS FETを選ぶときの注目ポイントは以下の項目です．

- $V_{(BR)DSS}$：余裕をもって高耐圧素子を選ぶ
- $R_{DS(on)}$：導通損失が小さくなるようにできるだけ低いものを選ぶ
- $Q_{gs}$：ゲート駆動電力が小さくなるようにできるだけ小さいものを選ぶ
- $t_{d(off)}$：できるだけ短いものを選ぶ．長いとデューティ比＝0.5を維持できない
- $t_f$：ターンOFF損失が小さくなるようにできるだけ速いものを選ぶ
- $C_{iss}$：ゲート駆動しやすいようにできるだけ小さいものを選ぶ
- $C_{oss}$：最大スイッチング周波数を上げられるようにできるだけ小さいものを選ぶ

　表1(次ページ)に本書に使用しているパワーMOS FETの主な電気特性を示します．

[表1] 本書で使用しているパワー MOS FET の主な電気特性

| 型名 | IRFB16N60L | | IRFB17N20D | | IRFP21N60L | |
|---|---|---|---|---|---|---|
| メーカ | インターナショナル レクティファイヤー | | インターナショナル レクティファイヤー | | インターナショナル レクティファイヤー | |
| 外国器 | TO-220AB | | TO-220AB | | TO-247AC | |
| $V_{(BR)DSS}$ | 600V (min) | | 200V (min) | | 600V (min) | |
| $I_D$ | 16A (max) | | 16A (max) | | 21A (max) | |
| $R_{DS(ON)}$ | 385mΩ (typ) $V_{GS}$ = 10V $I_D$ = 9.0A | | 0.17Ω (max) $V_{GS}$ = 10V $I_D$ = 9.8A | | 320mΩ (max) $V_{GS}$ = 10V $I_D$ = 13A | |
| $V_{GS(th)}$ | 3.0V (min) 5.0V (max) | | 3.0V (min) 5.5V (max) | | 3.0V (min) 5.0V (max) | |
| $R_G$ | 0.79Ω (typ) | | − | | 0.63Ω (typ) | |
| $Q_g$ $Q_{gs}$ $Q_{gd}$ | 100nC (max) 30nC (max) 46nC (max) | $I_D$ = 16A $V_{DS}$ = 480V $V_{GS}$ = 10V | 50nC (max) 13nC (max) 24nC (max) | $I_D$ = 9.8A $V_{DS}$ = 160V $V_{GS}$ = 10V | 150nC (max) 46nC (max) 64nC (max) | $I_D$ = 21A $V_{DS}$ = 480V $V_{GS}$ = 10V |
| $t_{d(on)}$ $t_r$ $t_{d(off)}$ $t_f$ | 20ns (typ) 44ns (typ) 28ns (typ) 5.5ns (typ) | $V_{DD}$ = 300V $I_D$ = 16A $R_G$ = 1.8Ω $V_{GS}$ = 10V | 11ns (typ) 19ns (typ) 18ns (typ) 6.6ns (typ) | $V_{DD}$ = 100V $I_D$ = 9.8A $R_G$ = 5.1Ω $V_{GS}$ = 10V | 20ns (typ) 58ns (typ) 33ns (typ) 10ns (typ) | $V_{DD}$ = 300V $I_D$ = 21A $R_G$ = 1.3Ω $V_{GS}$ = 10V |
| $C_{iss}$ $C_{oss}$ | 2720pF (typ) 260pF (typ) | $V_{GS}$ = 0V $V_{DS}$ = 25V $f$ = 1MHz | 1100pF (typ) 190pF (typ) | $V_{GS}$ = 0V $V_{DS}$ = 25V $f$ = 1MHz | 4000pF (typ) 340pF (typ) | $V_{GS}$ = 0V $V_{DS}$ = 25V $f$ = 1MHz |

| 型名 | 2SK2504 | | 2SK2920 | | 2SK2877-01 | | ARF448A/B | |
|---|---|---|---|---|---|---|---|---|
| メーカ | ローム | | 東芝 | | 富士電機 | | マイクロセミ (APT) | |
| 外国器 | SC-63 | | SC-64 | | TO-3P | | − | |
| $V_{(BR)DSS}$ | 100V (min) | | 200V (min) | | 500V (min) | | 450V (min) | |
| $I_D$ | 5A (max) | | 5A (max) | | 6A (max) | | 15A (max) | |
| $R_{DS(ON)}$ | 0.22mΩ (max) $V_{GS}$ = 10V $I_D$ = 2.5A | | 0.8Ω (max) $V_{GS}$ = 10V $I_D$ = 2.5A | | 1.5Ω (max) $V_{GS}$ = 10V $I_D$ = 3A | | − | |
| $V_{GS(th)}$ | 1.0V (min) 2.5V (max) | | 1.5V (min) 3.5V (max) | | 3.5V (min) 4.5V (max) | | 2V (min) 5V (max) | |
| $R_G$ | − | | − | | − | | − | |
| $Q_g$ $Q_{gs}$ $Q_{gd}$ | − | | 10nC 6nC 4nC | $I_D$ = 5A $V_{DD}$ = 100V $V_{GS}$ = 10V | − | | 150V, 40.68MHz特性 利得C級増幅時 15dB 効率75% | |
| $t_{d(on)}$ (typ) $t_r$ (typ) $t_{d(off)}$ (typ) $t_f$ (typ) | 5.0ns 20ns 50ns 20ns | $V_{DD}$ = 50V $I_D$ = 2.5A $R_G$ = 10Ω $V_{GS}$ = 10V | 20ns 15ns 60ns 15ns | $V_{DD}$ = 100V $I_D$ = 2.5A | 13ns 40ns 30ns 25ns | $V_{DD}$ = 300V $I_D$ = 6A $R_{GS}$ = 10Ω $V_{GS}$ = 10V | 7ns 5ns 23ns 12ns | $V_{DD}$ = 0.5$V_{DSS}$ $I_D$ = $I_D$ (cont) $R_G$ = 1.6Ω |
| $C_{iss}$ (typ) $C_{oss}$ (typ) | 5200pF 170pF | $V_{GS}$ = 0V $V_{DS}$ = 10V $f$ = 1MHz | 440pF 120pF | $V_{GS}$ = 0V $V_{DS}$ = 10V $f$ = 1MHz | 540pF 100pF | $V_{GS}$ = 0V $V_{DS}$ = 25V $f$ = 1MHz | 1400pF 150pF | $V_{GS}$ = 0V $V_{DS}$ = 150V $f$ = 1MHz |

# Appendix2
## 高周波スイッチング/共振型スイッチング回路に使用するコア

　本書で紹介しているパワー MOS FET などによる高周波スイッチング回路，共振型スイッチング回路においては，共振用やインピーダンス変換用にコイルあるいはトランスを使用します．

　このコイルやトランスは最終的には専門業者に依頼して設計・試作することになりますが，実験の初期段階あるいは試作などにおいては，設計者自らが試作するケースが多くなります．コイルやトランスの実験・試作というと，慣れていない方には高い敷居を感じるかもしれませんが，やってみると「ものすごく大変」ということはありません．ただし，相応の測定器は必要になります．ネットワーク・アナライザかインピーダンス・アナライザなどがあるのが一番ですが，最低でも $LCR$ メータがあれば何とかなります．

　ここでは，本書で使用しているコアの概略について紹介します．

### 2-1　フェライト・コア

● スイッチング電源用出力トランスには Mn-Zn フェライト

　一般になじみの多いのはフェライト・コアですが，スイッチング電源などにおけるトランスとして多く使用されているのは，酸化マンガンと酸化亜鉛を加えた Mn-Zn フェライトと呼ばれるコアです．

　本書では第6章「フェーズ・シフト PWM による可変電源の設計」で TDK(株)の PQ コアを使用していますが，近年のスイッチング電源用コアは低損失化が進んでいます．

　表2に TDK(株) が用意しているスイッチング電源用フェライト・コアの材質特性の一例を示します．また，図1に本書で使用している PQ40/40 コアの外形・特性を示します．

● 広帯域トランス…メガネ・コアには Ni-Zn フェライト

　ニッケルと酸化亜鉛を加えたのが Ni-Zn フェライトと呼ばれるコアです．これは

[表2]<sup>(9)</sup> 低損失(Mn-Zn)フェライト・コアの材質特性の一例(TDK(株), フェライト・コア製品カタログより)

(a) 材質特性

| 材 質 | | | | PC47 | PC44 | PC40 |
|---|---|---|---|---|---|---|
| 初透磁率 | $\mu_i$ | | 25℃ | 2500±25% | 2400±25% | 2300±25% |
| 単位体積磁心損失(コア損失) [100kHz, 200mT] | $P_{CV}$ | KW/m³ | 25℃ | 600 | 600 | 600 |
| | | | 60℃ | 400 | 400 | 450 |
| | | | 100℃ | 250 | 300 | 410 |
| 飽和磁束密度 [H=1000A/m] | $B_S$ | mT | 25℃ | 530 | 510 | 510 |
| | | | 100℃ | 420 | 390 | 390 |
| 残留磁束密度 | $B_r$ | mT | 25℃ | 180 | 110 | 95 |
| | | | 100℃ | 60 | 60 | 55 |
| キューリ温度 | $T_C$ | ℃ | min. | 230 | 215 | 215 |
| かさ密度 | $db$ | kg/m³ | | 4.9×10³ | 4.8×10³ | 4.8×10³ |

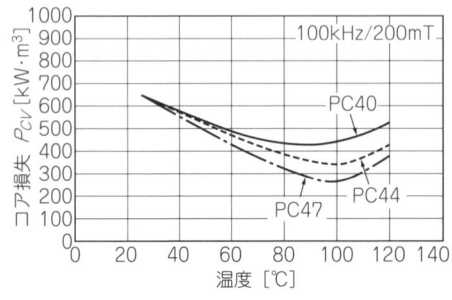

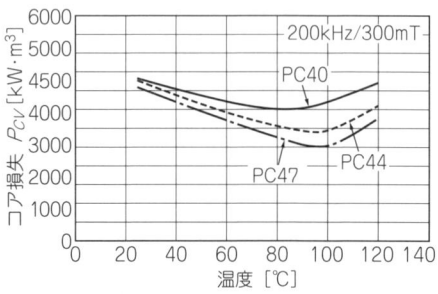

(b) コア損失の温度依存性(代表例)

(a) 外観

(d) 使用例(コイル:φ0.42UEW100Ts)

| 品 名 | $A_L$ 値(nH/N²) | コア損失(W) max. 100kHz, 200mT | 設計例(フォワード・コンバータ方式) |
|---|---|---|---|
| PC44PQ40/40Z-12 | 4300±25% (1kHz, 0.5mA) | 6.56(100℃) | 596W(100kHz) |
| PC90PQ40/40Z-12 | 4300±25% (1kHz, 0.5mA) | 8.2(100℃) | 626W |
| PC95PQ40/40Z-12 | 6400±25% (1kHz, 0.5mA) | 8.87/7.45/8.87 (100℃/80℃/120℃) | 650W |

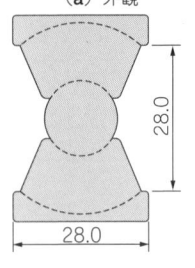

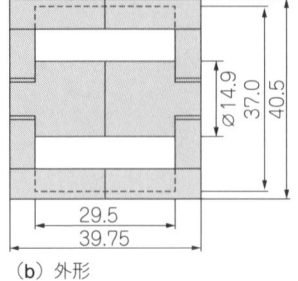

(b) 外形

(c) パラメータ

| コア定数 | $C_1(\text{mm}^{-1})$ | 0.508 |
|---|---|---|
| 実効磁路長 | $l_e(\text{mm})$ | 102 |
| 実効断面積 | $A_e(\text{mm}^2)$ | 201 |
| 実効体積 | $V_e(\text{mm}^3)$ | 20500 |
| 中脚断面積 | $A_{cp}(\text{mm}^2)$ | 174 |
| 最小中脚断面積 | $A_{cp}$ min.$(\text{mm}^2)$ | 167 |
| 巻き線断面積 | $A_{cw}(\text{mm}^2)$ | 326 |
| 質量(組) | $g$ | 95 |

[図1]<sup>(9)</sup> PQ40/40コアの外形・特性

広帯域トランスやコモン・モード・チョーク・コイルなどに使用されています．たとえば高透磁率で，除去したいコモン・モード・ノイズ周波数帯においてインピーダンスのピークをもつ材質が選ばれます．

本書では高周波の入力トランスや出力トランスなどにおいて，バルン（あるいはバラン）と呼ばれる2ホール・コア…通称メガネ・コアと呼ばれるものを使用していますが，ここに使用されているのがNi-Znフェライトです．

表3にトミタ電機（株）のRIBコアの外形・特性を示します．

[表3]<sup>(10)</sup> RIBコア…いわゆるメガネ・コアの例〔トミタ電機（株）〕

型名の構成: **RIB** 3 × 5 × 3 3A4
型名 / 厚さA / 横幅B / 高さC / 材質

主な材質: 3A7, 3A8, 3A6, 3A4, 4D4, D12A, 6B2

| 型名 | 材質 | 寸法 [mm] | | | | |
|---|---|---|---|---|---|---|
| | | A | B | C | D | E |
| RIB3×5×3 | 3A6 / 3A4 | 3.0±0.2 | 5.0±0.3 | 3.0±0.2 | $1.0^{+0.3}_{-0}$ | 2.5±0.2 |
| RIB3×5×5 | 3A4 | 3.0±0.2 | 5.0±0.3 | 5.0±0.3 | $1.0^{+0.3}_{-0}$ | 2.5±0.2 |
| RIB3×6.5×3 | 3A6 | 3.0±0.3 | 6.5±0.3 | 3.0±0.2 | $1.0^{+0.5}_{-0}$ | 3.5±0.3 |
| RIB3.5×7.5×8 | 3A8 | 3.5±0.2 | 7.5±0.3 | 8.0±0.3 | 1.0±0.1 | 5.0±0.3 |
| RIB4×7×5 | 3A6 | 3.9±0.2 | 6.8±0.2 | 5.0±0.2 | $2.0^{+0.3}_{-0}$ | 2.9±0.2 |
| RIB8×14×6.5 | 3A6 | 7.65±0.3 | 13.55±0.3 | 6.5±0.3 | 3.9±0.3 | 5.8±0.3 |
| RIB10×20×15 | D12A, 6B2 | 10.0±0.3 | 20.0±0.4 | 15.0±0.3 | $5.1^{+0.3}_{-0.1}$ | 10.0±0.3 |
| RIB16×32×16 | D12A | 16.0±0.3 | 32.0±0.4 | 16.0±0.5 | $8.1^{+0.4}_{-0.1}$ | 16.0±0.3 |
| RIB16×32×32 | D12A | 16.0±0.3 | 32.0±0.4 | 32.0±0.5 | $8.1^{+0.4}_{-0.1}$ | 16.0±0.3 |
| RIB21×42×40 | D12A | 21.0±0.5 | 42.0±0.6 | 40.0±0.6 | $7.0^{+0.5}_{-0}$ | 21.0±0.5 |

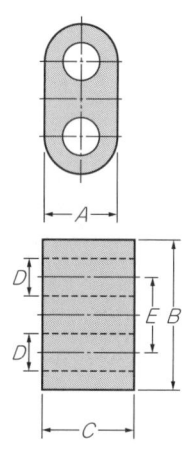

(a) RIBコアの外形

| 材質名 | $\mu_{iac}$ | $\tan\delta / \mu_{iac}$ | | $a\mu_r$ 20〜60℃ ×$10^{-4}$ | $B_{ms}$ [mT] | $H_c$ [A/m] | $T_c$ [℃] | $\rho$ [Ω-m] | $d$ [kg/m³] ×$10^3$ |
|---|---|---|---|---|---|---|---|---|---|
| | — | ×$10^{-5}$ [MHz] | | | | | | | |
| 3A7 | 2000 | 0.9 | 0.1 | 2.8 | 280 | 1200 | 12 | 100 | $10^4$ | 5.2 |
| 3A8 | 1500 | 0.4 | 0.05 | 4 | 310 | 1200 | 13 | 135 | $10^3$ | 5.2 |
| 3A6 | 1400 | 0.78 | 0.1 | 3 | 300 | 1200 | 15 | 110 | >$10^6$ | 5.1 |
| 3A4 | 800 | 1.8 | 0.1 | 15 | 350 | 1200 | 16 | 130 | >$10^6$ | 5.0 |
| 4D4 | 400 | 2 | 0.5 | 12 | 350 | 1200 | 51 | 185 | >$10^6$ | 5.0 |
| D12A | 260 | 7.1 | 0.5 | 40 | 370 | 1200 | 80 | 240 | >$10^6$ | 5.0 |
| 6B2 | 30 | 32 | 20 | 70 | 350 | 12000 | 520 | >250 | >$10^6$ | 5.1 |

(b) RIBに適用できるNi-Znフェライトの材質

Appendix2　高周波スイッチング/共振型スイッチング回路に使用するコア

● トロイダル・コアはアミドン社(Fair-Rite社)製を使用

　トロイダル・コアは閉磁路になっているため漏れ磁束が少なく，計算に近い良い特性のコイルやトランスを(巻き数が少なければ)簡単に実現することができます．よって，昔からアマチュア無線家の間では，RFIおよびEMIノイズ対策用コアとして広く使用されています．

　ただし，国産トロイダル・コアの少量入手は以前から難しく，オープンなUSからの購入が一般的で，トロイダル・コアとしてはアミドン(Amidon)社が有名です．なお，アミドン社はいわゆる商社です．フェライト・コアについては，Fair-Rite社のリセールスのようです．

　表4にアミドン社のトロイダル型Ni-Znフェライト・コアFTシリーズの例を示します．本書で使用しているのは500k～100MHzにおいて高い$Q$特性を示す#61材と，100M～200MHzにおいてもっとも高いインピーダンス特性をもつ$\mu_i$ = 850の#43材です．

　アミドン社のコアは国内では(株)マイクロ電子から入手することができます．

[表4] アミドン社のトロイダル型Ni-Znフェライト・コア FTシリーズの外形・特性

| 寸法名称 | 外形 [m/m] | 内径 [m/m] | 高さ [m/m] | 実効断面積 $A_e$[cm2] | 実効磁路長 $I_e$[cm] | 実効体積 $V_e$[cm3] | 材質($A_L$値) #61材 $\mu_i$=125 | #43材 $\mu_i$=850 |
|---|---|---|---|---|---|---|---|---|
| FT-23 | 5.84 | 3.05 | 1.52 | 0.0213 | 1.34 | 0.0287 | 25 | 165 |
| FT-37 | 9.53 | 4.75 | 3.17 | 0.0761 | 2.75 | 0.1630 | 55 | 375 |
| FT-50 | 12.70 | 7.14 | 4.77 | 0.1330 | 3.02 | 0.4010 | 69 | 470 |
| FT-82 | 20.95 | 13.21 | 6.35 | 0.2458 | 5.25 | 1.2900 | 75 | 500 |
| FT-114 | 29.00 | 19.00 | 7.49 | 0.3750 | 7.42 | 2.7900 | 80 | 540 |
| FT-140 | 35.55 | 23.0 | 12.7 | 0.79 | 8.9 | 7.000 | 140 | 950 |

(注)$A_L$値は巻き数1回のインダクタンスを示す($nH/N^2$)．

## 2-2　トロイダル型ダスト・コアはマイクロメタル(Micrometals)社製を使用

　本書の主題であるE級アンプでは共振回路の設計がポイントですが，この共振回路のコイルには，高い直流重畳特性(磁気飽和しないこと)が要求されます．このような用途に向いているのが，金属粉末をプレス成型および熱処理工程によって圧粉磁心…ダスト・コア(Dust Core)としたものです．

　また，共振回路では，共振周波数におけるコイルの高い$Q$が要求されます．そのため本書では，カーボニル鉄によるトロイダル型ダスト・コアを使用しています．このコアは50k～200MHzの周波数において高い$Q$特性をもっています．

表5にマイクロメタル社のカーボニル鉄によるトロイダル型コア Tシリーズの外形・特性例，および$Q$の周波数特性例を示します．このTシリーズのコアは材質の全表面がカラー塗装されていますが，この塗装の絶縁耐圧は250V(min)ですから，注意が必要です．

マイクロメタル社のこのコアはアミドン社からもリセールスされていますが，国内では(株)マイクロ電子から入手することができます．

[表5][8] マイクロメタル社のカーボニル鉄によるトロイダル型ダスト・コア Tシリーズ

| 寸法名称 | 外形[m/m] | 内径[m/m] | 高さ[m/m] | 実効断面積$A_e$[cm2] | 実効磁路長$l_e$[cm] | 実効体積$V_e$[cm3] | 材質($A_L$値) #2材 $\mu=10$ | #6材 $\mu_i=8.5$ |
|---|---|---|---|---|---|---|---|---|
| T20 | 5.08 | 2.24 | 1.78 | 0.023 | 1.15 | 0.026 | 2.5 | 2.2 |
| T30 | 7.80 | 3.84 | 3.25 | 0.061 | 1.84 | 0.110 | 4.3 | 3.6 |
| T50 | 12.70 | 7.70 | 4.83 | 0.112 | 3.19 | 0.358 | 4.9 | 4.0 |
| T80 | 20.20 | 12.60 | 6.35 | 0.231 | 5.14 | 1.19 | 5.5 | 4.5 |
| T106 | 26.90 | 14.50 | 11.10 | 0.659 | 6.49 | 4.28 | 13.5 | 11.6 |
| T130 | 33.00 | 19.80 | 11.10 | 0.698 | 8.28 | 5.78 | 11.0 | 9.6 |

(a) トロイダル型コア Tシリーズの外形・特性

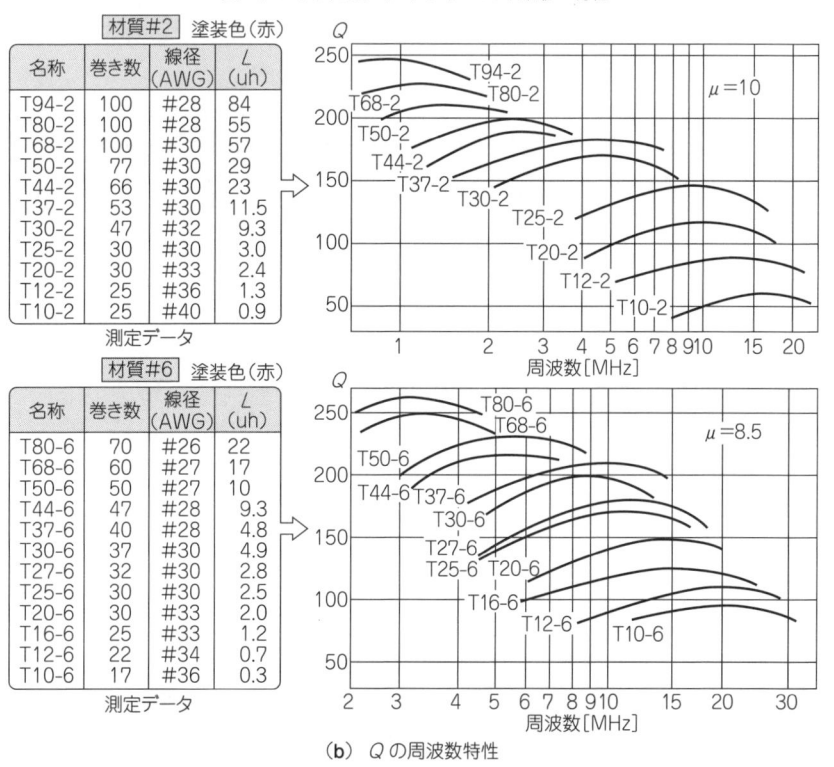

材質#2 塗装色(赤)

| 名称 | 巻き数 | 線径(AWG) | L(uh) |
|---|---|---|---|
| T94-2 | 100 | #28 | 84 |
| T80-2 | 100 | #28 | 55 |
| T68-2 | 100 | #30 | 57 |
| T50-2 | 77 | #30 | 29 |
| T44-2 | 66 | #30 | 23 |
| T37-2 | 53 | #30 | 11.5 |
| T30-2 | 47 | #32 | 9.3 |
| T25-2 | 30 | #30 | 3.0 |
| T20-2 | 30 | #33 | 2.4 |
| T12-2 | 25 | #36 | 1.3 |
| T10-2 | 25 | #40 | 0.9 |

測定データ

材質#6 塗装色(赤)

| 名称 | 巻き数 | 線径(AWG) | L(uh) |
|---|---|---|---|
| T80-6 | 70 | #26 | 22 |
| T68-6 | 60 | #27 | 17 |
| T50-6 | 50 | #27 | 10 |
| T44-6 | 47 | #28 | 9.3 |
| T37-6 | 40 | #28 | 4.8 |
| T30-6 | 37 | #30 | 4.9 |
| T27-6 | 32 | #30 | 2.8 |
| T25-6 | 30 | #30 | 2.5 |
| T20-6 | 30 | #33 | 2.0 |
| T16-6 | 25 | #33 | 1.2 |
| T12-6 | 22 | #34 | 0.7 |
| T10-6 | 17 | #36 | 0.3 |

測定データ

(b) $Q$の周波数特性

パワーMOS FETの高速スイッチング応用

# Appendix3
# コイルやトランスに使用する巻き線について

● ふつうはホルマール線だが…

　ZVSなどの共振回路においては，コイルやトランスが必須です．実験や試作においてはこれを自作することもあります．したがって，コイルやトランスのための巻き線類についても知識だけでなく，部材をそろえておく必要があります．

　表6に，コイルやトランスに使用するいわゆるエナメル線の種類を示しますが，本書ではA種絶縁(105℃)をクリアできれば良いことから，主にホルマール線を使用しています．ホルマール線ははんだごての熱で膜を溶かすことができるので，作業性においても便利な電線です．

　表7には，ホルマール線の仕上がり外形と，導体抵抗の標準値を示します．電線を選ぶときには許容電流との関係から線径を選びます．温度上昇を30℃以内としたときの線径と許容電流の関係を表8に示します．

　なお，トロイダル・コアやメガネ・コアを使用し大きな電流を扱うとき，あるいは巻き数が少ないときなど，筆者は一般の耐熱電線を使用することもあります．ホルマール線だとコアのエッジなどで線の被覆が傷ついたりした経験があるからです．

● 高周波対応のリッツ線

　電線には表皮効果と呼ばれる現象があります．交流分は導線の断面を一様には流れず，表面に集中します．そのため線径が太く周波数が高いときには，この表皮効果によって実効抵抗分が高くなってしまいます．$\phi$1mmの電線に100kHzの電流が流れると，実効抵抗は1.6倍にもなってしまいます．そのため，本書で使用する高周波トランスなどでは，太い電線径のものは$\phi$0.5mm以下にして複数たばねるのが無難です．

　また，大きな電流を流すときはリッツ線と呼ばれる電線を使用します．**写真**1にリッツ線の外観を示します．図2に市販されているリッツ線の仕様例を示します．

[表6] 絶縁材の種類から区別したエナメル線の種類

| 記号 | PVF | UEW | PEY | EIW | AIW |
|---|---|---|---|---|---|
| 名称 | ホルマール線 | ポリウレタン銅線 | ポリエステルナイロン銅線 | ポリエステルイミド銅線 | ポリアミドイミド銅線 |
| 耐熱クラス | A種 | E種(120℃) | B種(155℃) | H種(180℃) | C種(200℃) |

[表7] ホルマール線の仕上がり外形

| 導体線径<br>[mm] | 2 種<br>最大仕上り<br>外径[mm] | 導体抵抗20℃<br>[Ω/km]<br>標準 | 導体線径<br>[mm] | 2 種<br>最大仕上り<br>外径[mm] | 導体抵抗20℃<br>[Ω/km]<br>標準 | 導体線径<br>[mm] | 2 種<br>最大仕上り<br>外径[mm] | 導体抵抗20℃<br>[Ω/km]<br>標準 |
|---|---|---|---|---|---|---|---|---|
| 0.03 | 0.044 | 24,055 | 0.18 | 0.211 | 663.6 | 0.37 | 0.407 | 158.6 |
| 0.04 | 0.056 | 13,531 | 0.19 | 0.221 | 595.6 | 0.40 | 0.439 | 135.7 |
| 0.05 | 0.069 | 8,660 | 0.20 | 0.231 | 537.5 | 0.45 | 0.490 | 107.2 |
| 0.06 | 0.081 | 6,014 | 0.21 | 0.241 | 487.5 | 0.50 | 0.542 | 86.86 |
| 0.07 | 0.091 | 4,418 | 0.22 | 0.252 | 445.2 | 0.55 | 0.592 | 71.78 |
| 0.08 | 0.103 | 3,359 | 0.23 | 0.264 | 407.6 | 0.60 | 0.644 | 60.39 |
| 0.09 | 0.113 | 2,654 | 0.24 | 0.274 | 374.8 | 0.65 | 0.694 | 51.40 |
| 0.10 | 0.125 | 2,150 | 0.25 | 0.284 | 345.7 | 0.70 | 0.746 | 44.32 |
| 0.11 | 0.135 | 1,777 | 0.26 | 0.294 | 320.0 | 0.75 | 0.798 | 38.60 |
| 0.12 | 0.147 | 1,483 | 0.27 | 0.304 | 297.0 | 0.80 | 0.852 | 33.93 |
| 0.13 | 0.157 | 1,272 | 0.28 | 0.314 | 276.4 | 0.85 | 0.904 | 30.05 |
| 0.14 | 0.167 | 1,097 | 0.29 | 0.324 | 257.9 | 0.90 | 0.956 | 26.80 |
| 0.15 | 0.177 | 955.6 | 0.30 | 0.337 | 241.3 | 0.95 | 1.008 | 24.06 |
| 0.16 | 0.189 | 839.8 | 0.32 | 0.357 | 212.0 | 1.00 | 1.062 | 21.72 |
| 0.17 | 0.199 | 743.9 | 0.35 | 0.387 | 177.3 | | | |

[表8] 電線の許容電流

大きな電流を流すには太い電線が必要になる．温度上昇を30℃に抑えるための目安が必要

| 線径∅[mm] | 0.2 | 0.26 | 0.3 | 0.32 | 0.4 | 0.45 | 0.5 | 0.6 | 0.7 | 0.8 | 1.0 | 1.2 |
|---|---|---|---|---|---|---|---|---|---|---|---|---|
| 断面積[mm$^2$] | 0.03 | 0.05 | 0.07 | 0.08 | 0.13 | 0.16 | 0.2 | 0.28 | 0.38 | 0.5 | 0.78 | 1.13 |
| 許容電流[A] | 0.12 | 0.2 | 0.28 | 0.32 | 0.52 | 0.64 | 0.8 | 1.1 | 1.5 | 2.0 | 3.1 | 4.5 |

(注)許容電流は4A/mm$^2$

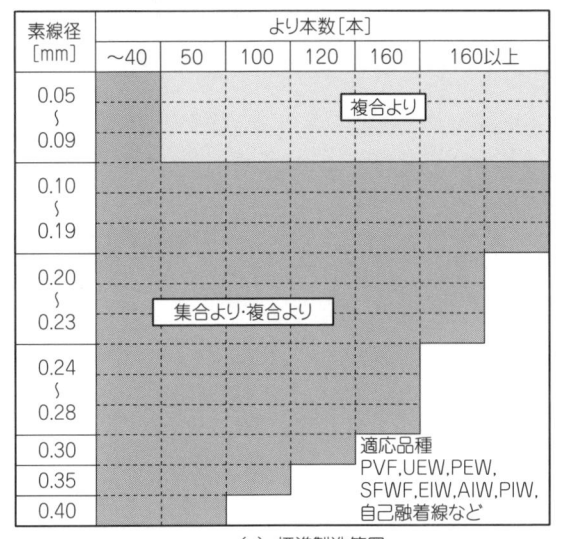

| 素線径<br>[mm] | より本数[本] | | | | |
|---|---|---|---|---|---|
| | ～40 | 50 | 100 | 120 | 160 | 160以上 |
| 0.05～0.09 | | | | 複合より | | |
| 0.10～0.19 | | | | | | |
| 0.20～0.23 | 集合より・複合より | | | | | |
| 0.24～0.28 | | | | | | |
| 0.30 | | | | 適応品種<br>PVF,UEW,PEW,<br>SFWF,EIW,AIW,PIW,<br>自己融着線など | | |
| 0.35 | | | | | | |
| 0.40 | | | | | | |

(a) 標準製造範囲

[図2] 市販されているリッツ線の例

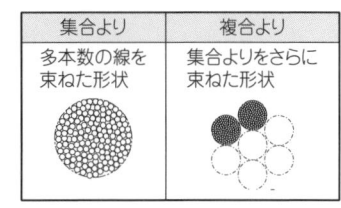

集合より：多本数の線を束ねた形状

複合より：集合よりをさらに束ねた形状

(b) よりの形状

仕上り径の計算方法：仕上り径[mm]
$= \sqrt{\text{より本数[本]}} \times 1.155 \times \text{素線仕上り径[mm]}$

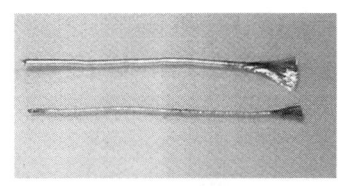

[写真1] リッツ線の外観

Appendix3　コイルやトランスに使用する巻き線について

# 参考・引用*文献

- (1)* 宮崎利裕, パワーMOSFETの特性と技術トレンド, トランジスタ技術SPECIAL 増刊「グリーン・エレクトロニクス」No.1 pp105-115, CQ出版(株)
- (2)* 山川功, 横田誠, 来島正一郎, パワーMOSFETの最新動向と応用のポイント, トランジスタ技術増刊, 電源回路設計2009, pp7-19, CQ出版(株)
- (3)* 東芝DTMOSデータシートから
- (4)* UCC3895Nデータシート, 日本テキサスインスツルメンツ(株)
- (5)* RA20121SPデータシート, ルネサスエレクトロニクス(株)
- (6)* 喜多村守, フェーズ・シフト・フル・ブリッジZVS電源の設計と試作, トランジスタ技術SPECIAL増刊 グリーン・エレクトロニクス No.1 pp66-83, CQ出版(株)
- (7)* Marian K.Kazimierczuk, Darius Zarkowski；Resonant Power Converters, John wiley & Sons.Inc.,1995
- (8)* (マイクロメタル社)Catalogue & Technical Information, (株)マイクロ電子
- (9)* TDK(株), フェライト・コア製品カタログ
- (10)* トミタ電機(株), フェライト製品, RIBコア製品カタログ
- (11)* 山村英穂；改訂新版 定本トロイダル・コア活用百科, CQ出版(株)
- (12)* 稲葉保；アナログ技術センスアップ101, CQ出版(株)
- (13)* 稲葉保；パワーMOS FET活用の基礎と実際, CQ出版(株)
- (14)* 通過型SWR・パワー計・カタログ, 第一電波工業(株)

# 索引

**【数字・アルファベット】**
13.56MHz —— 163
13.56MHz・10W E級アンプ —— 166
2SK2504 —— 118, 123
2SK2887 —— 165
2SK2920 —— 149
2次高調波 —— 190
2次ロー・パス・フィルタ —— 053
2ホール・コア —— 076, 117
3dBパッド —— 149
3次高調波 —— 190
50Ω —— 117
5D-2V 同軸ケーブル —— 187
74HCシリーズ —— 122
ACライン・フィルタ —— 135
ARF448A —— 167, 172, 183
BLT —— 112
CMOSインバータ —— 165
Cool Mos —— 017
$CR$スナバ —— 026
CT-034 —— 096
D12A RIB 8×14×13 —— 117
D12A RIB21×42×40 —— 156
DDS —— 128
DDS-12BSH —— 129
DDSシンセサイザ —— 129
DTMOS —— 016
D級アンプ —— 030, 040
$ESR$ —— 121
E級アンプ —— 040
E級スイッチング —— 029, 040
$FOM$ —— 016
FT140-#61 —— 065, 136
FT82-#43 —— 063
FT82-#61 —— 073
Hブリッジ —— 079

IRFB16N60L
　—— 021, 024, 026, 031, 035, 040
IRFB17N20D —— 096, 149, 154, 156
IRFP21N60L —— 138
ISM基本周波数 —— 163
$LCR$直列回路 —— 031
$LCR$直列共振回路 —— 056, 058
$LC$共振回路 —— 026, 029, 030, 076
$LC$フィルタ —— 174
LPF —— 157
$LR$直列回路 —— 051
PQコア —— 070
PWM —— 036
PWMコントローラ —— 079
PWM制御 —— 037, 079
PZT —— 127
$Q$ —— 045
R2A20121SP —— 084
RG178-B/U —— 169, 174
RIB21×42×40-7×2 —— 139
RID8×14×15H5 —— 139
$R_{on} \cdot A$ —— 016
SOA —— 025
$SWR$電力計 —— 167, 170, 183
SX-100 —— 166
T106-#2 —— 155
T106-#6 —— 173
T130-#2 —— 136
T50-#6 —— 169
$\tan \sigma$ —— 049
TC74HC04AP —— 123
TF-C1 —— 097
UCC3895N —— 084
$X\text{-}Y$モード —— 022
ZCS —— 031
ZVS —— 034

ZVS動作 —— 082
τ —— 051

【ア行】
圧電効果 —— 112
圧電素子 —— 112
アルミ電解コンデンサ —— 020
安全動作領域 —— 025
インピーダンス・アナライザ —— 075
インピーダンス-周波数特性 —— 128
インピーダンス整合 —— 059，168
インピーダンス変換 —— 059，156
インピーダンス変換回路 —— 114
インピーダンス変換トランス —— 070
オーディオ・アンプ —— 059
オートトランス回路 —— 063
オーバシュート —— 054，073
オシロスコープ —— 022
オン抵抗 —— 014

【カ行】
カーボニル鉄系トロイダル・コア —— 119
回路変換 —— 149
過電流保護回路 —— 054
可変コンデンサ —— 173
カレント・プローブ —— 158
寄生インダクタンス —— 025
寄生トランジスタ —— 015
共振周波数 —— 033，054，103，104
共振用コイル —— 107，172
強力超音波機器 —— 112
空芯コイル —— 046，155，185
クオリティ・ファクタ —— 045
ゲイン・フェーズ・アナライザ —— 048
ゲート駆動回路 —— 130
ゲート駆動電力 —— 153
ゲート駆動用パルス・トランス
　　—— 132，138
ゲート・ドライブ回路 —— 154
ゲート・ドレイン・チャージ —— 016
ゲート容量 —— 014
高周波電源 —— 163
高耐圧コンデンサ —— 050
広帯域トランス —— 074

高調波スペクトラム —— 159

【サ行】
産業用高周波電源 —— 163
サンドイッチ巻き —— 071
自己共振周波数 —— 046
時定数 —— 051
出力電力 —— 059
出力トランス —— 098，174，184，186
寿命部品 —— 020
定数設計 —— 154
消費電力 —— 021
水晶振動子 —— 165
スイッチング周波数 —— 033
スイッチング損失 —— 021，032，108
スーパージャンクション —— 016
スキュー —— 028
スナバ素子 —— 099
スピーカ —— 059
スペクトラム —— 125
スペクトラム・アナライザ —— 158，179
整合係数 —— 032，034，055，104
絶縁ゲート駆動回路 —— 082
絶縁トランス —— 145
セラミック・コンデンサ —— 020
ゼロ電圧スイッチング —— 031，034
ソフト・スイッチング —— 025，028
ソフト・スタート —— 093
損失係数 $D$ —— 049

【タ行】
ターンOFF損失 —— 021
ターンON損失 —— 021
ダイオード・クランプ回路 —— 132
耐熱より線 —— 117
ダミー・ロード —— 175，188
単巻きトランス —— 063
超音波振動子 —— 113，127
超音波洗浄器 —— 127
直列共振回路 —— 104，176
直列共振周波数 —— 114
直列共振点 —— 054
直列共振用インダクタ —— 150
直列共振用コイル —— 119

直列コンデンサ —— 107
定 $K$ 型 —— 157
定 $K$ 型LPF —— 174
低域しゃ断周波数 —— 063, 070
抵抗減衰器 —— 154
ディップ・マイカ・コンデンサ
　　　—— 121, 110, 136, 156, 174
定電力制御方式 —— 163
デッド・タイム —— 024, 032, 037, 094
デューティ比 —— 079
電圧可変型スイッチング電源 —— 089
電源供給用チョーク・コイル —— 106
電子スイッチ —— 014
電流プローブ —— 023
電力効率 $\eta$ —— 161
電力変換効率 —— 019
等価直列抵抗分 —— 121
導通損失 —— 108
トータル・ゲート・チャージ —— 111
特性インピーダンス —— 055, 150, 156
特性評価 —— 158
トランス —— 062
トリファイラ巻き —— 067
トロイダル・コア —— 046

【ナ行】
入力整合回路 —— 167, 168
入力トランス —— 169, 182
ノイズ —— 022

【ハ行】
ハード・スイッチング —— 025
ハーフ・ブリッジ —— 031
ハーフ・ブリッジ回路 —— 035, 061
ハーフ・ブリッジ出力回路 —— 024
ハイ・サイドFET —— 023
バイファイラ巻き —— 063, 067
パイプ・トランス —— 073, 156
パッド —— 154
バッファ回路 —— 131
バラン —— 076
パルス応答波形 —— 072
パルス幅変調 —— 036
バルン・コア —— 117

パワー MOS FET —— 042
半固定型エア・バリコン —— 176
反射電力 —— 166
微細化の恩恵 —— 014
ブースタ・アンプ —— 148
フェーズ・シフトPWM —— 029, 038, 079
フェーズ・シフト制御 —— 094
フォワード・コンバータ —— 027
負荷オープン動作 —— 143
負荷ショート動作 —— 143
負荷短絡テスト —— 161
負荷の開放テスト —— 160
負荷を開放 —— 042
プッシプルE級アンプ —— 165
プッシプル合成 —— 158
プッシプル出力 —— 147
部分共振 —— 032
フル・ブリッジ —— 079
フル・ブリッジ回路 —— 061
平滑チョーク・コイル —— 098
並列共振 —— 034
並列コンデンサ —— 107
並列・直列変換 —— 145
放熱器 —— 172
ボディ・ダイオード —— 015, 143, 153, 161, 177
ボルト締めランジュバン・トランスジューサ
　　　—— 112

【マ行】
巻き数比 —— 062
マッチング用バリコン —— 167
メガネ・コア —— 076, 117
漏れインダクタンス
　　　—— 025, 065, 170, 176, 183

【ラ行】
ランジュバン —— 112
リアクタンス —— 047
理想的なコイル —— 045
理想的なコンデンサ —— 048
リッツ線 —— 098
リンギング —— 022, 027, 054, 073
ロー・サイドFET —— 023
ロー・パス・フィルタ —— 019, 126

〈著者略歴〉

**稲葉　保**（いなば・たもつ）

| | |
|---|---|
| 1948 年 | 千葉県に生まれる |
| 1968 年 | 国立仙台電波高等学校 専攻科卒業 |
| 1968 年 | 第 1 級無線通信士資格取得 |
| 1971 年 | 原電子測器㈱入社 |
| 1974 年 | 同社退社 |
| 1976 年 | ㈱日本サーキット・デザイン設立 |
| | 現在同社代表取締役 |

著　書　　発振回路の完全マスター（日本放送出版協会）
　　　　　アナログ回路の実用設計（CQ 出版）
　　　　　精選アナログ実用回路集（CQ 出版）
　　　　　電子回路のトラブル対策ノウハウ（共著，CQ 出版）
　　　　　定本　発振回路の設計と応用（CQ 出版）
　　　　　波形で学ぶ電子部品の特性と実力（CQ 出版）
　　　　　アナログ技術センスアップ 101（CQ 出版）
　　　　　パワー MOS FET 活用の基礎と実際（CQ 出版）　他

- ●**本書記載の社名，製品名について** ── 本書に記載されている社名および製品名は，一般に開発メーカーの登録商標です．なお，本文中ではTM，®，©の各表示を明記していません．
- ●**本書掲載記事の利用についてのご注意** ── 本書掲載記事は著作権法により保護され，また産業財産権が確立されている場合があります．したがって，記事として掲載された技術情報をもとに製品化をするには，著作権者および産業財産権者の許可が必要です．また，掲載された技術情報を利用することにより発生した損害などに関して，CQ出版社および著作権者ならびに産業財産権者は責任を負いかねますのでご了承ください．
- ●**本書に関するご質問について** ── 文章，数式などの記述上の不明点についてのご質問は，必ず往復はがきか返信用封筒を同封した封書でお願いいたします．ご質問は著者に回送し直接回答していただきますので，多少時間がかかります．また，本書の記載範囲を越えるご質問には応じられませんので，ご了承ください．
- ●**本書の複製等について** ── 本書のコピー，スキャン，デジタル化等の無断複製は著作権法上での例外を除き禁じられています．本書を代行業者等の第三者に依頼してスキャンやデジタル化することは，たとえ個人や家庭内の利用でも認められておりません．

**JCOPY** 〈出版者著作権管理機構委託出版物〉
本書の全部または一部を無断で複写複製（コピー）することは，著作権法上での例外を除き，禁じられています．本書からの複製を希望される場合は，出版者著作権管理機構（TEL：03-5244-5088）にご連絡ください．

## パワー MOS FETの高速スイッチング応用

2011 年 8 月 15 日　初　版発行　　© 稲葉 保 2011
2025 年 6 月 15 日　第 4 版発行

著　者　稲葉　保
発行人　櫻田　洋一
発行所　CQ出版株式会社
　　　　東京都文京区千石4-29-14（〒112-8619）
　　　　電話　　販売　　03-5395-2141

ISBN978-4-7898-3608-1

カバー・表紙・本文デザイン　千村　勝紀
DTP・印刷・製本　三晃印刷㈱
乱丁・落丁本はご面倒でも小社宛お送りください．送料小社負担にてお取り替えいたします．
定価はカバーに表示してあります．

Printed in Japan